工业和信息化普通高等教育“十二五”规划教材立项项目

21世纪高等教育计算机规划教材

COMPUTER

Java程序设计基础教程

Java Program Foundation

贾宇波 孙麒 沈静 主编

徐春霞 副主编

人 民 邮 电 出 版 社

北 京

图书在版编目（CIP）数据

Java程序设计基础教程 / 贾宇波，孙麒，沈静主编
. -- 北京 : 人民邮电出版社，2013.3
21世纪高等教育计算机规划教材
ISBN 978-7-115-29746-4

Ⅰ. ①J… Ⅱ. ①贾… ②孙… ③沈… Ⅲ. ①JAVA语言－程序设计－高等学校－教材 Ⅳ. ①TP312

中国版本图书馆CIP数据核字(2013)第013253号

内容提要

本书从初学者的角度出发，以丰富的案例，不同的学习图标，深入浅出地介绍了Java编程的基础知识和高级技术。全书共12章。第1章介绍了Java语言的特性、Java开发环境的搭建、Java程序的编译和运行过程。第2章介绍了Java语言的一些基本语法。第3章和第4章全面讲解了面向对象编程的思想和应用。第5章～第12章分别介绍了常用的Java数据结构、异常处理、文件与流、图形用户界面编程、Java applet、多线程、网络编程和数据库编程技术。

本书可作为高等院校相关专业或社会培训机构的教学用书，也可作为Java技术的初学者与编程爱好者的自学用书。

21世纪高等教育计算机规划教材

Java程序设计基础教程

◆ 主　　编　贾宇波　孙　麒　沈　静
　副 主 编　徐春霞
　责任编辑　武恩玉
　执行编辑　王　伟

◆ 人民邮电出版社出版发行　　北京市丰台区成寿寺路11号
　邮编　100164　　电子邮件　315@ptpress.com.cn
　网址　http://www.ptpress.com.cn
　三河市君旺印务有限公司印刷

◆ 开本：787×1092　1/16
　印张：17.25　　　　2013年3月第1版
　字数：455千字　　　2024年8月河北第10次印刷

ISBN 978-7-115-29746-4

定价：35.00元

读者服务热线：(010)81055256　印装质量热线：(010)81055316
反盗版热线：(010)81055315

前言

Java 是一种可以撰写跨平台应用软件的面向对象程序设计语言，是由 Sun Microsystems公司于1995年5月推出的Java程序设计语言和Java平台的总称。Java技术具有卓越的通用性、高效性、平台移植性和安全性，广泛应用于个人 PC、数据中心、游戏控制台、科学超级计算机、移动电话和互联网，同时拥有全球最大的开发者专业社群。在全球云计算和移动互联网的产业环境下，Java 具备显著优势和广阔前景。有关 Java 的课程已被纳入到大多数高校的信息类专业的教学计划中。

本书为工业和信息化普通高等教育“十二五”规划教材立项项目，也是国家特色专业“计算机科学与技术”的配套教材。作为 Java 语言的入门教材，本书采用浅显的语言，逐步深入地介绍了 Java 编程的基础知识及高级内容，既有大学教材理论严谨、概念准确、逻辑性强的特点，又具备培训教材与科技图书适用性强的优点。

本书具有以下特点。

1. 合理的学习过程

（1）本书体系完整，内容先进，符合大学计算机类学生的培养目标，可满足 Java 认证考试和就业需求。

（2）适合不同层次的读者学习，包括初学者入门和有一定 C 语言、C++语言基础的读者提高学习。对于初学者，本书将容易出错的细节内容，用“注意”、“提示”、“结论”形式加以重点突出，各个知识点的案例，在“程序分析说明”中给出详细说明。对于有一定 C 语言和 C++语言基础的读者，在语法基础部分、面向对象等章节中，以“与 C/C++区别”形式分析 Java 与 C 语言和 C++语言的不同之处，使读者快速掌握 Java。

（3）细化每章内容。在每章的开始有内容和目标的指导，便于教师和学生掌握该章的知识提纲；每章的最后附带习题和上机实验，不但可以锻炼读者的实际动手能力，而且可以帮助读者加深对各个知识点的理解。

2. 丰富的案例

本书引入了丰富的案例、详尽的讲解，深入浅出地将 Java 语言介绍给读者，使得读者在学习理论的同时，快速积累编程经验。

3. 注重立体化教材的建设

除主教材外，本书还配有多媒体电子教案、案例源代码、习题答案与实验指导等电子资料，读者可到人民邮电出版社教学服务与资源网（www.ptpedu.com.cn）上免费下载。

本书由贾宇波、孙麒和沈静任主编，徐春霞任副主编。贾宇波负责整本书的整体规划，孙麒负责编写第 1、3、6、7、10、11、12 章，沈静负责编写第 2、4、5、8、9 章，徐春霞负责稿件的校对工作。

在本书的编写过程中，编者参考了一些相关的文献，从中受益匪浅，在此对这些文献的著作者表示深深的感谢！由于编者水平有限，书中的疏漏与不妥之处，恳请读者批评指正，也欢迎各位同行和广大读者对本书提出修改意见和建议！

编　者

2012 年 10 月

目录

第 1 章 初次接触Java

【学习目标】

- 认识 Java 语言并了解其发展历史和特点。
- 熟悉 Java 语言的编辑运行环境。
- 初步了解第一个 Java 语言程序。

【学习要求】

对 Java 有一个基本的认识，了解 Java 的历史和主要特点，安装和配置 Java 开发环境，运行一个简单的 Java 程序。

Java是一种可以撰写跨平台应用软件的面向对象的程序设计语言，是由Sun Microsystems公司于 1995 年 5 月推出的Java程序设计语言和Java平台的总称。Java 技术具有卓越的通用性、高效性、平台移植性和安全性，广泛应用于个人PC、数据中心、游戏控制台、科学超级计算机、移动电话和互联网，同时拥有全球最大的开发者专业社群。在全球云计算和移动互联网的产业环境下，Java更具备了显著优势和广阔前景。

1.1 Java 语言概述

1.1.1 Java 语言的发展历史

Java 的发展历史，要从 1990 年开始追溯。当时 Sun Microsystems 公司为了发展消费性电子产品而进行了一个名为 Green 的项目计划，这个计划的负责人是 James Gosling。起初他以 C++来写一种内嵌式软件，可以放在烤面包机或 PAD 等小型电子消费设备里，使得机器更聪明，更具有人工智能。但后来他发现 C++并不适合这类的任务。因为 C++常会出现使系统失效的程序错误，尤其是内存管理，C++需要程序员记录并管理内存资源。这造成设计师们极大的负担，并可能产生许多潜在的程序错误问题。若是一台烤面包机上的程序有错误，可能会使烤面包机烧坏，甚至更严重会有爆炸产生。

为了解决所遇到的问题，Gosling 最后决定要发展一种新的语言，来解决 C++的潜在安全问题，这个语言名叫 Oak。它保留了大部分与 C++相似的语法，但把较具危险性的部分加以改进，像内存资源管理，由语言本身来管理，以减少程序设计师的负担及错误的产生。Oak 是一种安全的语言，具有可移植性和平台独立性，能够在各种芯片上运行。这样各家厂商就可降低研发成本，直接把应用程序应用在自家的产品上。

到 1994 年，Oak 的技术已日趋成熟，这时恰逢互联网的蓬勃发展。而 Oak 研发小组发现 Oak 很适合作为一种网络程序语言。因此发展了一个能与 Oak 相配合的浏览器——WebRunner，后更名为 HotJava，它证明了 Oak 是一种能在网络上发展的程序语言。后来，因为 Oak 这个商标已被注册，工程师们便想到以手中常享用的咖啡（Java）来重新命名，并在 Sun World 95 中发表。从此以后，Java 就随着网络的快速发展，而成了一代成功的编程语言。Java 的主要发展历程如图 1-1 所示。2009 年，Sun 公司已被 Oracle 公司收购。

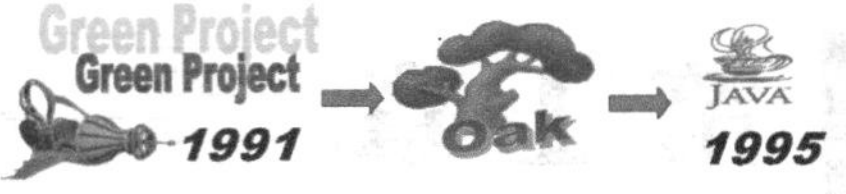

图 1-1 Java 的主要发展历程

1.1.2 Java 应用平台

Java 语言发展到今天经历了一系列的过程。Java 在 1995 年 5 月 23 日推出了 JDK 1.0 版本，此版本标志着 Java 正式进军 Internet，在 1998 年对之前的 JDK 进行了升级并推出了 JDK 1.2 的开发包，该版本加入了大量的轻量级组件包，从此之后 Java 被正式命名为 Java 2。

Java 语言发展到今天，根据不同的应用领域提供了 3 个 Java 平台体系结构，分别为 J2SE、J2EE、J2ME。

1. J2SE

J2SE 全称是 Java 2 Platform Standard Edition，即 Java 标准版。它是各种应用平台的基础，应用于桌面开发和低端商务应用的解决方案，主要包含构成 Java 语言核心的类，如数据库连接、接口定义、输入/输出和网络编程。Oracle 公司提供了两个运行于 Java 2 平台标准软件产品：一个是 JRE，即运行环境，它提供 Java 虚拟机和运行 Java 应用程序所必需的类库；另一个是 JDK，即 Java SE 开发工具集，它包括 JRE 和命令行开发工具。

JDK 包括了 JRE，另外还提供了编译、运行、调试 Java 程序所需要的基本工具。所以，只要安装了 JDK 工具，就完成了 Java 基本环境的安装。本书的附录 A 将专门介绍 JDK 的使用。

注意：JDK 和 JRE 的区别。

如果只需要在某种操作系统下运行 Java 应用程序，则安装支持该操作系统的 JRE 软件即可。如果不仅要运行 Java 应用程序，还要开发 Java 应用程序，就需要安装支持该操作系统的 JDK 软件。

提示：本书使用的 JDK 版本。

到目前为止，已经发布了很多版本的 JDK，本书使用的 JDK 版本为 JDK1.6。

---

2. J2EE

J2EE 全称是 Java 2 Platform Enterprise Edition，即 Java 企业版。它用于企业环境的服务器端应用程序的开发，其中包含了 J2SE 中的所有类包，还提供了用于开发企业级应用的类，如 EJB、Servlet、JSP、XML 和事务控制，也是现在 Java 应用的主要方向。

3. J2ME

J2ME 全称是 Java 2 Platform Micro Edition，即 Java 微型版。它是一种高度优化的 Java 环境，提供针对消费类电子设备（如智能卡、手机、PDA 和机顶盒）的解决方案，包含 J2SE 中一部分类。

虽然 Java 语言的发展方向有 3 个，但是这 3 个平台中最核心的部分是 J2SE，而 J2ME 和 J2EE

是在 J2SE 基础之上发展起来的，3 种平台的关系如图 1-2 所示。另外要提醒读者的是，在 2005 年 Java 10 周年大会之后，这 3 门技术又重新更名，J2SE 更名为 JAVA SE，J2ME 更名为 JAVA ME，J2EE 更名为 JAVA EE。

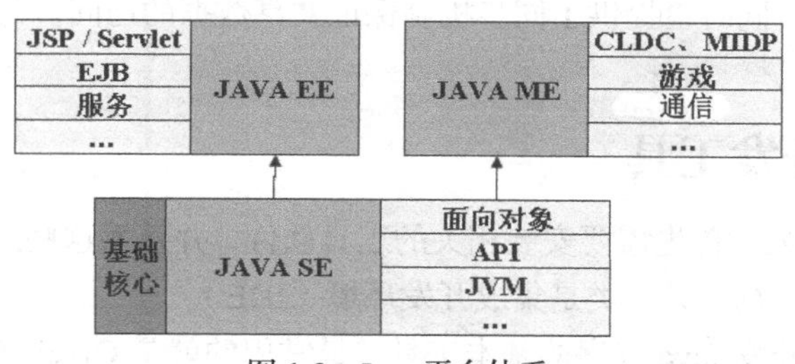

图 1-2　Java 平台体系

1.1.3　Java 语言特点

Java 到底是一种什么样的语言呢？它为什么吸引着当今这么多程序员？归纳起来，Java 有如下特性。

1．简单性

Java 语言的简单性主要体现在以下 3 个方面：

（1）Java 是 C++语言发展过来的，风格类似于 C++，因此，C++程序员可以很快就掌握 Java 编程技术。

（2）Java 摒弃了 C++中很少使用的或容易引发程序错误的一些特性，如头文件、指针、结构、联合、操作符重载等。

（3）Java 提供了丰富的类库。

2．面向对象

Java 语言是一种完全面向对象的编程语言，它不支持类似 C++语言中的面向过程的程序设计技术。所有的面向对象编程语言都支持 3 个概念：封装、多态和继承。Java 也不例外。

3．网络分布式计算

Java 语言是面向网络的编程语言，具有基于网络协议的类库。因此，Java 应用程序可以方便地访问和处理分布在网络上的不同计算机上的对象，访问方式与访问本地文件系统几乎完全相同。使用 Java 语言编写的 Socket 通信程序比使用任何其他语言都简单，还可以使用 Java applet、JSP（Java Server Page）和 Servlet 等手段来构建更丰富的网页。

4．安全性

Java 的安全性可从两个方面得到保证。一方面，在 Java 中弃用了如指针和释放内存等 C++功能，避免了非法的内存操作；另一方面，在网络分布式环境下，Java 必须提供足够的安全保障，并且需要能够防止病毒的侵袭。Java 在运行应用程序时，严格检查其访问数据的权限，比如不允许网络上的应用程序修改本地的数据。下载到用户计算机中的字节代码在其被执行前要经过一个核实工作，一旦字节代码被核实，便由 Java 解释器来执行，该解释器通过阻止对内存的直接访问来进一步保证 Java 的安全性。

5．平台无关性

平台无关性即 Java 程序的运行不依赖于操作系统。Java 源程序通过编译器编译后会生成与体系结构无关的字节码文件，对于任何不同的平台，只要在其上安装配置相应的 Java 运行环境，只要做很少的修改，有时甚至根本不需要修改，字节码文件就可以在该平台上运行。

6. 并发性

Java 的多线程功能使得在一个程序里可同时执行多个小任务，一个小任务由一个线程来完成，使得程序效率大大提高，同时也提供了同步机制保证共享数据的访问。与其他语言相比，Java 的多线程编程更加便捷。

1.1.4 Java 开发工具

进行 Java 程序的开发，首先需要安装相关的工具软件，并熟悉这些工具软件的使用。有两类工具，一类是基础开发工具，另一类是集成开发环境（IDE）。

基础开发工具是指开发 Java 程序的基本工具，最常用的就是 Oracle 公司提供的免费的 JDK。编写 Java 程序时，预先用文本编辑器（如 UltraEdit、EditPlus 等）编辑 Java 程序，然后运用 JDK 中的命令编译和运行程序（JDK 的具体使用见附录 A）。

Java 的集成开发环境为程序员提供了更为方便的交互式开发平台，它将 Java 程序的编辑、编译、运行与调试乃至项目管理等一系列工程集成到一个界面，而且是基于图形用户界面。Java 语言的集成开发环境有很多，目前常用的 Java 开发环境如下。

（1）Eclipse，一个开放源代码的、基于 Java 的可扩展开发平台，功能强大、免费，广泛应用于 Java 程序的商业软件开发，是目前最流行的集成开发环境（Eclipse 的具体使用见附录 B）。

（2）JCreator，Xinox Software 公司开发的 Java 开发工具，功能较为强大，适合初学者使用。

（3）JBuilder，Borland公司开发的可视化Java开发工具，一般用于商业窗口式程序开发。

（4）NetBeans，Oracle公司提供的开放源代码的Java集成开发环境，在www.netbeans.org上可免费下载其最新版本。

1.2 Java 和 C/C++的比较

如果了解 C 和 C++语言，可以参考下列 Java 和 C/C++语言的简单比较。如果不了解 C 和 C++语言，可以忽略本节内容，两者具体的运用区别将在后继章节中详细介绍。

1. 全局变量

Java 程序不能定义全局变量，而类中的公共、静态变量就相当于这个类的全局变量。这样就使全局变量封装在类中，保证了安全性，而在 C/C++语言中，由于不加封装的全局变量往往会由于使用过多而使代码不独立，复用性较差。

2. 条件转移指令

C/C++语言中用 goto 语句实现无条件跳转，而 Java 语言保留了 goto 这个关键词，但是不能使用。另外，C/C++语言中 break 和 continue 只能作用于当前所在的循环嵌套，而 Java 还提供了带标签的 break 用于跳出多层嵌套循环，带标签的 continue 用于结束相应循环中之后的语句，跳到这个循环下一次开始的位置。

3. 指针

指针是 C/C++语言中最灵活，但也是最容易出错的数据类型。指针使用不当会造成一些不可预知的错误，甚至无法恢复。而在 Java 中，不支持指针操作。

Java 中的数组是通过类和对象的机制来实现，提供了数组访问时的边界检测，解决了 C/C++ 语言中这个不安全因素。

4. 内存管理

在 C 语言中，程序员通过调用库函数 malloc( )、free( )等来分配和释放内存，C++语言中则是运算符 new 和 delete 进行内存管理。如果程序员忘了释放内存块或重复释放，或释放未被分配的内存块，都会造成系统的崩溃。

在 Java 中，提供运算符 new 用于内存资源的分配，而这些资源释放可完全交与虚拟机的垃圾回收器完成，无需程序员操心，避免了内存管理不周而引起的系统崩溃。

5. 数据类型的一致性

在 C/C++语言中，一些数据类型如 int、float 等的字长是根据运行平台的机器字长而定的（例如，int 在 IBM PC 上为 16 位，在 VAX-11 上就为 32 位），导致了代码数据移植困难。在 Java 中，对于不同的平台，对数据类型的字长分配总是固定的，因此保证了 Java 数据的平台无关性和可移植性。

6. 类型转换

在 C/C++语言中，可以通过指针进行任意的类型转换，不安全因素大大增加。而在 Java 语言中系统要对对象的处理进行严格的相容性检查，防止不安全的转换。

7. 头文件

在 C/C++语言中使用头文件声明类的原型和全局变量及库函数等，在大的系统中，维护这些头文件是非常困难的。Java 不支持头文件，类成员的类型和访问权限都封装在一个类中，运行时系统对访问进行控制，防止非法的访问。Java 还提供了包机制，用于类的管理，解决类命名重名的问题。

8. 其他

C/C++语言中提供结构和联合，而 Java 不支持结构和联合，通过类把数据结构及对该数据的操作都封装在类里面。C/C++语言中有宏定义，而 Java 不支持宏定义。

1.3　Java 平台工作原理

计算机高级语言类型主要有编译型和解释型两种，Java 是两种类型的结合。在 Java 中源文件名称的后缀为.java，通过编译使.java 的源文件生成一个后缀为.class 的字节码文件，然后再由 Java 的专用程序解释执行.class 文件，如图 1-3 所示。这里，解释执行.class 的专门程序名为 JVM。

JVM 全称为 Java Virtual Machine，即 Java 虚拟机，是一种利用软件方法来实现硬件功能的虚拟计算机。所有的.class 文件都在 JVM 上运行，即.class 文件只需要认识 JVM，由 JVM 再去适应各个操作系统。如果不同的操作系统安装上符合其类型的 JVM，那么程序无论到哪个操作系统上都是可以正确执行的。JVM 是 Java 跨平台的保证。

与 C/C++区别：语言运行机制不同。

C/C++语言为编译型语言（见图 1-4），直接作用于操作系统，对运行的软硬件平台有着较强的依赖性；Java 是半编译半解释型语言，JVM 可把 Java 字节码程序跟具体的软硬件平台分隔开来，实现“一次编写，到处运行”的目标。

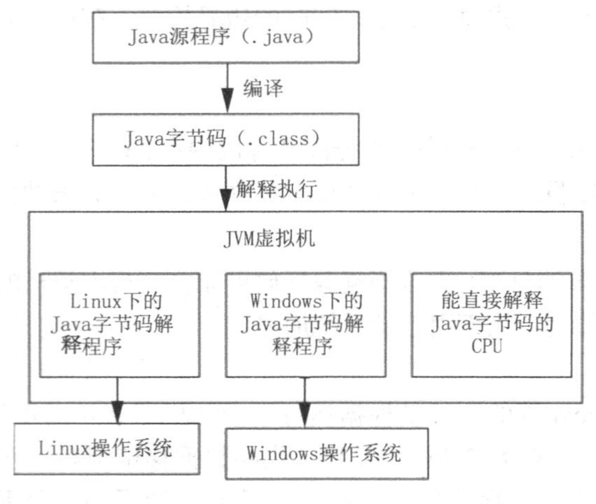

图 1-3　Java 程序运行机制

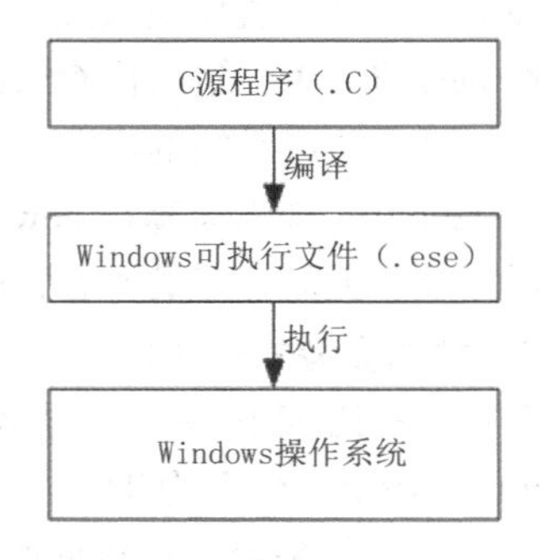

图 1-4　Windows 下 C 语言运行机制

1.4　第一个 Java 程序

根据结构组成和运行环境的不同，Java 程序可以分为两种类型：Java 应用程序（Java application）和 Java 小应用程序（Java applet）。本章对 application 程序进行详细讲解，applet 程序主要应用在网页编程上，具体介绍见第 9 章。

1.4.1　Java 程序开发步骤

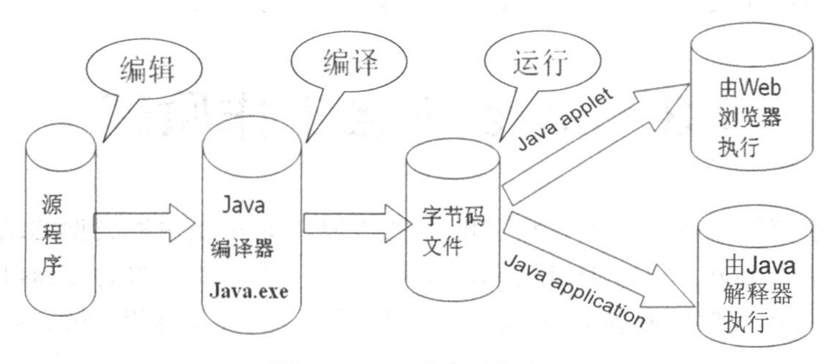

图 1-5　Java 程序开发过程

Java 程序的开发可以由 3 个步骤组成，如图 1-5 所示。

（1）编辑源程序：对于Java应用程序的开发，首先编写Java源程序，文件的扩展名必须是.java。

（2）编译源程序：经编译后会产生一个扩展名为.class 文件，在 Java 语言中也叫字节码文件。

（3）运行程序：最后由 Java 解释器执行这个字节码文件。

下面分别就简单的 Java application 和 Java applet 程序介绍开发过程。

1.4.2　第一个 Java 应用程序

Java application 是一个完整的程序，需要独立的解释器来解释执行，有 main()方法。以输出

“Hello World!”字符串为第一个程序开始 Java 之旅，见例 1.1。

【例 1.1】输出“Hello World!”字符串。

```
1 // HelloWorld.java
2 class HelloWorld
3 {
4     public static void main(String args[])
5     {
6         System.out.println("Hello World!");
7     }
8 }
```

按照 Java 程序开发的三个步骤，例 1.1 的开发过程如下。

（1）编辑源程序：在文本编辑器中编辑保存上面的程序为 HelloWorld.java。

（2）编译源程序：在命令行方式下，进入到程序所在的目录，执行 javac HelloWorld.java 命令，对程序进行编译，编译完成之后可以发现在目录之中多了一个 HelloWorld.class 的文件，此文件就是最终要使用的字节码文件。

（3）执行源程序：程序编译之后，输入 java HelloWorld，执行程序，即可得到程序的输出结果。具体的操作过程可以参考图 1-6 完成。

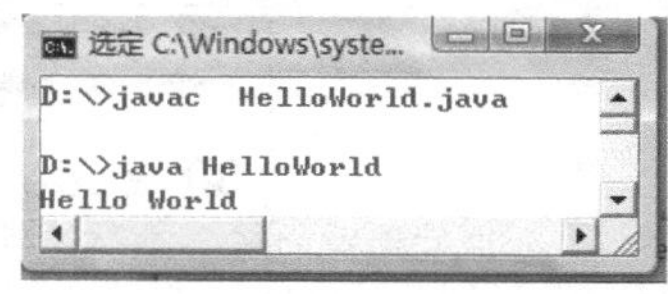

图 1-6　运行 Hello World.java 程序

程序运行结果：

```
Hello World!
```

注意：Java 源程序的命名。

在 Java 源程序编写时系统规定，文件名的后缀必须是“.java”，而编译后的字节码文件的后缀是“.class”。

程序分析说明：

第 1 行，用“//”开头，表示这行是注释行。注释是为程序阅读者提供程序代码的解释或描述，在编译 Java 源文件时，会被完全忽略。

第 2 行，定义了一个新的类（class），这个类的名字是“HelloWorld”。类是 Java 的基本封装单元，类的定义以开花括号“{”开始，闭花括号“}”结束。类的相关知识将在第 3 章中详细介绍，这里只需知道 Java 中所有的程序活动都必须发生在一个类中。

第 3 行，“{”是 Java 程序的起始定界符，在这里表示“HelloWorld”类从这里开始。

第 4 行，定义了一个公共的、静态的和无返回值的 main 方法，main 方法是所有 Java 应用程序执行的入口，但不是 Java applet 的入口。方法是一个程序段，实现某个特定的功能。

main 方法必须同时含有 public、static 和 void 属性。在成员 main 方法中，args 是参数变量，String[]是参数变量的数据类型，这个数据类型不可以被修改。

第 5 行，“{”表示 main 方法从这里开始。

第 6 行，使用了系统提供的“System.out.println（…）”方法，这个方法在控制台窗口中输出字符串“Hello World!”，输出后光标移动到下一行的行首，换言之，下一次从新的一行进行输出。这些都是 JDK 提供的。println()的小括号()中的内容即是要输出的内容。

第 7 行，“}”是 Java 程序的结束定界符，在这里表示 main 方法到这里结束。

第 8 行，“}”在这里表示“HelloWorld”类到这里结束。

注意：Java 区分大小写。

编写 Java 程序时一定要注意字母的大小写问题，因为 Java 严格区分大小写。

1.4.3 第一个 Java 小应用程序

Java 程序的另一种形式是 Java applet，一种可嵌入于 Web 文件中的一种小型程序，applet 不需要 main()方法，它必须嵌在超文本文件中，一般都是通过浏览器来观看 applet。一个完整的 Java applet 一般由一个.java 源文件和一个超文本文件组成。图 1-7 所示是一个随鼠标旋转的 3D 恐龙 Java applet 程序范例。

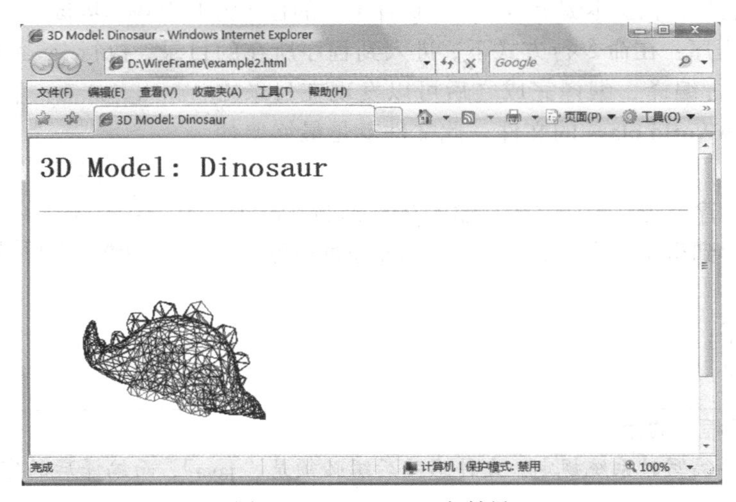

图 1-7 Java applet 运行结果

一个 Java applet 程序的开发过程如下：

（1）编辑源程序：此示例使用 Oracle 公司提供的 applet 范例，读者可在 JDK 的安装目录 jdk1.6.0_10\demo\applet\Wireframe 中查看，其中包括 ThreeD.java 和 Matrix3D.java，以及网页文件 example2.html 和图片文件 WireFrame\models\dinasaur.obj。

（2）编译源程序：在命令行方式下，进入到程序所在的目录，执行 javac ThreeD.java 命令，对程序进行编译，编译完成后在该目录中将增加 ThreeD.class、Model3D.class、Matrix3D.class 和 FileFormatException.class 4 个文件。

（3）执行源程序：程序编译之后，打开文件 example2.html，显示程序的运行界面。

小　　结

本章首先以通俗易懂的语言，介绍了 Java 的发展历史、语言特点以及集成开发环境，对比了 Java 和 C/C++语言的区别，最后详细介绍了 Java 程序的两种运行方式，一种是通过 Java 虚拟机直接运行的 Java application，另一种是通过浏览器运行的 Java applet，从而了解 Java 语言的大致风格以及开发与编译的大致流程。

习　　题

1-1 填空题

（1）Java体系结构中，________保证Java体系结构的跨平台性。

（2）Java程序开发一般包括________、________和________三个步骤。

1-2 选择题

（1）编译 Java 程序后生成的面向 JVM 的字节码文件的扩展名是（　　）。

A. .java　　B. .class　　C. .obj　　D. .exe

（2）下列关于 JDK、JRE 和 JVM 的描述，（　　）项是正确的。

A. JDK 中包含了 JRE，JVM 中包含了 JRE

B. JRE 中包含了 JDK，JDK 中包含了 JVM

C. JRE 中包含了 JDK，JVM 中包含了 JRE

D. JDK 中包含了 JRE，JRE 中包含了 JVM

（3）下列哪个工具可以编译 Java 源文件？（　　）

A. javac　　B. jdb　　C. javadoc　　D. junit

1-3 简答题

（1）怎样区分 Java application 和 Java applet？

（2）什么是平台无关性？Java 是怎样实现平台无关性的？

1-4 上机题

（1）动手完成 Java 开发包的安装，并设置环境变量 Path，熟悉开发工具。

（2）编写一个程序，要求程序运行后在屏幕上输出：

```
****************************
  This is my first java program!
****************************
```

第2章 Java语言基础

【学习目标】

- 了解变量和常量。
- 掌握 Java 语言的基本数据类型及类型转换。
- 掌握各种运算符和表达式运算。
- 掌握 Java 语言的基本语句：表达式语句、复合语句、条件语句、循环语句、跳转语句。

【学习要求】

能够熟练掌握变量和常量的使用，算术运算符、关系运算符、逻辑运算符和位运算符的使用以及它们之间的优先级关系，注意在运算过程中的类型转换。可以灵活运用表达式语句、条件语句、循环语句和跳转语句实现简单的算法。

在 1.4.1 节中我们接触了第一个 Java 应用程序“Hello World”，学习了 Java 应用程序的大致框架：Java 的基本封装单元是“类”，其中可以定义方法。main()方法是 Java 应用程序执行的入口。代码块以左、右花括号（{、}）标记开始与结束，一条语句以分号（;）结束。这章开始将介绍更多的 Java 语言基础知识，包括标识符、关键词、数据类型、变量、运算符和语句。

2.1 标识符与关键词

2.1.1 标识符

程序员对程序中的各个元素命名时使用的命名记号称为标识符（identifier），这些元素包括类名、变量名、常量名、方法名等，如例 1.1 中的类名 HelloWorld。

Java 语言中的标识符必须是一个以字母（a～z、A～Z）、下划线（_）或美元符（$）开始的字符序列，后面可以包含字母、下划线、美元符、数字（0～9）。标识符不能以数字开头，如 2x 命名不合法。下划线主要用于增加标识符的可读性，如 ARR_SIZE。

Java 语言是大小写敏感的语言，即标识符中字母的大小写有区别，如 StudentID 和 studentID 是两个不同的名称。任何 Java 关键词不能作为标识符，关键词见表 2-1。

一般，在 Java 语言编程时程序员会遵循一些编码规范（见附录 C）使标识符在一定程度上“见名知意”，保证程序的可读性。例如，maxValue 和 numOfStudents。

2.1.2 关键词

关键词是指高级语言中定义过的词，如例 1.1 中的“public”、“class”等，它们有特殊的含义和专门用途，程序员不能用它们作为变量名或函数名等使用。

Java 语言中定义的关键词，见表 2-1，保留了 const 和 goto，但不能使用。除了表 2-1 中的关键字外，Java 还保留了 true、false 和 null，它们是 Java 定义的值，也不能作为变量名或函数名等使用。

表 2-1　　Java 的关键词

abstract	assert	boolean	break	byte
case	catch	char	class	const
continue	default	do	double	else
enum	extends	final	finally	float
goto	if	implements	import	instanceof
int	interface	long	native	new
package	private	protected	public	return
short	static	strictfp	super	switch
synchronized	this	throw	throws	transient
try	void	volatile	while	

2.2 数据类型

Java 语言提供了 4 类基本数据类型：整型、浮点类型、字符类型和布尔类型。

1. 整型

Java 提供了 4 种整数类型，如表 2-2 所示。

表 2-2　　Java 整型

类型	存储要求	表示范围
int	4 字节	−2147483648～2147483647
byte	1 字节	−128～127
short	2 字节	−32768～32767
long	8 字节	−9223372036854775808～9223372036854775807

4 种整数类型中 int 类型最常用，但若要表示较大的整数，使用 long 类型。而 byte 和 short 类型适用于低层文件处理或需要考虑存储空间的情况。

默认情况下，在 Java 代码中出现的整数，如 30，都是 int 类型。若想表示 long 类型的整数需附设一个后缀 L 或 l，如 30L。

有些情况需要使用十六进制或八进制的数，十六进制的数以前缀 0x 或 0X 开始，如 0xFFFF，八进制的数以前缀 0 开始，如 024。显然，八进制的表示容易让人混淆，因此推荐使用十六进制。

与 C/C++区别：整数类型差异。

在 Java 语言中，整数类型的范围与程序所在的机器无关。而 C 或 C++语言中，int 的存储要求与平台有关，如在 DOS 下是 2 字节的，而在 32 位模式的 Windows 下是 4 字节的。此外，Java 语言中没有 unsigned 类型。

2. 浮点类型

浮点类型用于表示有小数部分的数值。Java 中有两种浮点类型：float 和 double。如表 2-3 所示分别表示单精度浮点数和双精度浮点数。

表 2-3 Java 浮点类型

类型	存储要求	表示范围
float	4 字节	+/- 3.40282347E+38F（有效小数位数为 6～7 位）
double	8 字节	+/-1.79769313486231570E+308（有效小数位数为 15）

两种类型中，double 较为常用。float 一般在需要快速处理单精度数据或需要大量存储此类数据时使用。

默认情况下，一个浮点类型的数是 double 类型的，如 3.14。若需要表示 float 类型的数需添加后缀 F 或 f 表示 float 类型的数值，如 3.14F。Java 语言还允许使用科学计数法表示浮点数，一个浮点数由尾数、字母 E 或 e 和指数三部分组成，如 4.24E9。

3. 字符类型

Java语言中的字符类型char是 16 位的，用于表示标准字符集（Unicode character set）中的字母。该字符集用两个字节的空间进行编码，允许使用 65536 个字符，包含大多数已知语言中的几乎所有的字符。关于Unicode的详细信息可以参看www.unicode.org。

字符类型的数是由一对单引号括起来的单个字符，它可以是字符集中的任意一个字符，如'a', '3'。

此外，还有一些字符如单引号、双引号，在 Java 中有特殊的意义，因此无法直接使用它们。Java 语言为这些特殊字符提供了转义序列，如表 2-4 所示。这些转义序列用于替代它们所代表的字符。表 2-4 中最后两行是采用 1～3 位的八进制或 4 位的十六进制 Unicode 码表示相应的字符，如 '\101' 和 '\u0047 '都表示字符 'A'。

这里需要和字符串数据区别，由一对双引号括起来的字符序列表示字符串，如"hello world"和"a"，"a"表示含有一个字符'a'的字符串。字符串中字符的个数可以为 0，如""，我们称之为空串。字符串中的字符也可以是转义字符，如"C:\\User\\admin"。关于字符串的内容详见 5.2 节。

表 2-4 特殊字符的转义序列

转义序列	描述
\b	退格
\t	制表
\n	换行符号
\r	回车符号
\f	换页符号
\"	双引号
\'	单引号
\\	反斜杠
\ddd	八进制常量符号（ddd 是八进制常量）
\uxxxx	十六进制常量符号（xxxx 是十六进制常量）

与 C/C++区别：字符类型差异。

Java 语言中字符类型采用 Unicode 码，字长是两字节。C 或 C++语言中字符类型采用 ASCII 码，字长是 1 字节。ASCII 码集是 Unicode 的子集。

4. 布尔类型

布尔类型 boolean 用于逻辑条件判断，只有两个值：真和假，分别用 true 和 false 表示。这里需要注意，Java 中布尔类型不能与其他数据类型相互转换。

与 C/C++区别：布尔类型差异。

C/C++语言中整型或指针都可以充当布尔值，0 相当于布尔值 false，非零值则相当于 true。Java 语言不支持。

2.3　变量与常变量

在计算机内存中用于在程序运行时保存数值的存储单元称为“变量”，若这个存储单元中的数值保持不变，则称为“常变量”。变量或常变量可以用标识符进行标识，即变量名。通过变量名就可以使用变量，即存取或修改相应存储单元中的数据。

2.3.1　声明变量

Java 是一种强类型语言，每个变量在使用前都必须声明，即指定变量的类型。声明变量的语句如下：

```
typename  varName;
```

typename 是变量的数据类型，varName 是变量名，如定义变量记录学生成绩：

```
int score;
```

如果多个变量具有同样类型，也可以在同一行中声明，如需记录学生人数，学生平均成绩，变量声明如下：

```
int numOfStudents, averageScore;
```

2.3.2　赋值

声明一个变量后，必须通过赋值语句对它进行初始化。Java 中用赋值运算符（=）表示，赋值形式如下：

```
varName = value;
```

若需要将数值 60 赋予变量 averageScore，可使用如下语句：

```
averageScore = 60;
```

也可将声明语句与赋值语句结合起来，如：

```
int averageScore = 60;
char level = 'A';
```

2.3.3　常变量

常变量表示变量的值初始化后不再修改。Java 中常变量的声明和初始化与变量非常类似，只是在声明时类型名前添加关键字 final，常变量名一般采用大写字母。如：

```
final double PI = 3.14;
```

final 表示只能对变量赋值一次，值一旦设定，不能更改。因此，Java 中常量无需在声明时立即初始化，如：

```
final double PI;
// 其他语句
PI = 3.14;
```

但常变量只能初始化一次，如下述代码编译会产生错误：

```
final double PI = 3.14;
// 其他语句
PI = 3.1415;
```

与 C/C++区别：常变量定义差异。

C++语言中用关键字 const 表示常量，并在声明时立即初始化；Java 语言保留了关键词 const，但目前还未被定义，必须使用 final 来表示常变量。

2.4 运 算 符

Java 语言提供了 4 类运算符，有算术运算符、关系运算符、逻辑运算符和位运算符，下面依次对它们进行介绍。

2.4.1 算术运算符

Java 语言中较常用的二目算术运算符有+、–、*、/，分别用于进行加、减、乘、除运算。它们可以应用于所有内置的数值数据类型（整数类型、浮点数类型和字符类型）。

运算符+、–、*的用法与数学中一致，除法运算符（/）略有不同。当除法运算符应用于两个整数时，结果是除法的商（称为整数除法）；若其中一个操作数是浮点数，结果是一个浮点数（浮点除法），如：7/2 的结果是 3，而 7.0 / 2.0 的结果是 3.5。若要计算整数除法的余数可使用求余运算符%，如：7%2 的结果是 1。在做除法运算时，需要注意当除数为 0 时，若被除数是整数，则将产生异常，若被除数为浮点数，将得到一个无穷大值或 NaN。

【例 2.1】算术运算符示例。

```
// ArithOperationDemo.java
class ArithOperationDemo{
    public static void main(String[] args){
        int sum, iresult, irem;
        int a = 3;
        double dresult, b = 6.0, c = 4.0;
        sum = a + 3;
        iresult = sum / 4;
        irem = sum % 4;
        dresult = b / c;
        System.out.println("sum = " + sum);//运算符+用于字符串的拼接
        System.out.println("iresult = " + iresult);
        System.out.println("irem = " + irem);
        System.out.println("dresult = " + dresult);
    }
}
```

程序运行结果：

```
sum = 6
iresult = 1
```

```
irem = 2
dresult = 1.5
```

程序中运算符+的用途比较特殊，还可用于字符串的拼接，如："hello " + "world"的结果是"hello world"。

注意：加号运算符。

运算符+的两个操作数，只要有一个是字符串，+就会进行字符串拼接。若另一个操作数不是字符串，系统将其转换为字符串后进行操作。

运算符中另一类常用的操作是增 1 和减 1，Java 语言中分别用自增运算符++和自减运算符--实现。语句 x++;的效果等同于 x = x + 1;，语句 x--;的效果等同于 x = x – 1;。

自增和自减运算符可以放在操作数前面，也可以放在操作数后面，但两种情况的意义不相同，区别在于何时进行自增运算。若自增或自减运算符放在操作数之前，Java 会在表达式的其余部分使用操作数之前先对此操作数进行运算；若放在操作数之后，Java 会先将操作数的值用于表达式，然后进行运算，如：

```
x = 3;
y = ++x;
```

执行后，x 的值为 4，y 的值也为 4。而：

```
x = 3;
y = x++;
```

执行后，x 的值为 4，y 的值为 3。

这里建议不要在复杂的表达式中使用自增运算符，这容易导致代码令人迷惑，如 y = ++x + x++。

与 C/C++区别：模运算差异。

Java 语言中运算符%可应用于整数类型、浮点数类型，而在 C/C++语言中，该运算符只可应用于整数类型数据。

2.4.2 关系运算符和逻辑运算符

Java 中的关系运算符有==、!=、<、>、<=和>=，它们依次用于判断是否等于、不等于、小于、大于、小于等于和大于等于。这些运算符的结果是布尔值，真（true）或假（false），如：表达式 4 == 24 的值是 false。

在 Java 中所有类型的值都可使用==和!=进行判断相等或不相等的操作，但其余的关系运算符只能用于支持顺序关系的类型，如 int 类型、char 类型等，而 boolean 类型只能进行==和!=的操作。

Java 中的逻辑运算符有&（与）、|（或）、^（异或）、&&（简化与）、||（简化或）和!（非），操作数必须是布尔类型，因此关系运算符常与逻辑运算符一起使用。表 2-5 列出了各逻辑运算符的真值表。

表 2-5　　逻辑运算符的真值表

p	q	p & q	p | q	p ^ q	!p
false	false	false	false	false	true
false	true	false	true	true	true
true	false	false	true	true	false
true	true	true	true	false	false

Java 还支持优化的与、或运算符。在与运算中，若第一个操作数为 false，无论第二个操作数的值是什么，运算的结果都是 false；而在或运算中，若第一个操作数为 true，无论第二个操作数的值是什么，运算结果都是 true，因此，在这些情况下，简化与（&&）、简化或（||）运算符就不对第二个操作数进行计算，以提高代码的执行效率。

【例 2.2】关系运算符和逻辑运算符示例。

```
// LogicOperatorDemo.java
class LogicOperatorDemo{
    public static void main(String[] args){
        int a = 3;
        int b = 4;
        boolean flag;
        flag = a > 3 & b == 4;              // flag is false
        System.out.println("flag = " + flag);
        System.out.println("!flag = " + !flag);
    }
}
```

程序运行结果：

```
flag = false
!flag = true
```

2.4.3 位运算符

位运算符是用于整数的二进制位的操作（测试、设置或移动），不能用于 boolean、float、double 或复合数据类型。此类运算符多用于系统级的程序设计，如查询设备或描述状态信息。

位运算符有：&（按位与）、|（按位或）、^（按位异或）、>>（右移）、>>>（无符号右移）、<<（左移）、～（按位非）。其中&、|、^、～执行的运算与布尔逻辑相似，不同之处在于为运算符是以“位”作为运算对象。如：

```
 1001 1010
&0011 1111
 0001 1010
```

又如：

```
 1001 1010
|0011 1111
 1011 1111
```

运算符&可用于将指定位置为 0，或判断哪些位为 1、哪些位为 0，如下面的表达式可以判断 flag 变量中的数据第 3 位是否为 1：

```
flag & 4
```

若表达式的值为 0，则第 3 位为 0，否则为 1。

运算符 | 和 &的作用正好相反，它可以用于将指定位置为 1。

【例 2.3】&和|操作示例。

```
// AndOrOperatorDemo.java
class AndOrOperatorDemo {
    public static void main(String[] args) {
        int a = 3, b = 7;
        System.out.println("a & b = " + (a & b));
```

```
            System.out.println("a | b = " + (a | b));
        }
    }
```

程序运行结果：

```
a & b = 3
a | b = 7
```

异或运算符^是只在两个对应的二进制位不同时结果为 1，如：

```
    1001  1010
 ^  0011  1111
    ----------
    1010  0101
```

异或还有一些有趣的性质，如：

```
a = x ^ y;
b = a ^ y;
```

b 与 x 的值是一样的，也就是说，一个值与同一个值进行两次异或，结果是原值。这个性质也可应用于一些简单的信息编解码。

Java 中还提供了一些移位操作符，用于将二进制位向左或向右移动指定的位数。这些运算符使用方式如下：

```
value >> numOfBits
value << numOfBits
value >>> numOfBits
```

其中，value 是被移动的值，numOfBits 是移动的位数。

>>是每右移 1 位会将 value 中的所有二进制位都向右移动一个位置，同时保持符号位不变，即若 value 是正值，左端补 0；若 value 是负值，左端补 1。若右移时不需要保持符号位，可以使用无符号右移>>>，它总是在左端补 0。<<是每左移 1 位会将 value 中的所有二进制位向左移动一个位置，右端补 0。

【例 2.4】移位运算符的示例。

```
//ShiftOperatorsDemo.java
class ShiftOperatorsDemo {
    public static void main(String[] args){
        int a = 7, b = -5;
        System.out.println("a = 7, b = -5");
        System.out.println("a >> 1 = " + (a >> 1));
        System.out.println("a << 2 = " + (a << 2));
        System.out.println("a >>> 1 = " + (a >>> 1));
        System.out.println("b >> 1 = " + (b >> 1));
        System.out.println("b << 1 = " + (b << 1));
        System.out.println("b >>> 1 = " + (b >>> 1));
    }
}
```

程序运行结果：

```
a = 7, b = -5
a >> 1 = 3
a << 2 = 28
a >>> 1 = 3
b >> 1 = -3
b << 1 = -10
b >>> 1 = 2147483645
```

2.4.4 赋值运算符

赋值运算符（=）的基本形式是：

```
var = expression;
```

这表示将表达式（expression）的值赋值给 var，其中 var 的类型必须和 expression 的类型兼容。赋值运算符还可以用于以下的例子：

```
int a, b, c;
a = b = c = 10; // 变量 a, b, c 的值都为 10
```

Java 语言还提供特殊的速记赋值运算符来简化某些赋值语句，速记赋值的基本形式：

```
var op= expression;
```

op 可以是二目算术运算符或二目位运算符，如：

```
a = a + b;
```

也可写为：

```
a += b;
```

2.4.5 条件运算符

条件运算符（?:）是 Java 中唯一的三目运算符，用法如下：

```
expression ? true_result : false_result;
```

expression、true_result 和 false_result 是 3 个表达式，表达式 expression 必须返回 boolean 类型的结果，若结果为 true，则条件运算符返回表达式 true_result 的值，否则返回表达式 false_result 的值，如下面的语句可将 val 和 oth_val 中的较大值赋值给变量 result。

```
int result = val > oth_val ? val : oth_val;
```

2.4.6 运算符优先级

表 2-6 从上至下描述了所有 Java 运算符的优先级，在同一级别的运算符从左至右进行计算，其中右结合的运算符除外（=，op=）。程序中也可使用圆括号指明运算执行的次序，括号内的先进行运算。

表 2-6　　　　Java 运算符的优先次序表

<table>
<tr><th>优先级</th><th>运算符类型</th><th>运算符</th></tr>
<tr><td rowspan="2">优先级最高</td><td rowspan="2">单目运算符</td><td>[ ]　.　()（方法调用）</td></tr>
<tr><td>!　~　++　– –　+　–　new
()（强制类型转换）</td></tr>
<tr><td rowspan="2">优先级较高</td><td>算术运算符</td><td>*　/　%　+　–</td></tr>
<tr><td>位运算符</td><td><<　>>　>>></td></tr>
<tr><td rowspan="3">优先级较低</td><td>关系运算符</td><td><　<=　>　>　==　!=</td></tr>
<tr><td>逻辑运算符</td><td>&　^　|　&&　||</td></tr>
<tr><td>条件运算符</td><td>?:</td></tr>
<tr><td>优先级最低</td><td>赋值运算符</td><td>=　op=（op 表示二目算术运算符、位运算符）</td></tr>
</table>

注意：逗号运算符。

Java 中没有逗号运算符，但可以在 for 语句的第一和第三部分用逗号分隔表达式。

2.5 类型转换

在使用算术运算符、赋值运算符时，如果两个操作数的类型不同，在运算前会对操作数进行隐式类型转换，转换方式如图 2-1 所示。

例如：n + d，n 为 int 类型，d 为 double 类型，则 n 将会转换为 double 类型。图 2-1 中 6 个实线箭头表示无精度损失的转换，3 个虚线箭头表示有精度损失的转换。

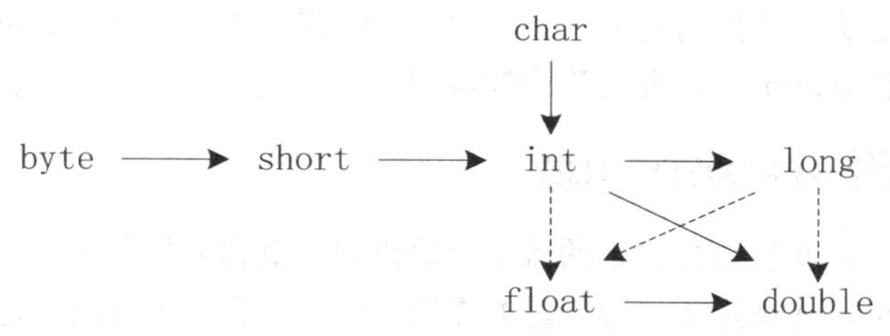

图 2-1　数值类型的合法转换

若使用赋值运算符，则将运算符右边的数值转换为运算符左边的数值类型。如：int val = 'a';，左边的 char 类型转换为 int 类型，取其 Unicode 码值，变量 val 的值为 97。

如果转换中有精度损失，则必须通过强制类型转换来完成。其语法是在圆括号中给出要转换的目标类型，如：

```
double x = 4.24;
int val = (int)x;
```

这样，val 赋值为 4。此处是通过截去小数部分完成浮点数值向整数的转换。

【例 2.5】将A～G这 7 个大写字母转换为小写字母。

```
// ToLowCase.java
class ToLowCase{
    public static void main(String[] args){
        char ch;
        for(int i = 0; i < 7; i++){
            ch = (char)('A' + i);
            System.out.print(ch);
            ch = (char)((int)ch | 0x0020);
            System.out.print(ch + "\t");
        }
    }
}
```

程序运行结果：

```
Aa    Bb    Cc    Dd    Ee    Ff    Gg
```

程序分析说明：

根据 Unicode 字符集定义，大小写字母的次序一致，小写字母的 Unicode 码比相应的大写字母大 32。若要把一个大写字母转换为相应的小写字母，只需将大写字母的二进制数的第 6 位设置为 1，即增加 32。

for 循环中的第一条语句 ch = （char）('A' + i）；的执行顺序是先执行运算符+，系统进行了隐式类型转换，将 char 类型'A'转换为 int 类型进行加法运算，加和的结果再强制类型转换为 char 类型。

与 C/C++区别：类型转换。

① C++语言中非 0 值可视为 true，0 值视为 false，而 Java 中不能在布尔值和任何数字类型间做强制类型转换。

② Java 中将整数类型转换为字符类型需要强制类型转换，但 C、C++中不需要。

2.6 流 程 控 制

程序控制语句有 3 类：选择语句（if，switch）、循环语句（while，do-while 和 for）和跳转语句（break，continue 和 return）。在介绍流程控制前，我们先来了解一下复合语句。

2.6.1 复合语句和块作用域

复合语句就是用一对花括号括起来的若干简单语句，也称为代码块。复合语句可以嵌套在其他复合语句中。复合语句还决定了局部变量的作用域范围，在一个方法中定义的变量称为局部变量。局部变量的作用域是从它声明开始到它所在的嵌套结束为止，如下面的例子中变量 a 和 b，分别在 main 方法中定义：

```
public static void main(String[] args){
    int a;
    ...//其他语句
    {
        int b;
        ...//其他语句
    }//b 的作用域到此为止
}//a 的作用域到此为止
```

其中，变量 a 的作用域范围是从第二行变量 a 声明到最后一个闭花括号的位置，包括其内层嵌套；变量 b 的作用域是从第五行变量 b 声明到第一个闭花括号的位置。在一个变量的作用域范围内不能声明与其同名的变量，如下面的代码是错误的。

```
public static void main(String[] args){
    int a;
    ...//其他语句
    {
        char a;    //错误
        ...//其他语句
    }
}
```

与 C/C++区别：多层嵌套中的变量。

C++语言可以在内层嵌套中定义与外层嵌套同名的变量，此时内部定义会覆盖外部定义。在 Java 中不允许这样做。

2.6.2 if 语句

if 语句的完整形式如下：

```
if ( condition ) statement1;
```

```
else statement2;
```

condition 是一个条件表达式，必须用圆括号括起来，当这个表达式的值为真时，执行语句 statement1，否则执行语句 statement2，如图 2-2 所示。

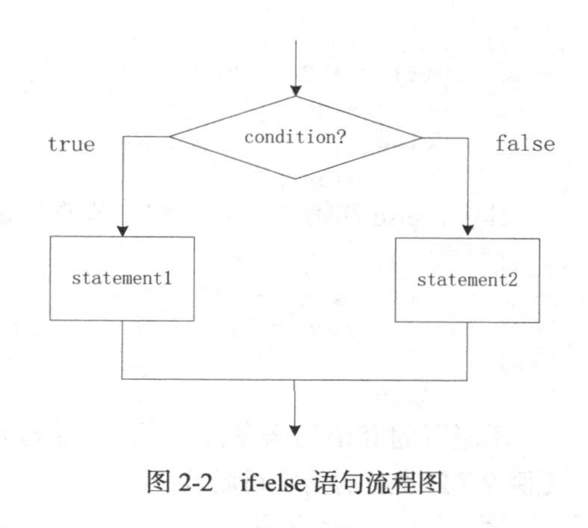

图 2-2 if-else 语句流程图

这里 else 的语句是可选的。如果程序只关心条件 condition 为真的情况，可以采用如下形式：

```
if( condition) statement;
```

当条件 condition 为真或假，需要执行多条语句时，可以使用复合语句。基本形式如下：

```
if( condition ){
   statement sequence
}else{
   statement sequence
}
```

下面是一个猜字母的游戏。玩家输入 a～z 中的一个字母，如果猜中，程序显示消息“恭喜，正确”，否则显示消息“失败”。

【例 2.6】猜字母游戏。

```
//GuessLetter.java
class GuessLetter {
    public static void main(String[] args) throws Exception{
        char ch, answer;
        answer = (char)(Math.random() * 26 + 'a'); //随机产生一个小写字母作为答案
        System.out.println("系统随机产生了一个 a～z 的字母，请猜：");
        ch = (char)System.in.read();
        if(ch == answer)
            System.out.println("恭喜，正确");
        else{
            System.out.println("失败");
            System.out.println("答案是 " + answer);
        }
    }
}
```

程序运行结果：

```
系统随机产生了一个 a～z 的字母，请猜：
b
失败
答案是 s
```

程序分析说明：

GuessLetter 中使用了类 Math 中的方法 random()产生一个[0,1）的随机数（double 值），System.in 是表示键盘的输入流，System.in.read()用于从键盘读取一个字符，当没有接收到键盘输入时，程序会阻塞，直至读取到一个字符为止（具体见 7.5 节）。throws Exception 是声明 main()方法可能会抛出异常。使用了方法 read()需要考虑异常处理的问题。运行结果中的第二行 b，是用户在控制台键盘输入的。当键盘输入的字符与 answer 相同时，输出“恭喜，正确”，否则输出“失败”和正确答案。

if 语句还可以嵌套使用。这里需要注意的是，一个 else 语句是和同一个代码块中最靠近它的 if 语句进行匹配的，如：

```
if( i >= 5)
    if( i % 2 == 0)
        sign = 0;
    else
        sign = 1;
```

其中，else 和第二个 if 匹配。若希望 else 与第一个 if 匹配，需将上述代码修改为：

```
if( i >= 5){
    if( i % 2 == 0)
        sign = 0;
} else
    sign = 1;
```

用嵌套的 if 语句来完善上面的猜字母程序，当玩家猜错时给出提示猜大了或猜小了。

【例 2.7】 改进的猜字母游戏。

```
//GuessLetter2.java
class GuessLetter2{
    public static void main(String[] args) throws Exception{
        char ch, answer;
        answer = (char)(Math.random() * 26 + 'a');
        System.out.println("系统随机产生了一个 a～z 的字母，请猜：");
        ch = (char)System.in.read();
        if(ch == answer)
            System.out.println("恭喜，正确");
        else{
            System.out.println("失败");
            if( ch > answer)
                System.out.println("您猜大了，正确结果是 " + answer);
            else
                System.out.println("您猜小了，正确结果是 " + answer);
        }
    }
}
```

程序运行结果：

```
系统随机产生了一个 a～z 的字母，请猜：
b
失败
您猜小了，正确结果是 f
```

在分支较多情况下，可以使用阶梯状 if 语句（if…else if…），执行流程是从上至下逐一检查条件表达式，一旦找到为真的条件，就执行与其相关的语句，其后面的语句将被跳过，不被执行；如果所有的条件表达式都不为真，执行最后一个 else 语句。最后一个 else 是可选的，不是必须的。如下面的示例。

```
if( score >= 85)
    performance ="优良";
else if( score >= 70)
    performance = "中等";
else if( score >= 60)
    performance = "合格";
else
    performance = "不合格";
```

当 score≥85 时，performance 赋值为“优良”。当 85 > score≥70 时，performance 赋值为“中等”。当 70 > score≥60 时，performance 赋值为合格。当 score < 60 时，performance 赋值为“不合格”。

2.6.3　while 语句和 do-while 语句

循环语句是一种用于需要重复执行语句的控制结构，在给定的条件满足时，重复执行一些语句。循环中需要重复执行的语句称为循环体，给定的条件称为循环条件。Java 语言中有三种循环语句：while 语句、do-while 语句和 for 语句。本节介绍前两种。

1. while 语句

while 语句的基本形式如下：

```
while( condition )
    statements
```

condition 为循环条件（布尔表达式），用于决定循环是否进行，statements 为循环体。执行流程是：先计算 condition 的值，若为 false，不执行循环体，直接执行 while 语句后的语句；若为 true，则执行循环体，再执行循环条件 condition，若为 true 再次执行循环体，如此重复，直至 condition 的值为 false，如图 2-3 所示。

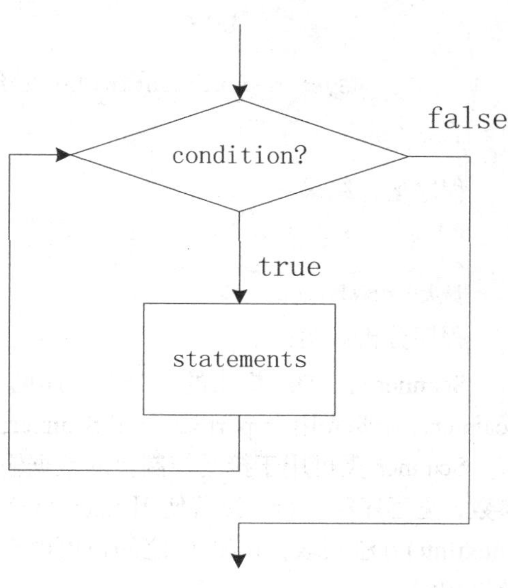

图 2-3　while 语句流程图

【例 2.8】计算 1～100 的自然数加和结果。

```
//WhileTest.java
class WhileTest{
    public static void main(String[] args){
        int i, sum;
        sum = i = 0;
        while(i <= 100){
            i++;
            sum += i;
        }
        System.out.println("sum = " + sum);
    }
}
```

程序运行结果：

```
sum = 5050
```

【例 2.9】输入两个整数，计算它们的最大公约数并输出。

```
//Gcd.java
import java.util. Scanner;
class Gcd {
    public static void main(String[] args) {
        int a,b,tmp;
        Scanner s = new Scanner(System.in); //创建 Scanner 对象
        a = s.nextInt();
        b = s.nextInt();
        if(a < b){                /*将较大的数存放在变量 a 中，较小的存放在 b 中*/
            tmp = a;
            a = b;
            b = tmp;
        }
```

```
        while(b!=0){                //利用辗除法求最大公约数
            tmp = a%b;
            a = b;
            b = tmp;
        }
        System.out.println("最大公约数是: " + a);
    }
}
```

程序运行结果：

```
30
24
最大公约数是: 6
```

程序分析说明：

Scanner 是 JDK 提供的一个类，详见 7.7 节。这个类定义在包 java.util 中，若程序中使用类 Scanner，需要先用 import java.util.Scanner;导入这个类，此句须放在类 Gcd 之前。

Scanner 类可用于接受控制台的数据输入，先创建 Scanner 的对象，创建时用 System.in 作为参数，见程序第 6 行，接着使用 s.nextInt()方法获取整数，运行结果中 30 和 24 是键盘输入的，由 s.nextInt()方法获取，30 和 24 之间也可由空格间隔，效果相同。

“/*…*/” 表示注释语句，用于块注释。“/*” 表示注释的开始，“*/” 表示注释的结束。在它们之间的字符都被视为注释信息，可以单行或多行。

while 语句是先计算循环条件的值，若循环条件的值在一开始为 false，循环体中的代码就不会执行。若要确保循环体至少执行一次，需要使用 do-while 语句。

2. do-while 语句

do-while 语句的形式如下：

```
do
    statements
while(condition);
```

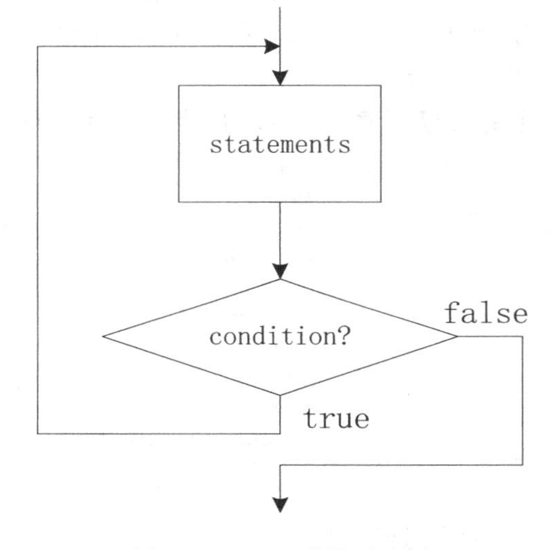

图 2-4　do-while 语句流程图

do-while 语句是先执行循环体，再计算循环条件，若循环条件的值为 true，继续循环体，如此反复，若值为 false，跳出循环，执行 do-while 之后的语句，如图 2-4 所示。

T【例 2.10】T 用 do-while 语句实现求 1 ~ 100 的自然数加和结果的程序。

```
//DoWhileTest.java
class DoWhileTest{
    public static void main(String[] args){
        int i = 1, sum = 0;
        do{
            sum += i;
            i++;
        }while(i <= 100);
        System.out.println("sum = " + sum);
    }
}
```

2.6.4　for 语句

for 循环语句的形式如下：

```
for(initialization; condition; step)
     statements
```

for 语句的执行流程是先初始化(initialization)，然后进行循环条件的测试，若循环条件结果为 true，执行循环体，接着执行步进（ step ），再次测试循环条件，如此重复，直到循环条件为 false 为止，结束循环，执行 for 语句之后的下一行程序，如图 2-5 所示。

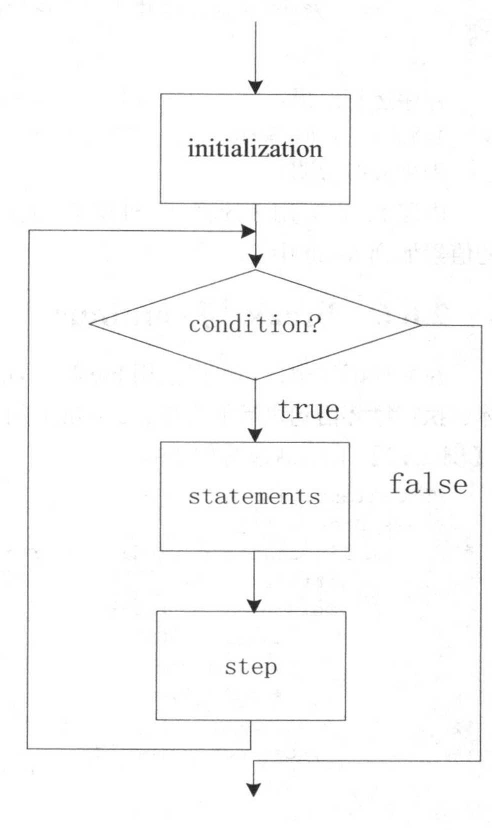

图 2-5　for 语句流程图

【例 2.11】用for语句实现 1～100 的自然数加和结果的程序。

```
//ForTest.java
class ForTest{
    public static void main(String[] args){
        int sum = 0;
        for(int i = 1; i <= 100; i++)
            sum += i;
        System.out.println("sum = " + sum);
    }
}
```

程序运行结果：

```
sum = 5050
```

for 语句功能非常强大，变体非常多。在 for 语句的基本形式中，初始化、循环条件或步进三者皆可为空，如上述例子中的 for 语句等同于：

```
int sum = 0, i = 1;
for( ; i <= 100;){          //初始条件与步进部分省略，但分隔符;不可省略
    sum += i;
    i++;
}
```

此外，在 for 语句的初始化和步进两部分可以放多条语句，这些语句由逗号分隔，将被依次执行，如上述 for 循环可改写为：

```
for(int i = 1; i < 100; sum += i, i++);          //注意最后的分号;
```

2.6.5　循环嵌套

三种循环语句之间或与条件语句之间都可互相嵌套使用。

【例 2.12】求 1!+2!+3!+…+10!的值。

```
// FactorialSum.java
class FactorialSum {
    public static void main(String[] args) {
        int result = 0;
        int tmp = 1;
        for(int i = 1; i <= 10; i++){
            for(int j = 1; j <= i; j++)
```

```
                tmp *= j;
            result += tmp;
        }
        System.out.println("1!+2!+..+10! = " + result);
    }
}
```

程序运行结果：

```
1!+2!+..+10! = 4037913
```

程序分析说明：

内层 for 循环用于计算 j!，外层 for 循环用于做 1!～10!的累加，每次内层 for 循环结束将 tmp 的值累加到 result 中。

2.6.6　break 与 continue

在循环语句中，还可以使用 break 和 continue 来控制循环的流程。break 用于跳出当前的循环体，执行循环语句之后的程序；continue 用于终止当次循环，强制执行下次循环。

【例 2.13】用break改写例 2.9。

```
//BreakTest.java
class BreakTest{
    public static void main(String[] args){
        int sum = 0;
        for(int i = 1;;i++){
            if(i > 100)
                break;
            sum += i;
        }
        System.out.println("sum = " + sum);
    }
}
```

程序分析说明：

当 i > 100 时，执行 break 语句跳出 for 循环，执行第 10 行语句。

【例 2.14】continue示例，计算 1～100 内的偶数相加的和。

```
//ContinueTest.java
class ContinueTest{
    public static void main(String[] args){
        int sum = 0;
        for(int i = 1; i <= 100; i++){
            if( i % 2 != 0)
                continue;
            sum += i;
        }
        System.out.println("sum = " + sum);
    }
}
```

程序运行结果：

```
sum = 2550
```

程序分析说明：

当 i 为奇数时，执行 continue 语句，循环体内 continue 之后的语句将不执行，直接开始下一次的循环迭代。

这里需要注意的是，在多层循环嵌套的情况下，break 和 continue 只作用于当前所在的那层循环，如：

```
while(j < 100){
    while(i < 20){
        if( i == 5)
            break;
    }
    j = i;
    …
}
```

其中，当执行了 break 语句，程序将跳出内层 while 循环，执行内层 while 语句之后的代码，即从 j=i;开始继续往下执行。若程序中需要 break 和 continue 作用于外层的循环，则可采用带标签的 break 和 continue。如：

```
Outer:
while(j < 100){
     while(i < 20){
          if( i == 5)
                break Outer;
     }
}
```

Outer 是一个标签，用于标记 break 所在的某层循环嵌套。当执行 break 语句，程序流程将跳出 Outer 所标记的那层循环，上面的代码中就是外层 while 循环。带标签的 continue 用法也类似，作用于标签所标记的那层循环。

【例 2.15】计算不大于n的素数。

```
//PrimeNumber.java
import java.util.*;
class PrimeNumber {
    public static void main(String[] args) {
        Scanner s = new Scanner(System.in);
        System.out.println("枚举不大于 N 的素数，请输入 N：");
        int n = s.nextInt();
        Outer:
        for(int i = 2; i < n; i++){
            for(int j = 2; j < i; j++)
                if( i % j == 0)
                    continue Outer;
            System.out.print(i + " ");
        }
    }
}
```

程序运行结果：

```
枚举不大于 N 的系数，请输入 N：
20
2 3 5 7 9 11 13 17 19
```

程序分析说明：

当表达式 i % j == 0 的结果为真时，说明 i 不是素数，因此程序流程结束 Outer 循环中当次循环的剩余代码，跳到下一次循环继续执行（执行语句 i++）。

与 C/C++区别：break 和 continue。

C++中 break 和 continue 只能作用于当前所在的循环嵌套，而 Java 还提供了带标签的 break 用于跳出多层嵌套循环，带标签的 continue 用于结束相应循环中之后的语句，跳到这个循环下一次开始的位置。

2.6.7 switch 语句

switch 语句用于多路分支的情况，其形式如下：

```
switch(expression){
case contant1:
    statements1
    break;
case contant2:
    statements2
    break;
…
default:
    statements
}
```

switch 语句的执行流程是：计算表达式 expression 的结果，将其逐个与 case 常量（Contant 1,contant 2,⋯）比较，找到匹配项后，执行该匹配的相关语句，直到遇到 break 语句为止或到达 switch 末尾，接着执行 switch 之后的下一条语句。若没有匹配的 case 常量，则执行 default 语句序列。default 语句是可选的，若没有 default，那么当所有 case 常量匹配失败后，不做任何动作，执行 Switch 之后的语句。

表达式 expression 的值可以是 char、byte、short 或 int 类型。case 常量的类型必须和表达式类型兼容，同一个 switch 中不能出现两个值相同的 case 常量。

【例 2.16】switch语句示例。

```
//SwitchTest.java
class SwitchTest{
    public static void main(String[] args){
        System.out.println("输入成绩（A~E）：");
        char score = (char)System.in.read();
        switch(score){
        case 'A':
            System.out.println("优秀");
            break;
        case 'B':
            System.out.println("良好");
            break;
        case 'C':
            System.out.println("中等");
            break;
        case 'D':
            System.out.println("合格");
            break;
        case 'E':
            System.out.println("不合格");
            break;
        default:
            System. out.println("输入错误");
        }
    }
```

```
}
```

程序运行结果：

```
输入成绩（A~E）：
A
优秀
```

程序分析说明：

当输入 A～E 其中任一字符时，控制台打印出相应的结果，若输入其他字符，打印出“输入错误”。

虽然大多数情况下 switch 语句都会使用 break 语句，但它是可选的。若缺少 break 语句，则将会执行从匹配的 case 语句开始的所有语句，直至遇到 break 语句或到达 switch 末尾为止，如：

```
switch(score){
    case 'A':
        System.out.println("优秀");
    case 'B':
        System.out.println("良好");
    case 'C':
        System.out.println("中等");
    case 'D':
        System.out.println("合格");
    case 'E':
        System.out.println("不合格");
    default:
        System.out.println("输入错误");
}
```

若键盘输入'D'，程序将输出：

```
合格
不合格
输入错误
```

从上述例子可见，若语句组 statements 之后缺少 break 语句，在执行完这组 statements 语句后会顺序执行之后的 statements 语句组，因此有时会见到下面的形式：

```
switch(value){
    case 0:
    case 1:
    case 2:
        System.out.println("value 小于 3");
        break;
    case 3:
    case 4:
        System.out.println("value 大于等于 3");
        break;
}
```

代码中若干 case 语句共享一个代码块。这种情况下若 value 的值为 0、1 或 2，都将执行第一个 println()语句；若值为 3 或 4 执行第二个 println()语句。

小　结

本章介绍了 Java 语言的基础知识：标识符、关键词、数据类型、变量、运算符、控制语句等。

标识符是指给方法、变量或其他用户定义项所起的名称。关键词是指高级语言中定义过的有特殊含义的词，程序员不能用它们作为变量名或函数名等使用。

Java 提供了 4 类基础数据类型：整数类型（int、byte、short、long）、浮点类型（float、double）、字符类型（char）、布尔类型（boolean）。变量必须先声明、赋值才能使用。局部变量的作用域是它所在的代码块。常变量用 final 修饰，常变量只可初始化一次。Java 语言提供了 4 类运算符：算术运算符、关系运算符、逻辑运算符、位运算符。使用时需注意它们的优先级。当算术运算符和赋值运算符的操作数类型不一致时，会进行隐式类型转换。

程序控制语句有 3 类：选择语句（if，switch）、循环语句（while，do-while 和 for）和跳转语句（break，continue 和 return）。选择语句、循环语句之间可以互相嵌套使用。return 的用法将在第 3 章中介绍。

习　题

2-1 填空题

（1）int a = 3,b = 2; a/b 的值是________________，a%b的值是________________。

（2）求 n!，写作：

```
for(int i = 1, r = 1; _______; i++)
    _______;
```

2-2 选择题

（1）以下哪个运算符可用于移位操作？（　　）

A. /　　B. %　　C. ?　　D. >>

（2）下面 4 个选项中，正确的是（　　）。

A. number 和 Number 表示的是同一个标识符

B. int i = 1, j = 10; if(i)j++;

C. ' a '和"a"是不一样的

D. float a = 3.3; 这条语句可以通过编译

2-3 简答题

（1）while 和 do-while 的区别是什么？

（2）简述 break 语句和 continue 语句的作用。

（3）switch 语句中可以对字符串进行检测吗？为什么？

2-4 上机题

（1）编写程序完成输入年份和月份，计算指定年份 1 月份中的天数。

（2）编写程序完成将阿拉伯数字 0～9 转换为对应的汉字零至九。

（3）改写例 2.7，允许玩家可猜 5 次，若猜中或 5 次已满，则程序结束。

（4）判断一个数是否是回文数。回文数是指正序（从左至右）和逆序（从右至左）都相同的数，如 303、42124 和 3223。

第3章 类与对象

【学习目标】

- 掌握类与对象的关系、定义及使用。
- 掌握方法的定义和参数传递。
- 掌握构造方法的作用、定义及使用。
- 掌握方法重载和构造方法的重载。
- 掌握 this 关键字的使用。
- 掌握 static 关键字的使用。
- 掌握包的定义及使用。

【学习要求】

要求掌握类与对象的关系、定义和使用，掌握构造方法的定义和使用，掌握包的定义和使用，了解常用的 Java 类库。通过本章面向对象的基础概念学习，掌握以类为基础的面向对象的基本思想和方法。

为了加快软件的开发步伐、缩短软件开发生命周期，面向对象编程技术应运而生。Java 语言是一种面向对象的编程语言，面向对象的程序设计以类和对象为基础。第 3 章和第 4 章，将从类和对象入手，详细介绍 Java 的面向对象程序设计。本章介绍面向对象的基本概念、定义类、构造对象等。

3.1 面向对象程序设计

3.1.1 面向对象

面向对象程序设计方法是对结构化程序设计方法的继承和发展。面向对象程序设计方法认为：现实世界是由一系列彼此相关并且能够相互通信的实体组成，这些实体就是面向对象方法中的对象，而一些对象的共性的抽象描述，就是面向对象方法中的核心——类。

因此，面向对象的编程思想力图使在计算机语言中对事物的描述与现实世界中该事物的描述尽可能的一致，类（class）和对象（object）就是面向对象方法的核心概念。**对象是实际存在的事物个体，也称实例（instance）；类是对某一类事物的描述，是抽象的、概念上的定义。**例如，现实中，“人”是一个抽象的、广义的概念，可以用一个类来表示，但是对于“某个具体的人”，如小明、小红就是一个客观实际存在的个体，就是一个对象。

在整个的面向对象中有以下的几个概念：

- OOA　面向对象的分析，将现实世界进行抽象的分析。
- OOD　面向对象的设计。
- OOP　面向对象的程序。

其中，面向对象的程序 （Object-Oriented Programming，OOP）旨在创建软件重用代码，具备更好的模拟现实世界环境的能力，这使它被公认为是自上而下编程的最佳选择。

3.1.2　面向对象的特点

封装、继承和多态是面向对象程序的三大特征，这些特征保证了程序的安全性、可靠性、可重用性和易维护性。

1. 封装性

封装（Encapsulation）就是把对象的状态和行为绑到一起的机制，使对象形成一个独立的整体，并且尽可能地隐藏对象的内部细节。封装有两层含义：一是把对象的全部状态和行为结合在一起，形成一个不可分割的整体，对象的私有属性只能够由对象的行为来修改和读取。二是尽可能隐蔽对象的内部细节，与外界的联系只能够通过外部接口来实现。

封装的信息屏蔽作用反映了事物的相对独立性，我们可以只关心它对外所提供的接口，即能够提供什么样的服务，而不用去关注其内部的细节问题。封装的结果使对象以外的部分不能随意更改对象的内部属性或状态。 例如，使用电视机的用户不需要了解电视机内部复杂工作的具体细节，他们只需要知道诸如：开、关、选台、调台等这些设置与操作就可以了。

2. 继承性

继承（Inheritance）是一种连接类与类之间的层次模型，是指特殊类的对象拥有其一般类的属性和行为。一个客观事物，既有这类事物的共性，又有其独有的特性。如果只考虑事物的共性，不考虑事物的特性，就不能反映出客观世界中事物之间的层次关系，从而不能完整地、正确地对客观世界进行抽象的描述。如果说运用抽象的原则就是舍弃对象的特性，提取其共性，从而得到适合一个对象集的类的话，那么在这个类的基础上，再重新考虑抽象过程中被舍弃的那一部分对象的特性，则可以形成一个新的类，这个类具有前一个类的全部特征，是前一个类的子集，从而形成一种层次结构，即继承结构。在软件开发过程中，继承性实现了软件模块的可重用性、独立性，缩短了开发的周期，提高了软件的开发效率，同时使软件易于维护和修改。

以动物为例，可以分为哺乳动物、爬行动物、两栖动物和鸟类等，我们通过抽象的方式实现一个动物类以后，可以通过继承的方式分别实现哺乳动物、爬行动物、两栖动物、鸟类等类，并且这些类包含动物的特性，图 3-1 展示了这样一个继承的结构，图中矩形表示类，箭头表示继承关系。

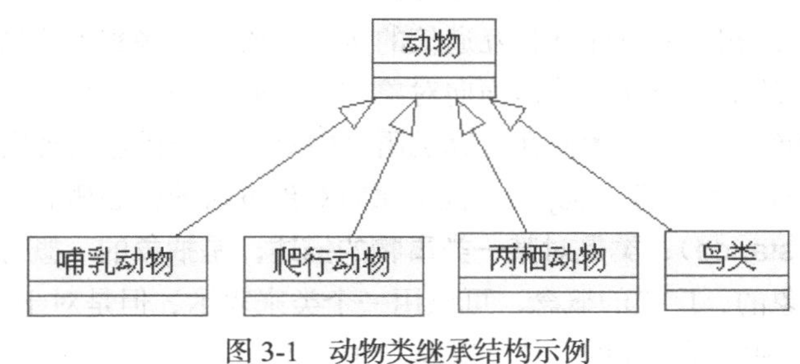

图 3-1　动物类继承结构示例

3. 多态性

多态（Polymorphism）指的是同一个实体同时具有多种形式。面向对象设计也借鉴了客观世界的多态性，体现在不同的对象可以根据相同的消息产生各自不同的动作。

例如，每天上班时间一到，相当于给员工们发了一条这样的命令“员工们，开始上班”。每个员工接到这条相同的命令后，就“开始上班”，但是他们做的是各自的工作，程序员开始“编程”，测试员开始“测试系统”，网络管理员开始“监控管理网络”。

上述面向对象技术的几个特征的运用，对提高 Java 软件的开发效率起着非常重要的作用，通过编写可重用代码、编写可维护代码、修改代码模块和共享代码等方法可以充分发挥其优势。

3.2 类

3.2.1 类的定义

类是对一组具有相同特性（属性）和相同行为（方法）的事物的概括。类代表是总体，而不代表某个特定的个体。

例如，人具有的常见相同特征有：姓名、年龄、性别、身高和体重等信息。对于每一个具体的人来说，每个特征都具有自己具体的数值，而类代表的是总体特征，它只描述特征的类型和结构，不指定具体的数值。

除了相同特性的描述，还包括这个类具有的共同行为。例如，“人”这个类，可以包含的共同行为有：说话、走路、吃和睡觉。

以上就是面向对象程序中“人”类的基本描述。每个类代表一个类型的事物，该类事物的共同特性和相同行为是在程序中需要描述的信息。

3.2.2 类的实现

类是组成 Java 程序的基本要素，类由类头和类体两部分组成。

Java 类语法格式如下：

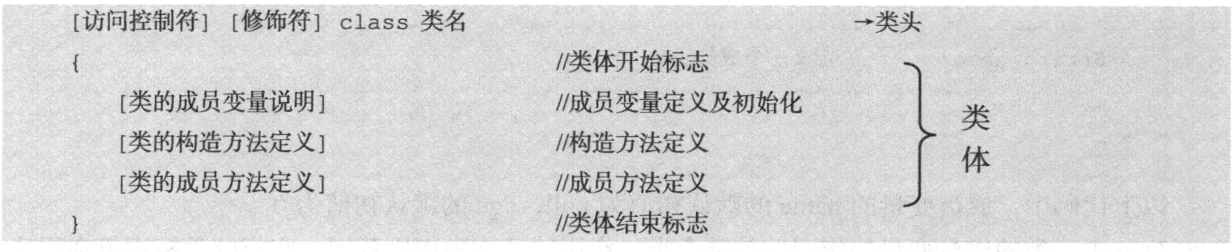

```
[访问控制符] [修饰符] class 类名                              →类头
{                                      //类体开始标志
    [类的成员变量说明]                   //成员变量定义及初始化      类
    [类的构造方法定义]                   //构造方法定义              体
    [类的成员方法定义]                   //成员方法定义
}                                      //类体结束标志
```

格式说明：

（1）在 Java 语法中，通过关键字 class 定义一个类，注意全是小写。类名是一个标识符，必须符合标识符的命名规范。

（2）定义类就是要定义类的特性（属性）与行为（方法）。类体中一般包括两个部分的定义：类的属性也叫类的成员变量，描述这一类型事物的共同特性；类的方法也叫类的成员函数，表示这一类型事物能执行的共同行为；构造方法用来初始化该类的一个新的对象，可显式定义，也可以没有。

（3）方括号“[]”中的内容为可选项。后继格式中意义相同，不再赘述。

（4）访问控制符用于确定该类可以被哪些类使用（详见 3.8 节）。

（5）修饰符用于确定该定义类如何被其他类使用，有修饰符 abstract 和 final（详见第 4 章）。

一个简单的“人”类的 Java 语言定义如例 3.1 所示。

【例 3.1】Java 语言“人”类简单示例。

```
public class Person {               // 类名称的单词首字母必须大写
    String name;                    // 定义一个成员变量：姓名
    int age;                        // 定义一个成员变量：年龄
    public void speak( ){           // 定义一个成员方法
        System.out.println("姓名：" + name + "，年龄：" + age);
    }
}
```

例 3.1 中定义了一个类 Person，把它定义为 public 公有类，在任何其他的 Java 程序中都可以使用它。在类体中定义了两个成员变量 name 和 age，以及一个成员方法 speak()。

3.2.3 成员变量

成员变量，即属性，用来定义该类事物的特性。定义成员变量的一般格式如下：

```
[访问控制符] [修饰符] 数据类型 成员变量名[=初始值];
```

格式说明：

（1）访问控制符用于限定成员变量被其他类中的对象访问的权限（具体见 3.8 节介绍）。

（2）修饰符用来确定成员变量如何在其他类中使用，有 static、final、transient 和 volatile（详见后继的章节）。

（3）数据类型可以是简单的数据类型，也可以是类、字符串等类型，它表明成员变量的数据类型。

（4）成员变量名是合法的 Java 标识符，声明了成员变量的名字。

（5）成员变量都有一个默认初值（final 变量除外，它没有默认值，见 4.4 节介绍），在没有赋值情况下，Java 将给它们一个默认初值。但是大多数情况下，这些默认值并没有实际价值，程序中需要明确地为变量指定初值。

类的成员变量在类体内并在方法的外边声明，一般常放在类体的开始部分。声明“人”类的成员变量姓名和年龄，如：

```
class Person {
    String name;        // 定义一个成员变量：姓名
    int age;            // 定义一个成员变量：年龄
    …
}
```

以上代码中，成员变量的 name 的默认初值为 null，age 的默认初值为 0。

Java 中，类的成员变量的作用域是整个类。作用域又称为作用范围，它指的是标识符在程序代码中可以使用的范围。Person 类的两个成员变量 name 和 age 在整个 Person 类程序代码中可以使用。

3.2.4 成员方法

成员方法，即行为，用来实现事物的行为，由方法声明和方法体（操作代码）两部分组成。定义成员方法的一般格式如下：

```
[访问控制符] [修饰符] 返回值类型  方法名([形式参数表])   →方法声明
{
    [ 变量声明 ]                //方法内用的变量，局部变量      ⎫
    [ 程序代码 ]                //方法的主体代码                ⎬ 方法体
    [ return [ 表达式 ] ]       //返回语句                      ⎭
}
```

格式说明：

（1）访问控制符见 3.8 节介绍。

（2）修饰符用于表明方法的使用方式，修饰符有 static、final、abstract 和 synchronized 等（详见后继章节）。

（3）返回值类型应是合法的 Java 数据类型。方法可以返回值，也可不返回值，可视具体需要而定。当不需要返回值时，可用 void（空值）指定，但不能省略。

（4）方法名是合法的 Java 标识符，声明了方法的名字。

（5）形式参数表说明方法所需要的参数，形式参数即形参。有两个以上参数时，用“,”号分隔各参数，说明参数时，应声明它的数据类型，如：

```
类型 1 形式参数名 1, 类型 1 形式参数名 1,…, 类型 n 形式参数名 n
```

以上简要介绍了方法声明中各项的作用，在后继章节的应用示例中再加深入理解。

方法体内是完成类行为的操作代码。方法有时会修改或获取对象的某个属性值，也会访问列出对象的相关属性值。以“人”类为例介绍成员方法的定义，在 Person 类中加入设置和获取名字及年龄、列出输出所有属性值的方法，如：

```
public class Person{
    …
    void setName(String n){      //设置姓名
        name = n;
    }
    String getName(){            //获取姓名
        return name;
    }
    void setAge(int i){          //设置年龄
        age = i;
    }
    int getAge(){                    //获得年龄
        return age;
    }
    void show(){                     //输出姓名和年龄
        System.out.println("This person's name is "+name);
        System.out.println("This person's age is "+age);
    }
    …
}
```

以上代码中一共定义了五个方法，setName（String n）设置人的姓名，getName()获取姓名，setAge（int i）设置人的年龄、getAge()获得年龄以及输出姓名和年龄的方法 show()。

由此可知，方法是一个程序段，用于实现某个特定的功能。

Java 本身也提供了丰富的方法，给编程带来很大方便。我们不必知道这些方法的程序细节，可以执行常见的数学运算、字符串运算、输入和输出操作等，如：

```
a=Math.sqrt(0.16);   //计算 0.16 的平方根
```

其中，sqrt 是方法名，前缀“Math.”表示 sqrt 是 Math 类的方法，0.16 是方法的参数。提供不同的参数数据，可以计算与之对应的平方根，这正是参数的妙处之所在。方法中程序段执行结束后，会带回一个数据（这里当然就是 0.4），作为表达式“Math.sqrt（0.16）”的值，这个返回的数据称为返回值。

这个返回值是由方法体中的 return 语句返回，如“return name;”返回姓名。方法体中的 return，有两个作用：一方面，它是方法的结束语句，一旦程序运行到这个词，方法结束同时程序的控制权跳回到调用方法中；另一方面，它返回一个值。如果方法的类型为 void，那么也就是不需要包含 return 语句，方法将在执行完最后一条语句后结束。

3.3 对　　象

3.3.1 对象的定义

对象是实际存在的类事物的个体，也称为实例（instance）。程序中的对象是类的一个实例，是一个软件单元，它由一组结构化的数据和在其上的一组操作构成。

在面向对象的程序设计中，对象有两个层次的概念：一方面，现实生活中对象指的是客观世界的实体；另一方面，程序中对象就是一组变量和相关方法的集合，其中变量表明对象的状态，方法表明对象所具有的行为。因此，可以将现实生活中的对象经过抽象，映射为程序中的对象。

例如“小明”这个人，就是一个具体的对象，他具有“人”类的共同特征：姓名叫小明，年龄 13 岁，性别男等信息。又具有“人”类的共同行为：说话、走路、吃和睡觉。“小红”也同样具有“人”类的共同特征：姓名叫小红，年龄 11 岁，性别女等信息，同时也具有“人”类的共同行为：说话、走路、吃和睡觉，同样是一个具体的对象。在 OOP 中，对象是用类来创建，即类是对象的模板，对象是类的实例。所以，面向对象的编程，其实就是通过封装各种各样的类，然后用类来创建出一个个对象。

提示：类和对象的关系。

类可理解为一种新的数据类型，一旦声明后，就可以用它来创建对象（实例）。类是对象的模板，对象是类的实例。

3.3.2 对象的创建和使用

一个类定义完成之后要想使用肯定得依靠对象，创建一个新对象的语法是使用 new 关键字来调用类的构造器。

对象创建格式：

```
类名称 对象名称 = new 类名称(参数值列表) ;
```

参数值列表用来初始化对象的成员变量，可以为空。也可以细分为以下声明对象和实例化对象两步：

```
类名称 对象名称 = null;                //声明对象
对象名称 = new 类名称(参数值列表);      //实例化对象
```

对象的使用包括引用对象的成员变量和方法两方面，通过运算符“·”可以实现对属性的访问和方法的调用。

对象引用属性和调用方法格式：

```
对象名称.成员变量名;                    //引用成员变量
对象名称.成员方法名(实际参数表);        //调用对象成员方法
```

成员方法分为对象的成员方法和类的成员方法，本节介绍对象成员方法的调用，类的成员方法以及两者的区别详见 3.6 节。对象的成员方法必须由对象来调用。实际参数表中的实际参数又称为实参，用来初始化被调用方法的形参，因此，应与该方法定义的形参表一一对应，即个数相等且实参的数据类型必须与对应形参相同，或者可以自动转换成对应形参的数据类型。

【例 3.2】建立对象“小明”和调用对象的成员方法示例。

```
// ObjectDemo.java
class Person {
    String name;
    int age;
    Person(){ }
    Person(String n, int a){
        name=n;
        age=a;
    }
    void speak( ){  // 定义方法
        System.out.println("姓名: " + name + ", 年龄: " + age) ;
    }
    void updateAge(int a){ // 定义方法
        age=a;
    }
}
class ObjectDemo {
    public static void main(String args[]){
        Person xiaoming = new Person("小明",13);     //创建对象 xiaoming
        xiaoming.speak();                           // 调用 speak 方法
        System.out.println("修改年龄: ");
        int newAge = 15;
        xiaoming.updateAge(newAge);                 // 调用 updateAge 方法
        xiaoming.speak();                                   // 调用 speak 方法
    }
}
```

程序运行结果：

```
姓名: 小明, 年龄: 13
修改年龄:
姓名: 小明, 年龄: 15
```

程序分析说明：

例 3.2 中，创建了一个对象 xiaoming，设置了对象 xiaoming 的姓名和年龄，调用方法 speak()输出对象的姓名和年龄，调用方法 updateAge（int a）修改了年龄，实参 newAge 的值传递给 updateAge 方法中的形参 a，然后开始执行 updateAge 方法中的语句。

对象小明的创建，也可细分为声明对象和实例化对象两步，如：

```
Person xiaoming = null;                   //声明对象
xiaoming = new Person("小明",13);         //实例化对象
```

例 3.2 中对象 xiaoming 的属性在创建对象时就初始化，也可以通过引用属性进行初始化，如：

```
Person xiaoming = new Person( );          //创建对象 xiaoming
xiaoming.name = "小明";                    // 引用并设置 xiaoming 对象的 name 属性
xiaoming.age = 13;                        // 引用并设置 xiaoming 对象的 age 属性
```

在例 3.2 中实例化了一个对象 xiaoming，在实例化对象的过程中需要在内存中开辟空间，具体的内存分配过程如图 3-2 所示。

Java 内存机制中存在两种内存，一种是栈内存，另一种是堆内存。基本类型的变量和对象引用（即对象的名称）都是栈内存中分配，当在一段代码块定义一个变量时，Java 就在栈中为这个变量分配内存空间，当变量所在的代码块运行结束，Java 会自动释放掉为该变量分配的内存空间，该内存空间可以立即被另作它用。堆内存用来存放由 new 创建的对象，在堆中分配的内存，由 Java 虚拟机的自动垃圾回收器来管理。

因此对象的实例化要划分堆与栈空间，在栈内存中保存的永远是对象引用，只开辟了栈内存空间是永远无法使用的，必须有指向的堆内存才可以使用，要想开辟新的堆空间内存则必须使用关键字 new，然后只是将此堆内存的使用权给了对应的栈内存空间，而且一个堆内存空间可以同时被多个栈空间所指向。

对于上面创建一个 xiaoming 对象的两步，实质上有两个实体，“Person xiaoming = null；”在栈空间中创建对象引用，“xiaoming = new Person（"小明",13）；”在堆空间中创建对象本身。对象引用 xiaoming 可以指向 xiaoming 对象。

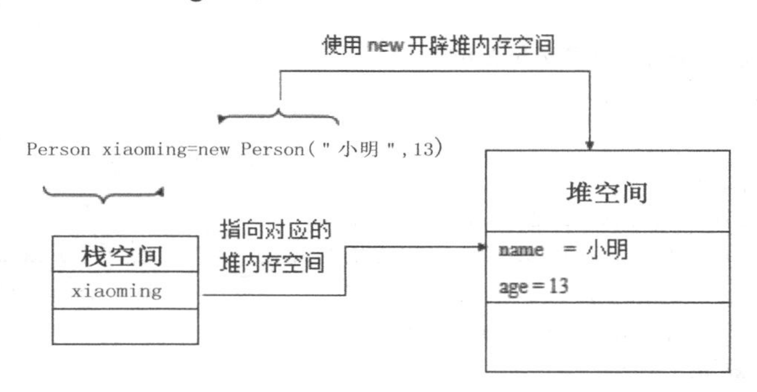

图 3-2　对象的实例化过程

又如：

```
Person xiaoming2 = null;
xiaoming2  = xiaoming;            //复制
```

这里，进行了复制操作。但是，要说明的是，对象本身并没有被复制，被复制的只是对象引用。结果是，xiaoming2 也指向了 xiaoming 所指向的对象，如图 3-3 所示。xiaoming 和 xiaoming2 操纵的是同一个对象，通过它们得到的也是同一个对象的内容。

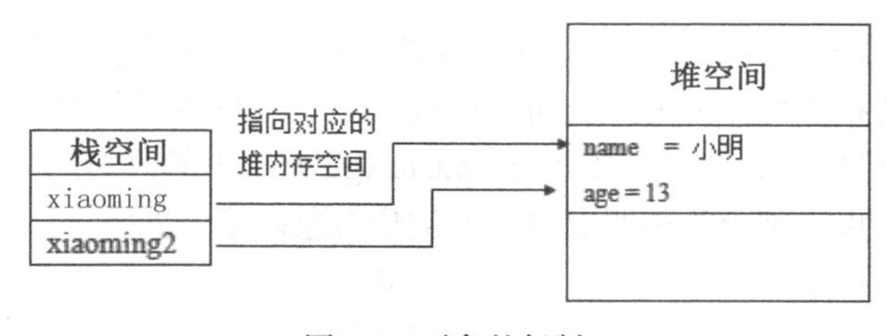

图 3-3　对象的复制

注意：创建对象时，声明对象和实例化对象两步缺一不可。

对象的实例化要划分堆与栈空间，Person xiaoming = null 只是在栈内存中声明， xiaoming = new Person（"小明",13）是在堆空间的声明，如果在程序中使用一个没有被实例化的对象调用类中的属性或方法的话，则程序将会出现错误。

与 C/C++区别：Object o;

对于简单数据类型，Java 和 C++一样采取直接存储的方式，如 int a=1;，一个名为 a 的存储地址将存储整型数据 1。但是对于对象，则不同。如 “Object o;”，Java 中 o 是一个对象引用，它记录的是对象的内存地址，对象本身被存储在别处。在 C++中，“Object o;” 这句话将创建一个对象 o，且开辟了存储这个对象所需的内存空间。

与 C/C++区别：Object o2 = o1;

在 Java 中，只是把 o1 对象的引用复制给了 o2，它们指向同一个对象，即只存在一个对象。在 C++中将一个名为 o1 的对象的数据复制给 o2，即存在两个对象，它们的值相同。

3.3.3　对象的回收

在 Java 中，程序员不需要考虑跟踪每个生成的对象，系统采用了自动垃圾收集的内存管理方式。运行时系统通过垃圾收集器周期性地清除无用对象并释放它们所占的内存空间。

垃圾收集器作为系统的一个线程运行，当内存不够用时或当程序中调用了 System.gc()方法要求垃圾收集时，垃圾收集器便与系统同步运行开始工作。在系统空闲时，垃圾收集器和系统异步工作。

事实上，在类中都提供了一个撤销对象的方法 finalize()，但并不提倡使用该方法。若在程序中确实希望清除某对象并释放它所占的存储空间时，只须将空引用（null）赋给它即可。

与 C/C++区别：对象的回收。

在 C++中，对象所占的内存在程序结束运行之前一直被占用，在释放之前不能分配给其他对象，或者自己调用 delete()管理内存；而在 Java 中，当没有对象引用指向原先分配给某个对象的内存时，该内存便成为垃圾，JVM 的一个系统级线程会自动释放该内存块。

3.4　方　　法

3.4.1　方法参数传递

在调用对象的方法时，需要根据方法声明的参数列表传入适当的参数值列表。方法引用的过程其实就是将实参的数据传递给方法的形参，以这些数据为基础，执行方法体完成其功能。

Java 只有一种参数传递方式，即按值传递。如果传入方法的是基本类型的数据，方法声明的形参得到的是基本类型数据的一份拷贝。如果当引用语句中的实参是对象或数组时，那么被引用的方法声明的形参得到的是对象引用的拷贝，即实参和形参指向同一对象。方法的参数传递具体见例 3.3 所示。

【例 3.3】方法参数传递示例。

```
//MethodParaDemo.java
public class MethodParaDemo{
    int i = 50;
    void method1(int a){                    //参数为基本类型的方法
        a *= 2;
    }
    void method2(MethodParaDemo o){  //参数为引用类型的方法
        o.i *= 2;
    }
    public static void main(String args[]){
        MethodParaDemo mp = new MethodParaDemo();
        int temp = 100;
        mp.method1(temp);                    //基本类型数据的拷贝
        System.out.println(temp);
        mp.method2(mp);                 //对象引用的拷贝
        System.out.println(mp.i);
    }
}
```

程序运行结果：

```
100
100
```

程序分析说明：

例 3.3 的 MethodParaDemo 类中定义了两个方法，method1 的参数是基本类型，method2 的参数为引用类型。执行结果发现，调用 method1 方法原来的实参 temp 值没有发生变化，而调用 method2 方法原来的实参 mp 对象中的 i 值变化为原来的两倍。

原因是在 main 方法中引用对象的 method1 方法时，这个方法的参数 a 被初始化为 temp 变量的值的一个拷贝，因此在这个方法体中，a 的值变为原来的 2 倍即 200，但 temp 的值没有变化，还是 100。方法结束后，参数变量 a 就不能使用。

而在 main 方法中引用对象的 method2 方法时，这个方法的参数 o 被初始化为 mp 对象引用的拷贝，mp 和 o 都是堆内存空间中一个 MethodParaDemo 对象的引用。那么，参数变量 o 使得 MethodParaDemo 对象的属性 i 修改为原来的 2 倍等于 100，随之参数变量 mp 也随着改变，mp 的属性 i 的值也为 100。方法结束后，参数变量 o 不再使用，但对象变量 mp 仍然指向 MethodParaDemo 对象。

与 C/C++区别：方法参数传递。

① 对于类类型，在方法参数传递时，Java 的实参和形参指向同一对象，C++的形参指向的是复制的另一个对象。对于基本数据类型，两者相同。

② C++的方法参数表中可以对形参赋值，使形参具有默认值，Java 不提供这个机制。

```
如：void method1(int a, int i = 100){  //此处形参 i 不能被赋值
        …
    }
```

3.4.2 方法的重载

所谓方法的重载（Overloading）就是指在一个类中两个或更多的方法拥有相同的方法名，但是参数列表各不同。方法重载的例子见例 3.4。

【例 3.4】方法的重载。

```
//OverloadDemo.java
class Person{
    String name;
    String sex;
    void printPerson(){
        name = "Xiaoli";
        System.out.println("name="+name);   //输出姓名
    }
    void printPerson(String str){            //方法重载接受姓名参数
        name = str;
        sex= "male";
        System.out.println("name="+name+"   sex="+"male");   //输出姓名和性别
    }
    void printPerson(String str, String n) {//方法重载接受姓名和性别参数
        name = str;
        sex=n;
        System.out.println("name="+name+"   sex="+sex);      //输出姓名和性别
    }
    boolean printPerson(String str, int a){//方法重载接受姓名和年龄参数
        name = str;
        int age=a;
        System.out.println("name="+name+"   age="+age);      //输出姓名和年龄
        return true;
    }
    public static void main(String args[ ]){
        Person p = new Person();                 //创建 Person 类的对象实例
        //对象调用类的各成员实例方法并传递实参给形参实现方法的重载
        p.printPerson( );                        //调用第一个 printPerson( )方法
        p.printPerson("Xiaoming");               //调用第二个 printPerson( )方法
        p.printPerson("Xiaohong" , "female");    //调用第三个 printPerson( )方法
        p.printPerson("XiaoWang", 22 );              //调用第四个 printPerson( )方法
    }
}
```

程序运行结果：

```
name=Xiaoli
name=Xiaoming   sex=male
name=Xiaohong   sex=female
name=XiaoWang   age=22
```

程序分析说明：

从例 3.4 可看出，4 个方法有相同名 printPerson，都用于输出某个人的信息但它们或者有不同的参数个数，或者对应参数具有不同的数据类型。在调用 printPerson 方法时，可不带参数，或带一个参数、两个参数。编译器会根据实参列表数中参数数目及类型来决定调用哪个 printPerson()方法。

方法名相同，在对象引用时，系统如何确定引用的是哪一个方法呢？

在 Java 中，方法的名称和形式参数表等构成了方法的签名，系统根据方法的签名确定引用的是哪个方法，因此方法的签名必须唯一。所以在编写重载方法时，应该注意以下两点：

（1）方法的返回值类型对方法的签名没有影响，即返回值类型不能用于区分方法，因为方法可以没有返回值。

（2）重载方法之间是以所带参数的个数及相应参数的数据类型来区分的。

一般建议，同一组重载方法应当具有相似的功能，这样能增强程序的可读性，便于程序的维护。

🔔 **注意：方法匹配。**

如果两个方法的形参类型和个数完全一样，只是返回类型不一样，则会出现编译错误，因为返回值的类型不能区分重载的方法。

3.4.3 构造方法

构造方法（Constructor）是一种特殊的方法，在创建对象时被调用，也称为构造函数。Java中的每个类都有构造方法，在创建对象时用来初始化新对象。

在例 3.2 中提取出以下代码：

```
class Person{
    String name;
    int age;
    public Person(String name,int age){    //构造方法
        this.name=name;
        this.age=age;
    }
    …
}
```

关于这个 Person 方法，有几点不同于一般方法的特征：

（1）它具有与类相同的名称。

（2）方法声明中未定义返回值类型。

（3）在方法中没用 return 语句返回一个值。

在一个类中，具有上述特征的方法就是“构造方法”。构造方法在程序设计中非常有用，它可以为类的成员变量进行初始化工作，当一个类的实例对象刚产生时，这个类的构造方法就会被自动调用，我们可以在这个方法中加入要完成初始化工作的代码。在例 3.2 中有下列语句：

```
class ObjectDemo {
    public static void main(String args[]){
        Person xiaoming = new Person("小明",13) ;  //创建对象 xiaoming
        …
    }
}
```

其中，Person xiaoming = new Person（"小明",13）就是利用 public Person（String name,int age）构造函数创建了对象 xiaoming，并且初始化属性 name 值为“小明”，age 值为 13。

如果程序员没有在一个类里定义构造方法，会怎么样呢？见例 3.5 所示。

【例 3.5】没有构造函数的类的执行。

```
//ConstructorDemo.java
class Person{
    String name;
    int age;
    public void speak( ){
        System.out.println("使用了默认的构造方法");
    }
}
public class ConstructorDemo{
    public static void main(String args[]){
        Person p = new Person();
        p.speak();
    }
```

```
}
```

程序运行结果：

```
使用了默认的构造方法
```

程序分析说明：

Person 类虽然没有显式声明构造方法，但我们仍然可以用 new Person ()语句来创建 Person 类的实例对象。这是由于如果程序员没有在一个类里定义构造方法，系统会自动为这个类产生一个默认的构造方法，这个默认构造方法没有参数，在其方法体中也没有任何代码，即什么也不做。即例 3.5 的 Person 类等同于以下定义：

```
class Person{
    String name;
    int age;
    public Person(){ }                //参数为空的构造函数
    public void speak( ){
        System.out.println("我使用了默认的构造方法");
    }
}
```

但是一旦编程者为该类定义了构造方法，系统就不再提供默认的构造方法了。

注意：一个类至少会有一个构造方法。

如果没有显示声明构造函数，则会自动生成一个无参的、什么都不做的构造方法。如果类中已经明确地声明了一个构造方法，则无参的、什么都不做的构造方法将不会再自动生成。

上一节我们介绍了方法的重载，构造方法也可以被重载，见例 3.6 所示。

【例 3.6】构造方法的重载。

```
//ConstructorOverloadDemo.java
class Person{
    String name = null;
    int age = -1;
    public Person(){
        System.out.println("构造函数 1 被调用！ ");
    }
    Person(String n){
        name=n;
        System.out.println("构造函数 2 被调用！ ");
    }
    Person(int a){
        age=a;
        System.out.println("构造函数 3 被调用！ ");
    }
    Person(String n, int a){
        name=n;
        age=a;
        System.out.println("构造函数 4 被调用！ ");
    }
    void speak( ){
        if( name != null)
            System.out.println("姓名" + name);
        if( age > 0 )
```

```
            System.out.println("年龄" + age);
        }
    }
    public class ConstructorOverloadDemo {
        public static void main(String args[]){
            Person p1 = new Person();
            p1.speak();
            Person p2 = new Person("小红");
            p2.speak();
            Person p3 = new Person(13);
            p3.speak();
            Person p4 = new Person("小明",16);
            p4.speak();
        }
    }
```

程序运行结果：

```
构造函数 1 被调用!
构造函数 2 被调用!
姓名小红
构造函数 3 被调用!
年龄 13
构造函数 4 被调用!
姓名小明
年龄 16
```

程序分析说明：

例 3.6 中的 Person 类有 4 个构造方法，第一个构造方法参数为空，第二个构造方法接受外部传入的姓名再赋值给类的成员变量,第三个构造方法接受外部传入的年龄再赋值给类的成员变量，最后一个构造方法接受外部传入的姓名和年龄再赋值给类的成员变量。定义了多个 Person 构造方法，这就是构造方法的重载。和一般的方法重载一样，它们具有不同个数或不同类型的参数，编译器就可以根据这一点判断出用 new 关键字产生对象时，该调用哪个构造方法了。

构造方法的重载的作用是根据括号中传递的参数个数或类型不同，调用的构造方法也不同，以完成不同初始化的操作。

3.4.4 局部变量

如果一个变量是在方法体或某个代码块中声明的，它被称为局部变量。局部变量先声明后使用，并且 Java 中没有为局部变量提供默认值，否则将编译出错，如：

```
void method(){
    int i;                              //局部变量 i
    System.out.println("i = " + i);     //编译出错，变量 i 尚未初始化
}
```

局部变量的作用域从它的声明开始延续到包含它的块尾。如:

```
void method(){
    int i = 5;                          //局部变量 i，i 作用域的起始处
    if(i > 0){
        …
        int j = 3;                      //局部变量 j，j 作用域的起始处
        …
```

```
        }                                           // j 作用域的结束处
        …
    }                                               // i 作用域的结束处
```

在 Java 中，不能在嵌套的两个块中声明同名变量，否则，Java 编译器会报告错误。但是，在互不嵌套的不同块中，可以多次声明同名变量。如：

```
void method(){
    int i = 5;
    int j = 10;
    for(int k = 1; k<= 10; k++)          //局部变量 k，k 作用域为整个 for 循环
        i++;
    for(int k = 1; k<= 10; k++)          //同名局部变量 k，k 作用域为整个 for 循环
        j++;
    …
}
```

同一个类中的成员变量之间不能重名。但是成员变量与方法名之间可以重名，成员变量和局部变量也可以重名。当局部变量与成员变量重名时，该重名的局部变量作用域内，局部变量可见，重名的成员变量被隐藏。如果需要访问这个隐藏的成员变量，就需要使用关键字 this 指定（见 3.5 节）。

3.5　关键字 this

this 代表当前对象。每个对象的成员方法（没有 static 修饰）都会隐含一个 this 引用名称，指代调用本方法的当前对象本身。this 可以看作是一个变量，this 就是当前对象的引用，可以通过 this 关键字来显式访问当前对象的属性和方法。

this 语法格式为：

```
this.成员变量名
this.成员方法名(实际参数表)
```

this 有两种常见用法，一种表示对当前对象的引用，一种用于调用本类的其他重载的构造方法。

1. 表示对当前对象的引用

例如，以下两段代码是等效的：

```
Person(String n, int a){
    name = n;
    age = a;
}
```

和

```
Person(String n, int a){
   this.name = n;
   this.age = a;
}
```

上段代码中 this 代表当前对象，而且与不使用 this 相比，意义并没有区别。

提示：如果想在成员方法中局部变量和类的成员变量同名，则必须使用关键字 this。

当方法内的局部变量和类的成员变量的名字相同时，成员变量就会被隐藏，这时如果想在成员方法中使用成员变量，则必须使用关键字 this。如：

```
    Person(String name, int age){
        this.name = name;
        this.age = age;
    }
```

除了成员方法中局部变量和类的成员变量同名，必须使用关键字 this 外，还有一种情况程序中必须明确使用关键字 this 来指定当前的对象，例如，希望返回当前对象或把当前对象作为参数传递给其他方法时，如例 3.7。

【例 3.7】返回当前对象示例。

```
//ThisDemo1.java
class Person {
    int age = 0;
    Person grow(){
        age++;
        return this;   //返回当前对象
    }
    void speak( ){
        System.out.println("我的年龄是" + age);
    }
}
class ThisDemo1{
    public static void main(String args[]){
        Person p = new Person();               //创建对象 p
        p.grow().grow().grow().speak();        //输出年龄
    }
}
```

程序执行结果：

```
我的年龄是 3
```

2. 调用本类的其他重载的构造方法

如果某个构造函数的第一条语句具有形式 this(…)，那么这个构造函数将调用本类中的其他构造函数，如例 3.8。

【例 3.8】通过 this 调用本类的其他重载的构造函数。

```
//ThisDemo2.java
public class ThisDemo2{
    private int i=0;
    //第一个构造方法：有一个 int 型形参
    ThisDemo2(int i){
        this.i=i+1;//此时 this 表示引用成员变量 i，而非函数参数 i
        System.out.println("constructor1 i = "+i+" ,this.i = "+this.i);
    }
    //第二个构造方法：有一个 String 型形参
    ThisDemo2(String s){
        System.out.println("constructor2 s = "+s);
    }
    //第三个构造方法：有一个 int 型形参和一个 String 型形参
    ThisDemo2(int i,String s){
        this(s);//this 调用第二个构造方法
        this.i=i++;//this 以引用该类的成员变量
        System.out.println("constructor3 i = "+i+"\n"+"constructor3 s = "+s);
```

```
    }
    public static void main(String[] args){
        ThisDemo2 t0=new ThisDemo2(10);
        ThisDemo2 t1=new ThisDemo2("ok");
        ThisDemo2 t2=new ThisDemo2(20,"ok again!");
    }
}
```

程序执行结果：

```
constructor1 i = 10 ,this.i = 11
constructor2 s = ok
constructor2 s = ok again!
constructor3 i = 21
constructor3 s = ok again!
```

程序分析说明：

第三个构造函数 ThisDemo2 中第一句 this（s），s 为字符串类型，则调用第二个构造函数，因此输出“constructor2 s = ok again!”。

注意：通过 this 调用构造函数时，对 this 的调用必须是构造函数中的第一个语句。

通过 this 调用构造函数，必须为当前构造函数的第一行，构造方法也只能调用一个且仅一次构造函数。例如如下代码，将是错误的：

```
ThisDemo(int i,String s){
    this(s);
    this(i);
    …
}
```

3.6　关键字 static

关键字 static 可以用来修饰类的成员变量和成员方法。如果将关键字 static 放在一个成员变量声明前，该变量就成为静态变量，也称为类的成员变量；如果将关键字 static 放在一个成员方法定义前，该方法就成为静态方法，也称为类的成员方法。

静态变量不局限于某个具体的对象，它属于整个类。无论是否创建了该类的对象，也不管创建了多少个该类的对象，一个静态变量永远只有一份存储空间，同一个类的多个对象共享一个静态变量。与非静态变量（对象的成员变量）必须通过对象访问不同，静态变量可以直接通过类名访问。

与静态变量相同，静态方法也不局限于某个具体的对象，它属于整个类。因此，它也可以直接通过类名访问。另外，值得注意的是，静态变量和静态方法都可以通过相应对象访问，不过不提倡。

【例 3.9】静态变量和静态方法调用示例。

```
//StaticDemo1.java
class Test{
    static String staticStr = "静态的变量";
    String str = "非静态的变量";
    public static void test1(){
        System.out.println("静态方法");
    }
    public void test2(){
```

```
            System.out.println("非静态方法");
        }

    }
    public class StaticDemo1{
        public static void main(String[] args) {
            Test.test1();                              //通过类名调用静态方法
            System.out.println(Test.staticStr);        //通过类名访问静态变量
            Test test = new Test();
            test.test2();                              //需要实例化之后才能够调用非静态方法
            System.out.println(test.str);              //需要实例化之后才能够调用非静态变量
        }

    }
```

程序分析说明：

在例 3.9 中，静态方法 test1()和静态变量 staticStr 直接通过类名 Test 调用，而非静态方法 test2()和非静态变量 str 要通过对象 test 调用。static 方法可以在类没有被实例化之前被调用，经常用作库函数，如工具类 java.Math 里的方法都是声明为 static 的。

【例 3.10】静态变量只有一份存储空间示例。

```
//StaticDemo2.java
class Value{
    static int c=0;   //静态变量
    int d=0;          //非静态变量
    void  inc(){
        c++;
        d++;
    }
}
class StaticDemo2{
    public static void show(String s){
        System.out.println(s);
    }
    public static void main(String[] args){
        Value v1,v2;
        v1=new Value();
        v2=new Value();
        System.out.println("  静态变量 c       非静态变量 d");
        show("v1.c="+v1.c+" v2.c="+v2.c+"   v1.d="+v1.d+" v2.d="+v2.d);
        v1.inc();                          //对象 v1 调用方法 inc()
        show("v1.c="+v1.c+" v2.c="+v2.c+"   v1.d="+v1.d+" v2.d="+v2.d);
    }
}
```

程序执行结果：

```
  静态变量 c        非静态变量 d
v1.c=0 v2.c=0   v1.d=0 v2.d=0
v1.c=1 v2.c=1   v1.d=1 v2.d=0
```

程序分析说明：

在例 3.10 中，静态变量 c 在内存中只有一份存储空间，对象 v1 和 v2 共享一个静态变量 c，对象 v1 修改了 c 的值为 1，对象 v2 的 c 值也随之变化为 1。而对于非静态变量 d，对象 v1 和 v2 不共享，v1 的 d 变化为 1，v2 的 d 还是原值 0。

由此可知，静态变量是属于类，而不是属于某个特定的对象。静态方法也同样，main()方法声明为 static，因为它是类的方法。

注意：静态方法和非静态方法的一些区别。

①静态方法没有相应的 this 引用。

②静态方法中不能直接访问所属类的非静态变量和非静态方法，非静态方法可以直接访问所属类的静态变量和静态方法。静态方法对任何非静态变量的访问必须通过相应对象进行。在例 3.9 中，非静态方法 inc()可以访问静态变量 c，现将 inc()修改为静态，则编译出错，如：

```
class Value{
    static int c=0;             //静态变量
    int d=0;                    //非静态变量
    static void  inc(){     //静态方法中访问非静态变量 d，编译错误
        c++;
        d++;
    }
}
```

3.7 包

为了便于管理大型软件系统中数目众多的类，解决类命名重名的问题，Java 引入了包（package）。在定义和使用很多类时，对类文件进行分类管理。包是 Java 提供的类组织方式，一个包对应一个文件夹，包中还可以有子包，形成包等级。

3.7.1 包的定义

包是在使用多个类或接口时，为了避免名称重复而采用的一种措施。那么具体应该怎么使用呢？在类或接口的最上面一行加上 package 的声明就可以了，经过 package 的声明之后，在同一文件内的接口或类都被纳入相同的包中。

package 的声明格式：

```
package 包名;
```

格式说明：

包名：必选，用于指定包的名称，包的名称必须为合法的 Java 标识符。当包中还有子包时，可以使用“包 1.包 2.….包 *n*”进行指定，其中，包 1 为最外层的包，而包 *n* 则为最内层的包。

提示：包名可理解成一个目录名。

包名可以理解成一个目录名，不同等级的包名用标识符加“.”分割，“.”指明目录层次结构，如：package java.awt.Graphics 表明文件存储在对应的目录 java/awt/Graphics 下。

【例 3.11】建立包 test.demoa。

```
// PackageDemo1.java
package test.demoa;              //声明包并将 PackageDemo 类文件放在包文件夹 test/demoa 下
public class PackageDemo1{       //声明 PackageDemo1 类
    public void print(){
```

```
            System.out.println("hello world");
        }
    }
```

之后，通过以下命令进行打包编译，打包编译的命令为：

```
javac -d . PackageDemo1.java    //表示为当前类打包
```

打包编译命令说明：

（1）-d：表示生成目录，根据 package 的定义生成。

（2）.（点）：表示在当前所在的文件夹中生成。

此时，在当前目录下建立一个 test 目录，在 test 目录下建立 demoa 目录，编译好的 PackageDemo1.class 文件放在 demoa 目录下。打包后完整的类名称：包.类名称。如：

```
test.demoa.PackageDemo1
```

3.7.2　Java 系统常用包

Java 提供了丰富的标准类和相关的帮助文档来帮助程序设计者更方便快捷地编写程序，这些标准类组成了类包，JDK1.6 中常用的包见表 3-1 描述。

表 3-1　　常用 Java 类包

序号	包名	功能描述
1	java.lang	最常用的包，包括 Java 核心类如字符串、数学计算、异常处理等
2	java.applet	使用 applet 的类和接口
3	java.awt	Java 抽象窗口工具集
4	java.awt.peer	使 Java 的窗口系统跨平台移植的类和接口
5	java.io	输入/输出类和接口
6	java.net	网络应用类和接口
7	java.util	包含一些实用的工具类，如定义系统特性、日期、集合类等
8	java.sql	Java 数据库编程的类和接口
9	javax.swing	提供了一系列“轻量级”的用户界面组件

特别说明，java.lang 类包中包含了各种定义 Java 语言时必须的类，这些类能够以其他类不能使用的方式访问 Java 的内部，例如：String、Math、Interger、System 和 Thread 类等。Java.lang 类包是最为常用的一个包。任何 Java 程序都将自动引入这个包，所以在自定义类时无须显式导入 java.lang 包就可以直接使用。

在后面的章节中将陆续学习上面所提到的包及其中的类和接口。

3.7.3　import 语句

到目前为止，所介绍的类都是属于同一个包的，但如果几个类分别属于不同的包时，在某个类中要访问其他类的成员时，就必须做下列的修改：

（1）若某个类需要被访问，必须把这个类公开出来，也就是说，此类必须声明成 public。

（2）若要访问不同包内某个 public 类的成员，在程序代码内必须明确地指明“被访问包的名称.类名称”。通过 import 命令，可将某个包内的整个类导入，那么后续的程序代码中便不用再写上被访问包的名称。

包的导入格式：

```
import 包名.类名称;
```

包的引入例子见例 3.12。

【例 3.12】包的引入示例。

```
//PackageDemo2.java
package test.demob;
import test.demoa.PackageDemo1;      //引入包文件夹 test/ demoa/下的 PackageDemo1 类
public class PackageDemo2 {
    public static void main(String []args) {
        PackageDemo1 sh = new PackageDemo1();   //创建 PackageDemo1 类对象
        sh.print();                             //调用 PackageDemo1 类的方法
    }
}
```

程序执行结果：

```
hello world
```

注意：引入一个包中全部类

若需引入一个包中的全部类，可用“*”表示。如若包 test.demoa 下除了 Package Demo1 类外还有其他类，引入该包下全部类：import test.demoa・*;

3.8　访 问 控 制

访问控制符是一组限定类、类中的成员变量和成员方法是否可以被程序中的其他部分访问和调用的修饰符号，这里的其他部分是指程序中这个类之外的其他类。下面就类成员的访问控制和类的访问控制分别说明。

1. 类成员的访问控制

一个类作为整体对程序的其他部分可见，并不能表示代表类的所有成员变量和成员方法同时对程序的其他部分可见，前者只是后者的必要条件，类的成员是否为所有其他类所访问，还要看类成员自己的访问控制符。

当一个类可以被访问时，对类内的成员变量和成员方法而言，其应用范围可以通过施以一定的访问权限来限定。Java 语言将对类中的属性和方法进行有效的访问控制分为 4 级，如表 3-2 所示。其中，private、protected、public 为 Java 关键字表明访问属性和方法的控制级别，如果不加任何关键字，则默认为 default。

表 3-2　类成员的访问控制符

序号	控制等级	同一个类中	同一个包中	不同包中的子类	任意类
1	private	Yes			
2	default	Yes	Yes		
3	protected	Yes	Yes	Yes	
4	public	Yes	Yes	Yes	Yes

由表 3-2 可简单归纳各个控制等级为：

① public 最大的，公共的、共同访问的。

② private 最小的，只能在本类中访问。

③ default 默认的，只能在本包中访问。

④ protected 在本包，以及不同包的子类中可以访问。

其中 private 访问控制级别的应用见例 3.13。

【例 3.13】 private 示例。

```
//PrivateDemo.java
class Person {
    private int age;                    //私有成员变量
    private int weight;                     //私有成员变量
    void setAge(int i){
        age = i;
    }
    int getAge(){
        return age;
    }
    private int setWeight(int j){  //私有成员方法
        weight = j;
        return weight;
    }
    void showWeight(){
        int g=setWeight(80);        //同一个类中自身访问私有成员方法 setWeight(int j)合法
        System.out.println("本人体重： "+g);
    }
}
public class PrivateDemo{
    public static void main(String[] args){
        Person p = new Person();
        p.setAge(13);    // default 同一个包中访问合法
        System.out.println("本人年龄： "+ p.getAge());
        p.showWeight();
    }
}
```

程序执行结果：

```
本人年龄： 13
本人体重： 80
```

程序分析说明：

例 3.13 中，Person 类定义了两个私有成员属性 name 和 weight，一个私有成员方法 setWeight（int j），那么在类 PrivateDemo 中不能直接访问这两个属性，也不用调用方法 setWeight（int j），下列代码是非法的，将编译出错。

```
public class PrivateDemo{
    public static void main(String[] args){
        Person p = new Person();
        p.setAge(13);
        // PrivateDemo 类内访问 Person 类的私有成员方法非法
        p.setWeight(80);
        //PrivateDemo 类访问内 Person 类的私有成员变量非法
        System.out.println("本人年龄： "+p.age);                //访问私有成员变量非法
        System.out.println("本人体重： "+p.weight);   //访问私有成员变量非法
    }
}
```

成员变量一旦被声明为 private 后，就不能被其他类的方法访问，只能通过该类的方法访问，3.1.2 中提到的封装就是通过这种方式在 Java 中实现的。

2. 类的访问控制

Java 中类（不包括内部类，将在 4.7 节介绍）的访问控制符只有一个，即 public（公共的）。一个类被声明为 public 公共类，表明它可以被所有的其他类访问，这里的访问和引用是指这个类作为整体是可见和可用的，程序的其他部分可以创建这个类的对象、访问这个类内部可见的成员变量和调用它的可见方法。不过，使用 public 修饰类时必须注意，每个源文件中最多只能有一个公共类，而且源文件的文件名必须与文件中公共类的类名相同（包括大小写）。如果源文件中没有公共类，则文件名可以任意指定。

若一个类没有用 public 修饰，则它就具有默认的访问控制，即该类只能被同一个包中的类访问和引用，而不可以被其他包中的类使用。

类的访问控制符如何对类的访问进行限定见表 3-3 所示。

表 3-3　类的访问控制符

序号	控制等级	同一个包中	不同包中
1	default	Yes	
2	public	Yes	Yes

小　结

本章主要介绍了面向对象程序设计的基本概念，类的定义、各种数据成员和方法成员的概念及定义，对象的定义、创建及引用，方法的重载，方法参数的传递等。本章是面向对象程序设计基础，必须切实掌握，才能更好地学习后续内容。

习　题

3-1 填空题

（1）类是一组具有相同________和________的对象的抽象。

（2）________是一个特殊的方法，用于创建一个类的实例。

（3）Java 程序中，可使用固定于首行的________语句来创建包。

3-2 选择题

（1）下列有关类、对象和实例的叙述，正确的是（　　）。

A. 类就是对象，对象就是类，实例是对象的另一个名称，三者没有差别

B. 对象是类的抽象，类是对象的具体化，实例是对象的另一个名称

C. 类是对象的抽象，对象是类的具体化，实例是类的另一个名称

D. 类是对象的抽象，对象是类的具体化，实例是对象的另一个名称

（2）每个类初始化其成员变量的方法是（　　）。

A. 方法　　　　B. main()方法

C. 构造方法　　D. 对象

（3）当在类中定义两个或更多方法，它们有相同的名称而参数项不同时，这称为（　　）。

A. 继承　　B. 多态性　　C. 构造方法　　D. 方法重载

（4）构造方法（　　）时被调用。

A. 类定义时　　B. 创建对象时

C. 调用对象方法时　　D. 使用对象变量时

3-3 简答题

（1）什么是类？什么是对象？它们之间的关系是怎样的？

（2）关键词 this 有什么作用？this 引用有几种使用方法？

（3）下列程序有什么错误？

```
public class Takecare{
    int a= 90;
    static float b = 10.98f;
    public static void main(String args[]){
        float c=a+b;
        System.out.println("c="+c);
    }
}
```

3-4 上机题

（1）定义一个表示坐标点的类 Point，成员变量有横坐标 x 和纵坐标 y，方法 show 显示点坐标，构造方法为参数 x、y 赋值；书写 Java 程序，在 main 方法中构造两个对象，再创建方法 getMiddle 取两个点所构成线段的中点坐标。

（2）定义一个表示学生的类 Student，成员变量有学号、姓名、性别、年龄，方法有获得学号、姓名、性别、年龄和修改年龄。书写 Java 程序创建 Student 类的对象并测试其方法的功能。

第 4 章
继承与多态

【学习目标】

- 了解继承机制，掌握 Java 语言继承的语法。
- 熟悉修饰符 protected、关键词 super 和 final 的用法。
- 熟悉子类的构造方法、子类对象的初始化流程。
- 理解方法覆写、对象类型转换、多态及动态绑定。
- 了解抽象类、抽象方法、接口、内部类、内部匿名类。
- 认识 Object 类、包装类。

【学习要求】

理解继承机制。掌握继承与多态的基础知识，掌握修饰符 protected、关键词 super 和 final、方法覆写、对象类型转换、多态。了解抽象类、抽象方法、接口的定义与实现，可利用继承或接口实现定义类。了解内部类、内部匿名类并要求掌握使用。了解 Object 类和包装类。

继承是 Java 中解决代码重用问题的一个重要的机制。继承机制可以在现有类的基础上派生出新类。新类具有现有类的属性和行为，还可以根据需要增加新的属性和行为。本章将介绍继承及其语法知识、类的继承、方法覆写、多态、对象类型转换、Object 类等内容。

4.1 继承机制

4.1.1 引入继承

在介绍继承机制之前先来讨论一个人事管理系统的例子。人事管理系统一般提供人事管理、调动管理、合同管理、工资管理、培训管理、绩效考核、奖惩管理、综合统计等功能，因此系统需要管理各类员工的信息。这里只简单地讨论两类员工：普通职员和经理。普通职员具有姓名、性别、工资、奖金这四个属性，而经理除了这四个属性外还需要增加分红属性。两个类都需要提供成员方法用于设置或访问这些属性以及加薪操作。下面给出普通职员 Employee 类和经理 Manager 类的定义。

【例 4.1】Employee 类。

```
//Employee.java
class Employee {
    String name;        //姓名
```

```
        boolean isMale;   //性别
        double wage;      //工资
        double bonus;     //奖金
        Employee(){
            name = "";
            isMale = true;
        }
        Employee(String n, boolean m){
            name = n;
            isMale = m;
        }
        void setName(String n){
            name = n;
        }
        String getName(){
            return name;
        }
        void setWage( double w){
            wage = w;
        }
        double getWage(){
            return wage;
        }
        void setBonus(double b){
            bonus = b;
        }
        double getBonus(){
            return bonus;
        }
        void raiseWage(double p){
            wage += wage * p;
        }
    }
```

【例 4.2】Manager类。

```
    //Manager.java
    class Manager{
        String name;     //姓名
        boolean isMale;   //性别
        double wage;     //工资
        double bonus;     //奖金
        double dividend;  //分红
        Manager(String n, boolean m){
            name = n;
            isMale = m;
        }
        void setName(String n){
            name = n;
        }
        String getName(){
            return name;
        }
        void setWage(double w){
            wage = w;
        }
```

```
        double getWage(){
            return wage;
        }
        void setBonus(double b){
            bonus = b;
        }
        double getBonus(){
            return bonus;
        }
        void setDividend(double d){
            dividend = d;
        }
        double getDividend(){
            return dividend;
        }
        void raiseWage(double p){
            wage += wage * p;
        }
    }
```

观察例 4.1 和 4.2 的代码可以发现，两个类非常相似，大部分代码是重复的，如属性 name、isMale、wage、bonus 的设置与访问操作。

大量代码重复会带来额外的工作（开发、测试、维护等）和风险，同时代码的复杂度也会大幅度提高，而且日后重复部分代码的调整也会随着项目规模的变大而越来越复杂。因此在面向对象语言中提供了一种机制——继承来解决代码重复的问题。

4.1.2　继承的基本概念

继承就是允许定义一个类作为另一个类的扩充版本。例如在上节的例子中，分析 Employee 类和 Manager 类的成员属性和方法，不难发现两者非常相似，利用继承机制可以在 Employee 类的基础上定义 Manager 类，在 Manager 类中只需要增加 Manager 对象特有的那部分属性及方法即可。图 4-1 是这个例子采用继承机制改良后的类图结构。

图 4-1 中带箭头的直线表示继承关系，Manager 类继承了 Employee 类，或者说 Manager 类扩展了 Employee 类。

在继承关系中，被其他类扩展的类称为基类或父类，继承了其他类的类称为派生类或子类。子类将继承父类中定义的所有属性和方法。图 4-1 中，Employee 类是父类，Manager 类是子类。通过继承，Manager 类的对象会拥有 Employee 类中定义的所有成员属性方法，而 Manager 类的对象所特有的成员则定义在 Manager 类中。即用继承来创建两个相似的类时，两者相同的部分定义在父类中，不需要重复描述，而子类中只需定义那些特有的信息。

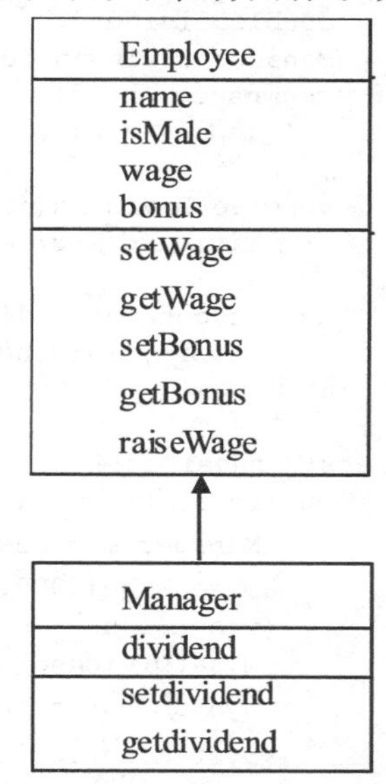

图 4-1　Employee 类和 Manager 类的类图

那么继承机制适用于什么情况呢？一般在两个类的对象之间有“是一种”或“相似于”的关系时可采用继承来实现。例如，键盘和鼠标都是输入设备，所以可以定义输入设备类作为父类，键盘类和鼠标类作为输入设备类的子类。将键盘和鼠标两者共性的部分定义在输入设备类中，而两者特有的部分分别定义在键盘类和鼠标类中。

在继承的结构中，若一个类只继承了一个父类，称为单继承。反之，若一个类继承了多个父类，称为多继承。两者的区别只和一个类相应的父类个数有关，与一个类派生的子类个数无关。Java 语言只支持单继承。

与 C/C++区别：继承机制略有不同。

C++中支持多继承，而 Java 中只支持单继承。

4.2 类的继承

在 Java 中所有的类都是直接或间接的继承类 java.lang.Object。当一个类没有显式地指定其父类时，就直接继承了这个类。

Object 类在 4.8 节中介绍，本节将从语法上介绍 Java 语言中的继承机制，包括如何定义子类、子类对象的初始化、继承中的访问控制等。

4.2.1 继承

Java 中子类继承父类使用关键词 extends，形式如下：

```
class SubClass extends BaseClass{
    //子类类体，定义子类的新成员
}
```

【例 4.3】改良后的Manager类。

```
//ManagerDemo.java
class Manager extends Employee {
    double dividend;
    Manager(String n, boolean m){
        name = n;
        isMale = m;
    }
    void setDividend(double d){
        dividend = d;
    }
    double getDividend(){
        return dividend;
    }
}
class ManagerDemo{
    public static void main(String[] args){
        Manager m = new Manager("张三",true);
        m.setWage(5000.0);
        m.setBonus(3000.0);
        m.setDividend(4000.0);
        System.out.println("Manager:  " + m.getName());
        System.out.println("工资:  " + m.getWage());
        System.out.println("奖金:  " + m.getBonus());
        System.out.println("分红:  " + m.getDividend());
    }
```

```
}
```

程序运行结果：

```
Manager: 张三
工资: 5000.0
奖金: 3000.0
分红: 4000.0
```

程序分析说明：

Manager 类继承了 Employee 类， Manager 的对象拥有父类 Employee 中定义的所有成员，在 Manager 类中只需要定义子类对象特有的那部分成员。在 main()方法中可以通过 Manager 的对象引用 m 调用父类和子类中定义的成员方法。

4.2.2 继承与构造方法

子类的对象中有部分成员是从父类继承而来，那么这些成员变量初始化如何完成呢？系统是通过调用其父类的构造方法来完成。

调用父类的构造方法有两种方式：隐式和显式。隐式的调用方式在例 4.3 中已出现，在 main()方法中创建 Manager 类的对象时，系统会先调用父类 Employee 的构造方法，再调用子类 Manager 的构造方法。Employee 类的定义可查看例 4.1，其中有两个构造方法，那么调用哪个构造方法呢？

【例 4.4】隐式调用父类构造方法。

```
//CatDemo.java
class Animal{
    pirvate int age;
    Animal() {
        System.out.println("Animal default constructor");
    }
    Animal(int a){
        age = a;
        System.out.println("Animal constructor");
    }
    void setAge(int a){
        age = a;
    }
}
class Cat extends Animal{
    private String name;
    Cat(String n,int a){
        name = n;
        setAge(a);
        System.out.println("Cat constructor");
    }
}
class CatDemo {
    public static void main(String[] args){
        Cat c = new Cat("Tom",3);
    }
}
```

程序运行结果：

```
Animal default constructor
Cat constructor
```

程序分析说明：

从程序运行结果可以看出，在隐式调用父类的构造方法时，调用的是默认构造方法。如果在这个例子中 Animal 类没有提供默认构造方法，程序编译时会出现错误，提示找不到这个构造方法。

注意：子类没有显式定义构造方法。

若子类没有显式定义构造方法，编译器会自动为它生成一个默认构造方法。在创建子类对象时，系统会依次调用父类的默认构造方法和子类的默认构造方法。

由于子类对象中一部分成员属性是从父类继承而来，这部分成员的初始化在父类的构造方法中已完成，因此我们希望调用指定的构造方法，而不是重复代码。这时就需要使用显式调用父类的构造方法。Java 语言提供了关键词 super 来完成，形式如下：

```
super(参数表);
```

系统执行到这条语句时，会根据参数表判断调用父类中哪个构造方法。参数表可以为空，为空时调用父类的默认构造方法。

【例 4.5】显式调用父类的构造方法。

```
//DogDemo.java
class Dog extends Animal{
    String kind;
    Dog(String k, int a)  {
        super(a);
        kind = k;
        System.out.println("Dog constructor");
    }
    void whipTail(){
        System.out.println("The dog wiggles his tail");
    }
}
class DogDemo  {
    public static void main(String[] args){
        Dog d = new Dog("Pekingese",1);
        d.whipTail();
    }
}
```

程序运行结果：

```
Animal constructor
Dog constructor
The dog wiggles his tail
```

程序分析说明：

Animal 类定义在例 4.4 中。在 Dog 类的构造方法中通过执行 super 调用父类中指定的构造方法。这里是根据 super 参数表中参数的类型及其相应的顺序来决定的，找到父类中一个参数表可以与之匹配的构造方法并将其执行，若匹配不成功，则程序编译错误。

注意：在子类构造方法中使用 super。

使用 super 调用父类构造方法时，必须放在子类构造方法中的第 1 句，否则会引起编译错误。super 的参数不可以是关键词 this 或当前对象的对象成员，因为构造方法还没完成，当前对象还没有完成创建。

在 3.5 节中介绍过关键词 this，在构造方法中可以通过使用 this 调用所属类的其他构造方法，这条调用语句也必须放在构造方法中的第1句。因此，在构造方法中不能同时调用所属类和其父类的构造方法。

4.2.3 子类对象的初始化

由于子类的对象拥有父类中定义的成员，因此在对象初始化时会对两部分成员属性做初始化，一部分是父类中定义的，另一部分是在子类中定义的，下面列出子类对象初始化的过程：

（1）若在程序中首次使用某个类，系统将载入这个类的类文件，若该类的父类没有载入，则继续载入父类的类文件。如果父类还有父类且未被加载，则继续加载该父类，以此类推，直至继承关系中所有的父类都被加载为止。

（2）从父类到子类，直至当前类，依次初始化静态成员变量。

（3）从父类到子类，直至当前类，依次初始化对象的成员变量。

（4）调用当前类的构造方法，该构造方法会首先调用父类的构造方法，直至类 Object。

（5）从 Object 类开始执行初始化块和构造方法，然后回归执行其子类的初始化块和构造方法，依此类推，直至当前类的初始化块和构造方法。

【例 4.6】子类对象初始化。

```
//SubClass.java
class BaseClass{
    BaseClass(){
        System.out.println("BaseClass constructor");
    }
        //初始化块
    {
        System.out.println("BaseClass initial scope");
    }
}
class SubClass extends BaseClass{
    SubClass(){
        System.out.println("SubClass constructor");
    }
    {
        System.out.println("SubClass initial scope");
    }
    public static void main(String[] args){
        SubClass s = new SubClass();
    }
}
```

程序运行结果：

```
BaseClass initial scope
BaseClass constructor
SubClass initial scope
SubClass constructor
```

程序分析说明：

在命令行中输入 java SubClass，Java 虚拟机开始在当前路径下查找并装载文件 SubClass.class，在加载过程中，虚拟机发现其有一个父类 BaseClass，则继续加载 BaseClass.class 文件，最后加载 Java 基础类库包中的 Object.class。

加载完毕后进行静态成员属性和对象成员属性的初始化，然后执行初始化块和构造函数。由于 Object 类的初始化块和构造方法没有标准输出操作，因此没有相关的输出。从运行结果可见，BaseClass 和 SubClass 两个类，先执行父类的初始化块和构造函数中的输出语句，然后执行子类中相应的输出。

4.2.4 继承与访问控制

在 3.7 节中介绍了 4 种访问控制：public、private、默认情况和 protected。public 修饰的成员（公有成员）可以在所有类中访问。

private 修饰的成员（私有成员）只允许在其所属类中访问，其他类中不得访问，这样的限制也作用于父类、子类之间。子类的对象虽然拥有父类中定义的所有成员，但子类中不能访问父类中的私有成员。如例 4.4 中 Animal 的成员变量 age 是私有成员，在其子类 Cat 和 Dog 中不能访问 age，在 Cat 的构造方法中通过 setAge()方法访问 age，在 Dog 的构造方法中通过 super 调用父类的构造方法完成对 age 的赋值。

在默认情况下，成员在同一包内的类间可访问，若子类和父类不在同一包中，子类中不允许访问父类中默认情况下的成员。

protected 修饰的成员（受保护成员）可以在同一包内的类中或子类中访问。若例 4.4 中 Animal 类的成员变量 age 改为 protected 修饰，则 Cat 构造方法中可以访问 age，无须调用 setAge()方法，即可用语句 age = a; 。

4.2.5 覆写

在子类中允许定义一个与父类中方法名和参数表完全相同的方法，这称为覆写（Overriding）或重写，子类的这个方法与父类中相应的方法只是方法体不同。

我们回到员工类和经理类的例子。在例 4.1 员工类 Employee 中添加一个成员方法 getIncome()，用于计算一名员工的总收入（工资和奖金）。例 4.3 的经理类 Manager 继承类 Employee，于是类 Manager 的对象也拥有 getIncome()方法。但从 Manager 类的定义可见，一名经理的总收入应该是工资、奖金和分红的总和，因此 Employee 类中的 getIncome()对于 Manager 对象是不适用的。这时可以使用覆写机制，如例 4.7。覆写多用于父类的方法不能满足子类的需求，子类中需要进行改写的情况。

【例 4.7】覆写。

```
// ManagerDemo2.java
class Employee {
    String name;        //姓名
    boolean isMale;     //性别
    double wage;        //工资
    double bonus;       //奖金
    Employee(){…}
    Employee(String n, boolean m) {…}
    void setName(String n) {…}
    String getName(){…}
    void setWage(double w) {…}
    double getWage(){…}
    void setBonus(double b) {…}
    double getBonus(){…}
    void raiseWage(double p) {…}
    double getIncome(){
        return wage + bonus;
    }
}
class Manager extends Employee {
    Manager(String n, boolean m) {…}
```

```
        void setDividend(double d) {…}
        double getDividend(){…}
        double getIncome(){
            return wage + bonus + dividend;
        }
        double dividend;
    }
    class ManagerDemo2{
        public static void main(String[] args){
            Employee e = new Employee("李刚",true);
            e.setWage(4000.00);
            e.setBonus(2500.00);
            Manager m = new Manager("张三",true);
            m.setWage(5000.0);
            m.setBonus(3000.0);
            m.setDividend(4000.0);
            System.out.println("Employee:  " + e.getName());
            System.out.println("收入:  " + e.getIncome());
            System.out.println("Manager:  " + m.getName());
            System.out.println("收入:  " + m.getIncome());
        }
    }
```

程序运行结果：

```
Employee:  李刚
收入:  6500.00
Manager:  张三
收入:  12000.00
```

程序分析说明：

程序中与例4.1、例4.3中一些重复的部分用省略号表示。这里为Employee类添加了getIncome()方法，但通过分析这个方法的实现部分不适用于Manager类，因此在类Manager中覆写了这个方法。从程序运行结果可见，main()方法中两个对象的类型不同，在执行 getIncome()方法时，系统是执行其相应类所提供的那个版本的方法。

在使用覆写机制时还需要注意两点：

（1）若子类中方法 f()覆写了父类中的方法，则相对于父类中的 f()方法。子类中方法 f()的访问控制不能缩小，如父类中的 f()方法是 protected 修饰的，则子类中的 f()方法必须是 protected 或者 public 修饰。

（2）子类中 f()方法声明抛出的异常不能超过父类中 f()方法声明的。异常将在第 6 章介绍。

若例 4.7 中 Employee 类成员属性都是 private 修饰的，那么在 Manager 类中就无法访问 salary 和 bonus，则 getIncome()方法必须修改为：

```
double getIncome(){
    return super.getIncome() + dividend;
}
```

这里 super.getIncome()表示调用父类 Employee 中的 getIncome()方法。

注意：重载与覆写。

若子类中的成员方法名与父类相同，参数表不同，则属于同名方法的重载，而不是覆写。覆写机制是指子类的方法的方法名、参数表、返回值与父类中被覆写的方法都相同，而方法体不同。

4.3 对象类型转换和多态

这里讨论的对象类型转换是指父类与子类之间的对象类型转换，这种转换包括向上转型（up-casting）和向下转型（down-casting）两种。

1. 向上转型

向上转型是指子类的对象被看作父类的对象来使用。由于子类可视为父类的特例，例如在例 4.7 中一名经理可看作是一名员工，因此这样的类型转换是安全的，但会丢失子类中新定义的那些信息。具体见例 4.8。

【例 4.8】 向上转型。

```
// UpcastingDemo.java
class UpcastingDemo{
    public static void main(String[] args) {
        Employee[] arr = new Employee[2];
        arr[0] = new Employee("李刚", true);
        Manager m = new Manager("张丽", false);
        arr[1] = m;
        m.setDividend(4000.00);
        for(Employee e : arr){
            e.setWage(4000.00);
            e.setBonus(2000.00);
            System.out.println("姓名：" + e.getName());
            System.out.println("工资：" + e.getWage());
            System.out.println("收入：" + e.getIncome());
        }
    }
}
```

程序运行结果：

```
姓名：李刚
工资：4000.0
收入：6000.0
姓名：张丽
工资：4000.0
收入：10000.0
```

程序分析说明：

程序中的 Employee 类和 Manager 类定义在例 4.7 中。main 方法中创建了一个长度为 2 的数组 arr，数据元素是 Employee 类型的对象引用。数组第 0 个单元指向一个 Employee 类的对象，第 2 个单元指向一个 Manager 类的对象，这里就是向上转型。

这里可以发现两个问题：

（1）向上转型后可以通过父类的对象引用调用子类对象的部分成员方法，但子类中新增加的成员无法调用，如 setDividend()、get Dividend()等无法调用。

（2）在 for 循环中通过 e.getIncome()执行 getIncome()方法，e 所指的对象不同，执行的方法也不同，第一次迭代执行的是父类中的 getIncome()方法，第二次执行的是子类中的 getIncome()方法。

这就是接下来要介绍的多态。

多态是指同一个实体同时具有多种形式，这可以提高代码的可重用性。如例 4.8 中，同一句 e.getIncome()前后两次执行的却是不同两个版本的方法。第一次执行时引用的对象是 Employee 类型，而第二次执行引用的对象是 Manager 类型，因此两次执行的依次是父类和子类中的 getIncome()方法。

Java 中通过覆写机制可以在继承关系的若干类中定义方法名、参数表、返回值相同但方法体不相同的方法，即“多种版本”。在程序运行时，根据所引用对象的类型来判断执行哪个方法。这称为动态绑定（即运行时确定执行哪个方法）。Java 中只有私有方法、final 修饰的方法（具体见 4.4 节）、静态方法是静态绑定（即编译时绑定）的，即根据对象引用的类型决定要执行的方法，因为这些方法无法覆写，其他都采用动态绑定。

2. 向下转型

向下转型是指父类的对象被看作子类的对象来使用。由于子类对象包含一些信息是父类中没有定义的，因此这种转换有可能造成信息的缺失，这样的类型转换是不安全的。有一种情况比较特殊，先来看一个例子。

【例 4.9】向下转型。

```
//DownCastingDemo.java
class DownCastingDemo {
    static void print(Employee e)  {
        Manager m = (Manager)e;
        System.out.println("姓名：" + m.getName());
        System.out.println("分红：" + m.getDividend());
    }
    public static void main(String[] args) {
        Manager m1 = new Manager("张三",true);
        m1.setWage(5000.00);
        m1.setDividend(4000.00);
        print(m1);
    }
}
```

程序运行结果：

```
姓名：张三
分红：4000.0
```

程序分析说明：

print()方法的参数是 Employee 类型的对象引用。在 main 方法中调用 print()方法，实参 m1 是子类 Manager 的对象引用，这时发生了向上转型。但在 print()方法中需要将参数转换为 Manager 类再进行操作，这里使用了向下转型，强制转换为 Manager 类型。

向下转型一般用在对指向子类的对象的父类引用，需要按照子类的类型来访问的情况，这时采用强制类型转换，转换为子类的类型。

4.4　关键词 final

关键词 final 可以用于修饰变量（成员变量、局部变量）、方法和类。final 表示被修饰的东西只能做一次初始化，之后不能发生改变。

1. final 修饰变量

final 修饰变量的用法，即在变量声明时用关键词 final 修饰，如：

```
final double PI = 3.14;
final String[] arr = {"hello","world"};
```

PI 定义为一个常变量。在 Java 语言中常变量无需在声明时立即初始化，但只能初始化一次。下面的代码无法通过编译。

```
final double PI = 3.14;
PI = 3.1415;        //错误
```

当 final 修饰方法参变量时，表示方法中不会对参变数的值做修改，下面的代码无法通过编译。

```
void f(final int A){
    A *= 3;
}
```

final 也可以修饰成员变量。final 修饰的静态成员变量必须在声明时做初始化或在静态初始化块中初始化。如：

```
class Test{
    Test(){
        B = 0;                              //构造方法中初始化
    }
    public static final double PI = 3.14;   //声明时初始化
    private final int A = 1;                //声明时初始化
    private final int B;
}
```

2. final 修饰方法

final 修饰的方法在继承过程中不能被覆写。如：

```
class BaseClass{
    final void f(){
    // ...
    }
}
class SubClass extends BaseClass{
    //...
}
```

在类 SubClass 中不能覆写方法 f()。

Java 中类的私有成员方法当作 final 方法处理，因此 private 修饰的方法也不能被覆写。

3. final 修饰类

final 修饰的类不能被其他类继承，即它没有子类。标准类库中许多类都是 final 修饰的，如 java.lang.System、java.lang.String。由于 final 类没有子类， final 类的成员方法不会被覆写，因此 final 类的方法可视为 final 修饰的，无须明确声明。但 final 类的成员变量不一定是常变量。

4.5 抽象方法与抽象类

抽象方法是这样一种方法，只有方法名、参数表和返回值，没有方法体。其声明语法如下：

```
abstract returnType function(parameters list);
```

在方法声明前用关键词 abstract 修饰。如：

```
abstract void fly();
```

既然抽象方法没有方法体，那么也就不能被执行。如果某个类含有抽象方法，那么这个类必须定义为抽象类，即在类定义前用关键词 abstract 修饰。但需要注意，一个抽象类中可以没有抽象方法。抽象类没有具体的对象。通常定义抽象类的对象引用指向它子类的对象。

注意：抽象方法和抽象类。

① 抽象类不可以创建对象。

② 包含抽象方法的类必须被声明为抽象类。

③ 抽象类中可以包含非抽象方法和抽象方法，但不一定包含抽象方法。

【例 4.10】抽象类。

```
//AnimalDemo.java
abstract class Animal {                    //定义抽象类 Animal
    int age;
    Animal(int a){
        age = a;
    }
    int getAge(){
        return age;
    }
    abstract void speak();                 //抽象方法
}
class Cat extends Animal{
    Cat(int a){
        super(a);
    }
    void speak(){                          //覆写抽象方法 speak()
        System.out.println("Cat speaking");
    }
}
class Bird extends Animal{
    Bird(int a){
        super(a);
    }
    void speak(){                          //覆写抽象方法 speak()
        System.out.println("Bird speaking");
    }
}
class AnimalDemo{
    public static void main(String[] args){
        Cat c = new Cat(3);
        Bird b = new Bird(2);
        makeSpeak(c);
        makeSpeak(b);
    }
    static void makeSpeak(Animal a){
        a.speak();                         //多态，调用哪个 speak()方法由 a 所引用的对象决定
    }
}
```

程序运行结果：

```
Cat speaking
Bird speaking
```

程序分析说明：

例子中定义了抽象类 Animal，其中声明了抽象方法 speak()。类 Bird 和 Cat 继承了 Animal 类，覆写了 speak()方法。虽然抽象类不能创建对象，但可以像普通类那样用做变量的类型，如 makeSpeak()方法的参数 a。在 makeSpeak()方法中通过动态绑定执行相应的 speak()方法。

若一个子类未实现父类中的抽象方法，这个子类也是抽象类，必须用关键词 abstract 修饰。因为不能创建抽象类的对象，所以抽象类保证了其所有子类若可以实例化，必须实现抽象类中声明的抽象方法。

静态方法、私有方法和 final 修饰的方法是不能被覆写的，因此这三类方法不能定义为抽象方法。

4.6 接　口

接口是一种更深层次的抽象，我们可将其想象为一种“纯”抽象类。它和抽象类相似，但它的成员方法都是抽象方法。Java 中定义接口使用关键词 interface，形式如下：

```
interface interfaceName{…}
```

接口的成员方法默认为抽象的、公有的，成员属性默认为静态的、final 修饰的。接口只是提供一种形式，具体的实现细节交由实现它的类完成。一个类实现一个接口使用关键词 implements，与继承类似，如：

```
class Bird implements Flyable{…}    //Flyable 是接口
```

和继承不同的是，一个类可以实现多个接口，接口之间用逗号（,）分隔，如：

```
class MyClass implements A, B, C{…}    // A, B, C 是接口
```

【例 4.11】接口。

```
// FlyableDemo.java
interface Flyable{                           //定义接口 Flyable
    void fly();
}
abstract class Animal {                      //抽象类 Animal
    int age;
    Animal(int a){
        age = a;
    }
    int getAge(){
        return age;
    }
    abstract void speak();
}
class Bird  extends Animal implements Flyable{
    Bird(int a){
        super(a);
    }
```

```
        public void fly(){
            System.out.println("Bird is flying");
        }
        oid speak(){                              //覆写方法 speak()
            System.out.println("Bird speaking");
        }
    }
    class Plane implements Flyable{               //实现接口 Flyable
        String type;
        Plane(String t){
            type = t;
        }
        public void fly(){
            System.out.println("Plane is flying");
        }
    }
    class  FlyableDemo{
        public static void main(String[] args) {
            Bird b = new Bird(2);
            Plane p = new Plane("air plane");
            System.out.println("The age of Bird is " + b.getAge());
            makeFly(b);                           //方法调用传递参数时，向上转型
            makeFly(p);
        }
        static void makeFly(Flyable f){
            f.fly();                              //多态，根据 f 引用的对象类型，确定调用的方法
        }
    }
```

程序运行结果：

```
The age of Bird is 2
Bird is flying
Plane is flying
```

程序分析说明：

程序中定义了接口 Flyable，这个接口中声明了成员方法 fly()，这个方法是抽象的、公有的。程序中还定义了一个抽象类 Animal。类 Bird 继承了类 Animal，同时实现接口 Flyable。

类 Bird 和类 Plane 都实现了接口 Flyable。从这两个类的实现可以发现，接口就像建立在类和类之间的一个“协议”，对于实现某个接口的类必定实现接口中定义的所有方法。

这里需要注意，在接口 Flyable 中并没有显式的声明 fly()方法是公有的，但接口中默认的访问控制是公有的，而类中默认的访问控制是“包内友好”，因此在 Bird 和 Plane 中必须将这个方法用 public 修饰。

由于接口一般不涉及具体的实现，只是定义了一套“协议”，因此在接口中的成员变量一般是静态常变量，故默认为 static 和 final 修饰的。

在 FlyableDemo 类中测试这些接口和类的使用，在 makeFly()方法的定义和调用过程中不难发现，继承中介绍的对象类型转换、多态等内容在这里仍然适用。

注意：接口与抽象类的选择。

Java 中类之间不支持多继承，但类可以实现多个接口。因此在考虑应该使用抽象类还是接口时，可以参照如下原则：若类需要包含一些方法的实现，必须实现为抽象类，而其他情况两者皆可，则优先选择使用接口，使程序更易于扩展。

4.7 内部类和匿名内部类

Java 允许在一个类的内部定义另一个类。我们称这个在类体内部的类为内部类，包含内部类的类为外部类。匿名内部类是一种特殊的内部类，它没有类名。

1. 内部类

内部类定义和使用上和外部类大致相同，可以声明为 public、protected、private 或默认的访问限制；可以声明为 abstract，供其他内部类或外部类继承；或者声明为 static、final 的，也可以实现特定的接口。

外部类可以像访问其他类那样访问其内部类，唯一不同的是外部类可以访问其内部类的私有成员。

【例 4.12】 内部类示例。

```
//InnerClassDemo.java
class  OuterClass{
    class InnerClassA{
        private int val;
        public InnerClassA(int v){
            val = v;
            System.out.println("InnerClassA constructor");
        }
        void fInnerClassA(){
            fOuterClass();                //内部类中可以访问外部类的方法
            field++;                      //内部类中可以访问外部类的属性
            OuterClass.this.field++;  //也可通过此方法访问外部类的成员
        }
    }
    private class InnerClassB {
        InnerClassB(){
            System.out.println("InnerClassB constructor");
        }
    }
    static class InnerStaticClass{}
    void fOuterClass(){
        System.out.println("In fOuterClass");
        InnerClassB inner = new InnerClassB();
    }
    void gOuterClass(){
        System.out.println("In gOuterClass");
        InnerClassA inner = new InnerClassA(3);
        //在外部类中创建内部类的对象
        inner.fInnerClassA();   //外部类需要通过内部类的对象调用其方法
        System.out.println("val = " + inner.val);
    }
    int field;
}
class InnerClassDemo{
    public static void main(String[] args){
        OuterClass out = new OuterClass();
        out.gOuterClass();
```

```
            OuterClass.InnerClassA inner = out.new InnerClassA(3);
            //在其他类中创建内部类对象
            inner.fInnerClassA();
            //静态内部类可通过"外部类名.内部类名"的方式创建
            OuterClass.InnerStaticClass a = new OuterClass.InnerStaticClass();
        }
    }
```

程序运行结果：

```
In gOuterClass
InnerClassA constructor
In fOuterClass
InnerClassB constructor
val = 3
InnerClassA constructor
In fOuterClass
InnerClassB constructor
```

程序分析说明：

OuterClass 是外部类，其内部定义了 3 个内部类：InnerClassA、InnerClassB 和 InnerStaticClass。在例子中可以看到，在外部类中可以创建内部类对象，通过内部类对象访问其成员。内部类可以访问外部类的成员。

但在其他类中只可以访问 public 或默认访问控制的内部类，不能创建私有的内部类对象。内部类对象被创建时必定要连接到其外部类的对象，因此创建内部类对象时必须有相应的外部类对象，但创建静态内部类的对象略有不同，可通过外部类的类名。

2. 匿名内部类

匿名内部类是指没有类名的内部类。

【例 4.13】匿名内部类示例。

```
//AnonymousClassDemo.java
class AnonymousClassDemo {
    public static void main(String[] args) {
        A a = new A(){      //定义匿名内部类，同时创建其对象
            public void f(){
                System.out.println("in f()");
            }
        };
        a.f();
    }
}
interface A{
    void f();
}
```

程序运行结果：

```
in f()
```

程序分析说明：

在 main()方法中定义了一个实现接口 A 的匿名类，同时创建其对象。a 引用了这个对象。通过 a 调用方法 f()。创建匿名内部类的这段代码等价于在 AnonymousClass 类中定义内部类 InnerA。

```
class InnerA implements A{
    public void f(){
        System.out.println("in f()");
    }
}
```

然后，在 main()方法中通过语句

```
A a = new InnerA();
```

创建内部类 InnerA 的对象。

注意：匿名内部类无构造方法。

匿名内部类没有类名，因此也无法在程序中定义其构造方法。

4.8 Object 类

类 java.lang.Object 是所有 Java 类的父类（直接父类或间接父类）。Java 中若一个类没有显式的声明其父类，则它就是隐式继承类 Object，Java 编译器会给没有显式声明 extends 的类插入 Object 作为其父类。如例 4.3 中，Object 类是 Employee 类的父类，Employee 类是 Manager 类的父类，Object 类是 Manager 的间接父类。

Java 中设计这样一个 Object 类的目的是：

（1）Object 类是所有类的父类，因此可以声明 Object 类型的对象引用指向任何类型的对象，这在有些情况非常有用，如容器类；

（2）在 Object 类中定义的一些方法，自动地继承给所有的类。

下面我们来介绍 Object 类的常用方法，见表 4-1。

表 4-1　Object 类的常用方法

序号	方法	类型	含义
1	boolean equals（Object oth）	一般	比较两对象引用是否相等
2	String toString()	一般	将对象转换为字符串
3	finalize()	一般	释放对象
4	wait()	一般	线程等待
5	notify()	一般	唤醒线程

本节主要介绍表 4-1 中前两个方法。方法 finalize()在垃圾回收机制中已简略介绍。wait()和 notify()将在多线程编程中详细介绍。

在类 Object 中，方法 equals()的定义如下：

```
public Boolean equals(Object oth){
    return (this == oth);
}
```

可见，方法 equals()用于比较两个对象引用是否相等，作用等同于运算符“==”。因此若在类中需要判断两个对象是否相等，必须覆写这个方法，如在 String 类中覆写了 equals()方法，用于判断两字符串的内容是否相等。

toString()方法用于将对象转换为字符串，但在默认情况下，该方法返回的字符串是由对象引用的类型、字符“@”、对象哈希码的无符号十六进制数三部分组成。这个字符串大部分情况下没什么价值，因此若要将对象按照给定的规则转换为字符串，必须覆写此方法。

【例 4.14】Object类示例。

```
// ObjectDemo.java
class A{
```

```
        String str;
        int val;
        A(String s, int v){
            str = s;
            val = v;
        }
        public boolean equals(Object oth)  {            //重写 equals()方法
            A a = (A)oth;                               //向下转型，将 oth 强制类型转换为 A 类型
            return (val== a.val && str.equals(a.str));
        }
        public String toString(){                        //重写 toString()方法
            return str + " " + val;
        }
    }
    class B{
        String str;
        int val;
        B(String s, int v){
            str = s;
            val = v;
        }
    }
    class ObjectDemo {
        public static void main(String[] args){
            A a1 = new A("objectDemo",20);
            A a2 = new A("objectDemo",20);
            B b1 = new B("helloDemo",20);
            B b2 = new B("helloDemo",20);
            System.out.println("a1.equals(a2): " + a1.equals(a2));
            System.out.println("b1.equals(b2): " + b1.equals(b2));
            System.out.println("a1.toString(): " + a1.toString());
            System.out.println("b1.toString(): " + b1.toString());
        }
    }
```

程序运行结果：

```
a1.equals(a2): true
b1.equals(b2): false
a1.toString(): objectDemo 20
b1.toString(): B@59c87031
```

程序分析说明：

程序中实现了类 A 和 B，两个类隐式继承 Object 类。在类 A 中覆写了方法 equals()和 toString()，而类 B 中没有覆写这些方法。从程序运行结果可以看出两者的区别。equals()方法参数是 Object 类型的对象引用，而在这个方法中需要访问 A 类中新增的成员属性，因此需要将 oth 强制类型转换为类型 A。

4.9　包　装　类

Java 是一个面向对象的编程语言，但它提供的 8 种基本数据类型（byte、short、int、long、float、double、char、boolean）不是面向对象的。为了能够将基本数据类型也可以视为对象来处理，并支持相关的方法，Java 为每个基本数据类型提供了相应的包装类：Byte、Short、Integer、Long、

Float、Double、Character、Boolean、Void。这些类都定义在包 java.lang 中，使用上非常相似，类中都提供了相应的基本数据类型的相关属性（如最大值、最小值）和方法。下面以 Integer 类为例介绍它们的使用。

1. 基本数据类型的数据与包装类的对象的转换

若需要将基本数据类型的数据转换为包装类的对象可使用包装类的构造方法。

若需要取得包装类对象的数值，可调用包装类提供的形如 typeValue()的方法，如 Integer 类提供方法 intValue()，Double 类提供方法 doubleValue()。

【例 4.15】 int类型数据与Integer类对象的转换。

```
// IntegerDemo.java
class IntegerDemo{
    public static void main(String[] args){
        int a = 29;
        Integer obj = new Integer(a);        //int 类型数据转换为 Integer 类型对象
        System.out.println(obj.intValue());
    }
}
```

2. 包装类的对象或基本数据类型的数据与字符串的转换

若需要将包装类的对象转换为字符串，可使用 toString()方法。每个包装类都提供了以下两种形式的 toString()方法。

```
public String toString();
public static String toString(type value);   //type 表示相应的基本数据类型
```

若需要将字符串转换为包装类的对象可使用包装类的构造方法，如 Integer 类提供了如下形式的构造方法：

```
public Integer(String s);
```

若需要将字符串转换为基本数据类型的数据，可使用包装类提供的静态方法 valueOf（String）或形如 parseType()的静态方法，如 Integer 类提供的方法 parseInt （String），Double 类提供的方法 parseDouble（String）。

【例 4.16】 字符串与Integer类、int类型的转换。

```
// StringToInteger.java
class StringToInteger{
    public static void main(String[] args){
        String strVal = Double.toString(123);          //int 类型数据转换为字符串
        int val = Integer.parseInteger("234");         //字符串转换为 int 类型数据
        Integer obj = new Integer("345");              //字符串转换为 Integer 类型对象
        System.out.println("strVak = " + strVal);
        System.out.println("val = " + val);
        System.out.println("obj = " + obj.toString());
    }
}
```

程序运行结果：

```
strVak = 123
val = 234
obj = 345
```

3. 自动装箱、拆箱

JDK5.0 版本后，Java 虚拟机支持自动装箱、拆箱机制。自动装箱（auto-boxing）是将基本数据类型的数据自动封装为相应的包装类对象。自动拆箱（auto-unboxing）是指从包装类对象中自动提取基本数据类型的数据。下面的代码将 Boolean 类对象自动拆箱。

```
Boolean flag = new Boolean("false");
if(flag){…}                              //自动拆箱
```

这里 JVM 自动将 Boolean 类的对象拆箱成一个 boolean 的数据。

自动装箱、拆箱方便了基本数据类型与相应的包装类的使用，特别是在需要用集合类存储基本类型数据的时候。

【例 4.17】 自动装箱、拆箱。

```
//BoxingDemo.java
class BoxingDemo{
    public static void main(String[] args){
        Integer val = new Integer(123);
        val++;                              //自动拆箱，做++运算，再自动装箱
        System.out.println("val = " + val);
        int a = val.intValue();             //拆箱
        System.out.println("a = " + a);
    }
}
```

程序运行结果：

```
val = 124
a = 124
```

程序分析说明：

由于 val 是 Integer 类型的对象引用，因此在做完自增 1 的操作后会进行一次自动装箱，将 int 类型的数值转换为 Integer 类型的对象。

小　　结

本章首先介绍了继承机制以及代码重复的问题，接着描述了 Java 中继承的语法、子类的构造方法、子类对象的创建过程以及修饰符 protected、关键词 super 和 final、对象类型转换、多态等，最后介绍了抽象类、抽象方法、接口、内部类、所有 Java 类的父类 Object 和包装类。

习　　题

4–1 填空题

（1）若子类定义的方法与其父类方法有相同的方法名、返回值和参数表，则称该子类方法是对其父类方法的________。

（2）Java中所有类都是________________类的子类。

4–2 选择题

（1）下列说法正确的是（　　）。

A. Java 支持多继承

B. Java 支持单继承

C. Java 中一个类只可以实现一个接口

D. Java 中不允许一个类同时继承一个类并实现一个接口

（2）下面抽象方法的定义正确的是（　　）。

A. public abstract void func(){}

B. public void abstract func();

C. public abstract void func();

D. public void abstract func(){System.out.println("abstract function")}

（3）下列关于 Double 类的说法正确的是（　　）。

A. Double 是一个类　　B. jdb

C. javadoc　　D. junit

4-3 简答题

（1）什么是继承？继承机制为面向对象程序设计带来哪些好处？

（2）简述自动装箱、自动拆箱及其好处。

4-4 上机题

（1）定义类 TwoDShape，这个类中定义了属性宽度、高度、名称以及构造方法和成员方法（getWidth()、getHeight()、setWidth()、getHeight()、area()）。创建这个类的子类 Circle，它包括一个计算圆面积 area()方法和一个使用 super 初始化 TwoDShape 部分的构造方法。

（2）根据下列要求定义接口和类：接口 canSwim 具有一个方法 void swim()，接口 canJump 具有一个方法 void jump()，类 Frog 实现接口 canJump 和 canSwim，实现方法时只需要做输出打印即可。

第 5 章 常用数据结构

【学习目标】

- 掌握一维数组、二维数组及多维数组的使用。
- 掌握类 String、StringBuffer 和 St1`ringBuilder，以及它们之间的区别。
- 掌握向量类 Vector。

【学习要求】

理解数组、字符串、向量等数据结构，了解 String、StringBuffer 和 StringBuilder 的区别。能够熟练掌握一维数组、多维数组的使用，掌握类 String、StringBuffer、StringBuilder、Vector 的用法。

数组、字符串、向量是程序中常用的数据结构。数组是用一个共有的名称引用相同类型变量的集合。字符串是一组字符的序列。向量可视为能够动态扩容的数组。

5.1 数　　组

在此前的课程中已学习了如何使用变量存储数据，假设程序需要存储一组相关的数据并需要对它们进行统一的操作，若仍使用变量，代码编写就会变得非常烦琐，例如需要将一个班级的学生成绩进行排序或计算他们的平均成绩，就需要使用数组。

数组用于存储一组类型相同的数据元素，例如 int 数组、String 数组等，同一个数组中的数据元素类型必须相同。这些数据元素按照一定的先后顺序连续存放在地址连续的内存空间。数组中的元素通过下标来访问，如 a 是一个数组，a[i]就是数组中的第 i 个元素（数组的下标从 0 开始）。

注意：Java 的数组。

Java 中的数组与 C++的相似，但需要注意的是，Java 将数组作为对象来实现，不再仅仅是一块连续的存储空间，这样带来许多好处，如无用空间的回收。

根据维数的不同，分为一维数组和多维数组。

5.1.1 一维数组

在 Java 中使用数组首先需要声明数组，然后为数组创建空间。声明一个数组的基本形式如下：

```
type arrayName[];
```

或

```
type[] arrayName;
```

type 是数组元素的数据类型，可以是基本数据类型，也可以是复合数据类型。arrayName 是数组名，即为数组对象的引用。如 int[] a;声明了一个整型数组，数组名为 a，但注意这个语句只声明了数组变量 a，并没有创建数组元素的存储空间，a 的值是 null，还需要使用操作符 new。

```
a = new int[20];
```

此语句创建了一个整型数组，数组大小为 20，即可以存储 20 个 int 类型的元素，数组 a 的下标为 0～19。声明数组和创建数组空间也可合并成一条语句。

```
int[] a = new int[20];
```

在创建数组后，就可以通过数组名和下标来访问数组元素，形式如下：

```
arrayName[index]
```

下标 index 可以是一个整型数或表达式。在访问数组元素时，为保证安全性，Java 中会进行越界检查，检查 index 的值是否在 0 至数组长度减 1 的范围内。

每个数组都有一个属性 length，用于记录数组的长度，用法如下：

```
arrayName.length
```

【例 5.1】一维数组的初始化与访问。

```
//ArrayDemo.java
class ArrayDemo {
    public static void main(String[] args) {
        int i;
        int arr[] = new int[5];
        for(i = 0; i < arr.length; i++)
            arr[i] = i;
        for(i = 0; i < arr.length; i++)
            System.out.println("arr["+ i + "]:" + arr[i]);
    }
}
```

程序运行结果：

```
arr[0]:0
arr[1]:1
arr[2]:2
arr[3]:3
arr[4]:4
```

程序分析说明：

arr.length 用于取得数组 arr 的长度，也可用常量 5 替代，但用常量 5 会使代码的维护性下降，因此建议使用 length。

例 5.1 中用操作符 new 进行数组元素空间分配的方式称为动态初始化，Java 中也可以使用静态初始化的方式，形式如下：

```
type[] arrayName = {val0, val1, val2,…, valn};
```

花括号中的val_i值会依次赋值给数组中下标为 0～n的元素，如：

```
int[] a = {3, 4, 5, 6};
```

该语句中声明了一个整型数组 a，数组大小为 4，数组中的元素 a[0]为 3，a[1]为 4，a[2]为 5，a[3]为 6。

【例 5.2】输入一组整数，用起泡排序算法使它们非递减有序并输出结果。

```
//Sort.java
import java.util.*;
class Sort{
    public static void main(String[] args) {
```

```
        Scanner s = new Scanner(System.in);
        System.out.print("请输入待排序整数的个数: ");
        int n = s.nextInt();
        int[] a = new int[n];
        int i,j,tmp;
        System.out.print("请输入待排序的整数: ");
        for(i=0; i < n; i++)
            a[i] = s.nextInt();
        for(i = 0; i < n; i++)
            for(j = 0; j < n - i - 1; j++)          //一趟起泡排序
                if(a[j] > a[j+1]){                  //交换相邻两元素
                    tmp = a[j];
                    a[j] = a[j+1];
                    a[j+1] = tmp;
                }
        System.out.print("排序结果: ");
        for(i = 0; i < n; i++)
            System.out.print(a[i] + " ");
    }
}
```

程序运行结果：

```
请输入待排序整数的个数: 5
请输入待排序的整数: 30 24 5 81 3
排序结果: 3 5 24 30 81
```

程序分析说明：

程序对数组 a 中元素进行起泡排序。起泡排序的的基本思想是依次比较相邻的元素，如果不符合非递减的顺序就将两元素交换，这样逐趟进行，直到所有元素排序完成。运行结果中输入的待排序整数用空格符进行间隔，改用 Enter 键输入（即换行）也可。

与 C/C++区别：数组。

① C/ C++语言中的数组只是一块连续的存储空间，而在 Java 语言中，数组是一个类，提供了一些方法与属性，如数组长度 length，数组下标越界检测等。若数组下标越界，系统将抛出 ArrayIndexOutOfBoundsException 类型的异常。

② Java 中数组名可视为对象引用。在初始化数组时，不能直接定义长度，如 int a[3];是错误的。

数组中的元素也可以是复合数据类型的。这时，数组元素实际上是对象引用。

【例 5.3】复合数据类型的数组。

```
// ComplexArray.java
import java.util.Scanner;
class Complex{ //复数类
    Complex(double r, double i){
        real = r;
        imag = i;
    }
    void print(){
        if(real != 0.0)
            System.out.print(real);
        if(imag != 0.0){
```

```
            if( real != 0.0)
                System.out.print(imag>0?" + ":"");
            System.out.print(imag + "i");
        }
        if( real == 0.0 && imag == 0.0)
            System.out.print(0.0);
    }
    private double real;     //实部
    private double imag;     //虚部
}
class  ComplexArray{
    public static void main(String[] args) {
        Scanner s = new Scanner(System.in);
        Complex[] arr = new Complex[3];    //数组初始化
        int i;
        System.out.println("请输入 3 个复数（格式：实部 虚部）：")
        for(i = 0; i < arr.length; i++)
            arr[i] = new Complex(s.nextDouble(), s.nextDouble()); //数组元素初始化
        for(i = 0; i < arr.length; i++){
            System.out.print("复数" +  (i+1) + ": " );
            arr[i].print();
            System.out.println();
        }
    }
}
```

程序运行结果：

```
请输入 3 个复数（格式：实部 虚部）
3.24  4.0
0.0   5.3
9.8   2.2
复数 1: 3.24 + 4.0i
复数 2: 5.3i
复数 3: 9.8 + 2.2i
```

程序分析说明：

程序中定义了一个复数类 Complex。在 main()方法中定义了 Complex 类型的数组 arr，长度为 3，数组元素是 Complex 类型的对象引用。在执行了数组初始化的语句 Complex[] arr = new Complex[3];后，只是为数组 arr 分配了空间，数组中的对象引用 arr[i]仍是空引用，因此还需要通过语句 arr[i] = new Complex（s.nextDouble(), s.nextDouble()）;对每个数组元素进行初始化。

5.1.2 多维数组

在一些实际应用中，一维数组在逻辑上无法满足，如矩阵运算。为此，Java 提供了多维数组。在 Java 中，多维数组可视为数组的数组，即数组中元素的类型是数组对象引用。本节将以二维数组为例介绍。

二维数组的声明方式如下：

```
type[][] arrayName;
```

或

```
type arrayName[][];
```

如 int[][] a; 声明了一个二维数组 a，若需要动态初始化这个二维数组，则可用以下语句：

```
a = new int[2][3];
```

该语句申请了一块 24（2×3×4）字节的存储空间，a 为 2 行 3 列的二维数组。这个数组也可视为一个有两个一维数组对象元素的数组，如图 5-1 所示，其中的每个数组对象元素是具有 3 个 int 类型元素的数组。因此 a.length 的值为 2，a[0].length 和 a[1].length 的值为 3。

实际应用还会碰到不规则数组的情况，如图 5-2 所示。

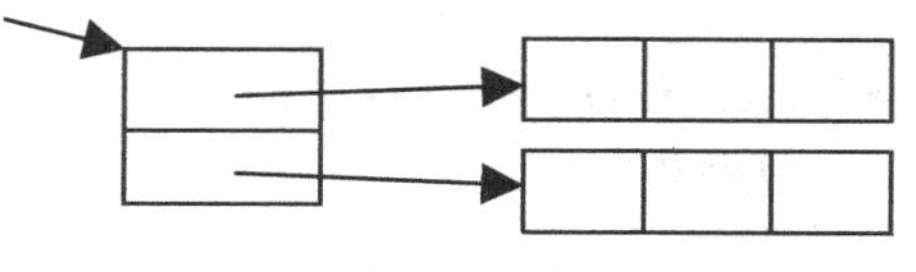

图 5-1　数组 a 的存储结构

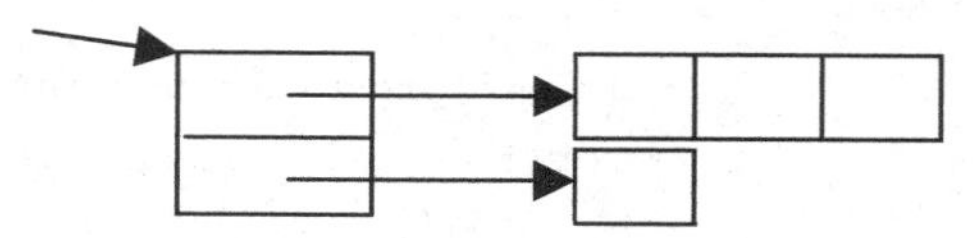

图 5-2　不规则数组 b 的存储结构

该数组的定义方式如下：

```
int[][] b = new int[2][];
b[0] = new int[3];
b[1] = new int[1];
```

二维数组同样通过下标来访问数组元素，使用“数组名[行下标][列下标]”即可。如 a[0][2] = 3，就是将 a[0]中列下标为 2 的元素赋值为 3。

【例 5.4】 二维数组。

```
//IrragularArray.java
class IrragularArray {
    public static void main(String[] args) {
        int i, j;
        int[][] arr = new int[3][];                    //创建不规则数组 arr
        arr[0] = new int[2];
        arr[1] = new int[2];
        arr[2] = new int[3];
        for(i = 0; i < arr.length; i++)                //为数组中的所有元素赋初值
            for(j = 0; j < arr[i].length; j++)
                arr[i][j] = i+j;
        System.out.println("arr 数组：");
        for(i = 0; i < arr.length; i++){               //数组输出
            for(j = 0; j < arr[i].length; j++)
                System.out.println(arr[i][j] + "  ");
            System.out.println();
        }
    }
}
```

程序运行结果：

```
arr 数组：
0  1
1  2
2  3  4
```

程序分析说明：

程序完成了二维数组 arr 的初始化和屏幕输出。在遍历这个二维数组时，用 length 表示数组长度，这样程序更易维护。

对于基本数据类型的数组，二维数组也可进行静态初始化，如：

```
int[][] a = {{1,2,3},            //第 1 行初始化
             {4,5,6}};           //第 2 行初始化
```

【例 5.5】矩阵相乘。

```
//MatrixMultiply.java
class MatrixMultiply {
    public static void main(String[] args){
        int[][] a = {{2,3,4},{5,6,7}};                  //矩阵 a
        int[][] b = {{1,2},{3,4},{5,6}};            //矩阵 b
        int i,j,k;
        int[][] result = new int[a.length][b[0].length]; //相乘结果 result
        for(i = 0; i < result.length; i++)          //矩阵相乘
            for(j = 0; j < result[0].length; j++){
                result[i][j] = 0;
                for(k = 0; k < b.length;k++)
                    result[i][j] += a[i][k]*b[k][j];
            }
        System.out.println("矩阵 a、b 相乘的结果为: ");
        for(i = 0; i < result.length; i++){        //矩阵打印
            for(j = 0; j < result[0].length; j++)
                System.out.print(result[i][j] + " ");
            System.out.println();
        }
    }
}
```

程序运行结果：

```
矩阵 a、b 相乘的结果为:
31 40
58 76
```

程序分析说明：

程序中相乘的两个矩阵以及相乘的结果矩阵都用二维数组表示，分别是 a、b 和 result。结果矩阵 result 数组的大小根据给定的两个相乘的矩阵来确定，result 数组行数是 a 的行数 a.length，列数是 b 的列数 b[0].length，然后依据矩阵相乘的算法计算。

Java 也支持二维以上的多维数组，与二维数组相似，三维数组实际上可视数组元素为二维数组的数组，读者可根据二维数组的学习，举一反三掌握多维数组的使用。在多维数组的使用时，也与一维、二维数组相似，但维数越高复杂度也越高。

5.1.3 foreach 形式的 for 语句

在 JDK5.0 之后，Java 新增了 foreach 形式的 for 语句，用于循环遍历数组或其他集合，形式如下：

```
for(数据类型 迭代变量 : 数组|集合){
    //循环体
}
```

上面的 for 语句中，迭代变量的类型应该和数组或集合中数据元素的类型一致。

【例 5.6】foreach形式的for语句示例。

```
//ForEachDemo.java
class ForEachDemo{
    public static void main(String[] args) {
        int[] arr1 = {1,2,3,4,5};
        int[][] arr2 = {{1,2},{3,4,5,6}};
        for(int a: arr1)                    //foreach 形式的 for 语句，遍历数组 arr1
```

```
            a += 5;                     //foreach 形式的 for 语句中无法修改元素值
        System.out.print("数组 arr1: ");
        for(int a: arr1)
            System.out.print(a + "  ");
        System.out.println();           //打印换行符
        System.out.println("数组 arr2: ");
        for(int[] a: arr2){
            for(int b:a)
                System.out.print(b + "  ");
            System.out.println();
        }

    }
}
```

程序运行结果：

```
数组 arr1: 1  2  3  4  5
数组 arr2:
1  2
3  4  5  6
```

程序分析说明：

例 5.6 中定义了一维数组 arr1 和二维数组 arr2，用 foreach 形式的 for 语句遍历两个数组。从运行结果可以发现在 foreach 形式的循环体中通过迭代变量修改数组中的元素值是无效的。另外，在遍历二维数组时，需要使用嵌套的 foreach 语句。因为二维数组可视为一维数组的数组，因此在外层 for 循环中，迭代变量的类型是一维数组。

注意：foreach 形式的循环体。

foreach 形式的循环体中通过迭代变量无法修改数组中元素的值，因此若需要批量修改数组元素的值，还应该使用普通的 for 语句。

5.1.4　Arrays 类

Arrays 类是数组的操作类，定义在 java.util 包中，提供了用来操作数组的各种静态方法，主要有数组元素的查找、数组内容的填充、排序等，详见表 5-1。

表 5-1　Arrays 类的常用方法

序号	方法	含义
1	static int binarySearch（type[] a, type key）	二分查找（或称折半查找），返回数组 a 中值为 key 的元素下标值
2	static boolean equals（type[] a, type[] b）	判断数组 a 和 b 是否相等
3	static boolean deepEquals（Object[] a, Object[] b）	判断数组 a 和 b 是否相等，用于多维数组
4	static void fill（type[] a, type val）	将数组 a 中的元素都赋值为 val
5	static void sort（type[] a）	对数组 a 中的元素非递减排序
6	static void sort（type[] a, int from, int to）	对数组 a 中下标 from 至 to 的元素进行非递减排序
7	static String toString（type[] a）	返回数组 a 内容的字符串表示形式
8	static String deepToString（type[] a）	返回数组 a 内容的字符串表示形式，用于多维数组

Arrays 类的各种方法都是 static 修饰的，可以通过类名 Arrays 调用。这里需要特别说明的是：equals()和 deepEquals()，toString()和 deepToString()。equals()用于比较两个数组中的元素是否相等，若参数是多维数组，则将多维数组看作是一个元素为数组对象引用的一维数组，因此若需要比较两个多维数组的元素内容是否相等，需使用方法 deepEquals()。toString()和 deepToString()也是类似情况，前者可以将数组转换成字符串，若参数是多维数组或是复合类型的数组，数组元素转换的字符串由对象类型和对象存储地址等信息组成。因此若需要将多维数组转换为字符串，建议使用 deepToString()。

【例 5.7】Arrays示例。

```
//ArraysDemo.java
import java.util.Arrays;
class ArraysDemo {
    public static void main(String[] args){
        int[] arr1 = {97,38,45,23,100,86,53,33,24,543};
        int[][] arr2 = {{2,3,4},{3,2},{76,11}};
        System.out.println("Arrays.toString(arr1): " + Arrays.toString(arr1));
        System.out.println("Arrays.toString(arr2): " + Arrays.toString(arr2));
        System.out.println("Arrays. deepToString (arr2): " +Arrays.deepToString(arr2));
        Arrays.sort(arr1);
        System.out.print("排序后：");
        System.out.println(Arrays.toString(arr1));
        System.out.println("集合中 23 的位置：" + Arrays.binarySearch(arr1,23));
    }
}
```

程序运行结果：

```
Arrays.toString(arr1): [97, 38, 45, 23, 100, 86, 53, 33, 24, 543]
Arrays.toString(arr2): [[I@246972f1, [I@6f93ee4, [I@558fee4f]
Arrays. deepToString (arr2): [[2, 3, 4], [3, 2], [76, 11]]
排序后：[23, 24, 33, 38, 45, 53, 86, 97, 100, 543]
集合中 23 的位置：0
```

程序分析说明：

程序中定义了一个一维数组和一个二维数组。对二维数组使用方法 toString()转换的结果是将这个二维数组视为一维数组，数组元素是一个数组对象引用，因此结果是“类型名@对象存储地址”，如程序运行结果中第二行所示。

5.2 字 符 串

字符串是字符的有限序列，是组织字符的基本数据结构。Java 提供了 3 个字符串类，分别是 String、StringBuffer 与 StringBuilder，都定义在 java.lang 包中。String 类多用于字符串常量的情况，即字符串中的内容在创建之后不再做修改或变动。StringBuffer 与 StringBuilder 类用于字符串变量，如在程序中经常需要对字符串进行添加、插入和修改等操作。

5.2.1 String 类

String 类一般用于表示字符串常量。在 Java 中用一对双引号括起来的字符序列来表示字符串常量，如"Hello world\n"。程序中出现的字符串常量在编译时都会被转换为 String 类型的对象。

String 类非常庞大，本节中将介绍一些常用方法，见表 5-2。

表 5-2 String 类的常用方法

序号	方法	类型	含义
1	String()	构造	创建空的字符串对象
2	String（String str）	构造	创建字符串对象，与 str 相同的字符序列
3	String（char[] arr）	构造	创建字符串对象，表示 arr 中的字符序列
4	char charAt（int index）	一般	返回 index 位置的字符
5	String concat（String oth）	一般	将当前字符串与字符串 oth 进行连接
6	boolean equals（Object anObject）	一般	判断与给定字符串内容是否相同
7	int indexOf（String str）	一般	返回 str 在当前字符串中首次出现的位置
8	int length()	一般	返回字符串的长度
9	String substring（int beginIndex）	一般	返回从 beginIndex 位置开始的子串
10	String substring（int beginIndex, int endIndex）	一般	返回从 beginIndex 开始到 endIndex-1 位置的子串
11	String trim()	一般	删去字符串首尾的空格
12	String[] split（String ch）	一般	将字符串以 ch 进行分割
13	String replaceAll（String r, String replacement）	一般	replacement 替代字符串中所有的字符串 r
14	String toLowCase()	一般	输出小写形式的字符串
15	String toUpperCase()	一般	输出大写形式的字符串
16	char[] toCharArray()	一般	将当前字符串转化为字符串数组

1. 创建 String 对象

String 类中提供了多种形式的构造方法，这里列举一些较常用的。例如：

```
String str1;
str1 = new String(" Hello world ");
```

第一句中声明了一个字符串的对象引用变量 str1，此时 str1 的值为 null，第二句创建了 String 对象，对象的字符串内容为"Hello world"，str1 指向该对象的首地址。

构造字符串对象的另一种简单的方法：

```
String str2 = " Hello world ";
```

该句直接使用字符串常量为新建的 String 对象初始化。

此外也可使用字符数组来初始化字符串，方法如下：

```
char arr = { ' a ', ' b ', ' c ' };
String str3 = new String(arr);
```

该句创建 String 对象，对象的字符串内容为"abc"。

2. String 类的常用方法

String 类的常用方法见表 5-2，这里对运算符+、charAt()、equals()、indexOf()和 split()进行详细说明。

Java 中提供了“+”运算符用于两个字符串的连接操作，如：

```
str = "Hello" + "world";
str = str  + '! ';
```

第一句执行后，str 字符串的内容是"Hello world "，第二句是将一个字符串与一个其他类型的数据进行“+”运算，系统自动将其他类型转换为字符串类型。该句执行后，字符串的内容为"Hello world! "。

这里必须注意，String 对象的内容是不能改变的，即一旦创建了 String 对象，组成字符序列的字符串就不可变了。在“+”运算符例子的第二句执行后 str 实际指向了新的字符串对象，即改变了引用变量 str 引用的对象。

字符串中的字符位置从 0 开始计数，因此，如

```
"Hello ".charAt(1)
```

返回的字符是“e”。

equals()方法用于判断两字符串的内容是否相同，与“==”运算符不同，如：

```
String str1 = new String("Hello ");
String str2 = new String("Hello ");
```

str1.equals（str2）的结果是 true，而表达式 str1 == str2 的结果是 false，这是由于“==”运算符用于比较 str1 与 str2 的值，而两个引用变量分别存放不同的 String 对象地址。

若想对两个字符串的内容进行忽略字母大小写的比较，可使用方法 equalsIgnoreCase()，用法与 equals()类似。

方法 indexOf()用于查找某个字符串，String 类中还提供了其他形式的 indexOf()，参数可以是字符或字符串，还可指定从字符串中第几个字符开始查找。若想从字符串结尾处逆向查找，可使用方法 lastIndexOf()，用法与 indexOf()类似。

split()方法用于字符串的分割，将字符串根据给定参数进行分割，分割成若干个字符串，按先后次序存放在一个字符串数组中，详见例 5.8。

【例 5.8】使用String类中常用方法。

```
// StringDemo.java
class StringDemo {
    public static void main(String[] args) {
        String str1 = "The more we do, the more we can do.";
        String str2;
        System.out.println("字符串 str1 的长度: " + str1.length());
        System.out.println("字符串 we 的第一次出现的位置: " + str1.indexOf("we"));
        System.out.println("最后出现的位置: " + str1.lastIndexOf("we"));
        System.out.println("转换成大写字母: " + str1.toUpperCase());
        String[] arr = str1.split(",");
        System.out.println("以\',\'分隔后的结果: ");
        for(int i = 0; i < arr.length; i++)
            System.out.println(arr[i]);
        str2 = str1.replaceAll("more","less");
        System.out.println("字符串 str2: " + str2);
    }
}
```

程序运行结果：

```
字符串 str1 的长度：35
字符串 we 的第一次出现的位置：9
最后出现的位置：25
```

```
转换成大写字母：THE MORE WE DO, THE MORE WE CAN DO.
以','分隔后的结果：
The more we do
 the more we can do.
字符串 str2: The less we do, the less we can do.
```

3. main 方法的参数

main 方法是 Java 应用程序的入口点，每个 Java 应用程序都有 main 方法。此方法在 Java 虚拟机装载 main class 的时候由系统自动调用，它的参数是 String 类型的数组。这个参数表示 main 方法将接收一个字符串数组，换言之，我们可使用命令行参数传递。

【例 5.9】使用命令行传递参数。

```
// ArgsDemo.java
class ArgsDemo {
    public static void main(String[] args){
        for(int i = 0; i < args.length; i++)
            System.out.println("args[" + i + "]:" + args[i]);
    }
}
```

若执行该程序，输入命令行：

```
java ArgsDemo amazing Java Application
```

程序运行结果：

```
args[0]:amazing
args[1]:Java
args[2]:Application
```

5.2.2 StringBuffer 与 StringBuilder 类

StringBuffer 与 StringBuilder 类用于字符串变量，StringBuilder 是 JDK1.5 新增加的类。两个类的功能大致相同，区别在于 StringBuffer 类支持多线程，而 StringBuilder 不支持。StringBuilder 提供了一个与 StringBuffer 兼容的 API，但不能保证同步，用于 StringBuffer 的简易替换，在单线程编程中建议优先采用 StringBuilder 类。

StringBuffer 类的常用方法见表 5-3。

表 5-3　　StringBuffer 类的常用方法

序号	方法	类型	含义
1	StringBuffer()	构造	构造一个 StringBuffer 对象，初始容量为 16 个字符
2	StringBuffer（int c）	构造	构造一个 StringBuffer 对象，初始容量为 c 个字符
3	StringBuffer（String str）	构造	构造一个 StringBuffer 对象，其内容为指定的字符串 str 的内容
4	StringBuffer delete（int start, int end）	一般	移除字符串中下标 start 到 end – 1 的字符
5	int capacity()	一般	返回当前容量
6	int indexOf（String str）	一般	返回第一次出现的字符串 str 在该字符串中的位置
7	StringBuffer reverse()	一般	将字符串用逆置
8	void replace（int start, int end, String str）	一般	用字符串 str 替换该字符串中下标从 start 至 end – 1 的子串中的字符移除字符串中下标从 start 至 end – 1 的字符
9	void trimToSize()	一般	将 StringBuffer 对象的容量缩小至和字符串长度一样

构造 StringBuffer 对象的常用方法见表 5-3。例：

```
StringBuffer s1 = new StringBuffer();
StringBuffer s2 = new StringBuffer(10);
StringBuffer s3 = new StringBuffer("Hello ");
```

第一句是创建一个空串的 StringBuffer 对象，该对象的初始容量为 16 个字符；第二句是创建一个初始容量为 10 的 StringBuffer 对象，同第一句一样，对象中无字符；第三句创建一个内容为“Hello”的 StringBuffer 对象，初始容量为 21，即字符串的长度加上 16。需要注意的是，StringBuffer 对象不能用以下的方式创建：

```
StringBuffer s4 = "Hello ";        //此句非法
```

StringBuffer 类用于处理字符串变量，因此在更改字符串内容时，无须创建新的字符串对象。较常用的是用于追加新内容的方法 append()和插入新内容的方法 insert()。这两个方法的形式如下：

```
public void append(type t);
public void insert(int i, type t);
```

这两个函数都是被重载的，type 类型表示可以是所有基本数据类型、字符数组和对象引用等，如：

```
s3.append(' ');
s3.append("world ");            // s3 = "Hello world "
s3.insert(5, ", Java ");        // s3 = "Hello, Java world "
```

StringBuilder 类和 StringBuffer 类的构造方法和成员方法基本类似，来看例 5.10。

【例 5.10】StringBuilder类示例。

```
// StringBuilderDemo.java
class StringBuilderDemo {
    public static void main(String[] args) {
        StringBuilder str = new StringBuilder("Good code is ");
        str.append("best documentation."); //在 str 后添加字符串"best documentation."
        System.out.println("str.append("best documentation.") : " + str);
        str.insert(13,"its own ");        //在 str 中下标 13 的位置插入字符串"its own "
        System.out.println("str.insert(13,"its own ") : " + str);
        str.replace(13,23,"a ");          //将 str 中从第 13 位开始，到第 22 位的字符用
                                          //字符串"a "替代
        System.out.println("str.replace(13,23,"a ") : " + str);
        str.delete(13,15);              //移除字符串中下标从 13 至 14 的字符
        System.out.println("str.delete(13,15) : " + str);
        str.reverse();                  //将字符串内容逆置
        System.out.println("str.reverse() : " +str);
    }
}
```

程序运行结果：

```
str.append("best documentation.") : Good code is best documentation.
str.insert(13,"its own ") : Good code is its own best documentation.
str.replace(13,23,"a ") : Good code is a st documentation.
str.delete(13,15) : Good code is st documentation.
str.reverse() : .noitatnemucod ts si edoc dooG
```

5.2.3 String 类与 StringBuffer 类的转换

String 类用于处理创建后内容不再变化的字符串常量，若需要修改 String 对象的值，具体的

做法是创建新的 String 对象存放修改后的新结果并返回，如：

```
String s = "Hello " + "world" + "!";
```

执行该句时，Java 编译器会自动创建 StringBuffer 对象实现，上述语句等价于：

```
String s = new StringBuffer("Hello ").append("world").append("!").toString();
```

显而易见，在处理内容可变的字符串时，采用 StringBuffer 或 StringBuilder 效率较高。因此，应用中经常需要针对实际情况对 String 类与 StringBuffer 类进行相互转换。若需要将 StringBuffer 类的对象转换成 String 类的，则使用 toString()方法，如：

```
StringBuffer s1 = new StringBuffer("Hello");
String s2 = s1.toString();
```

若需要将 String 类的对象转换为 StringBuffer 类的，可使用下面的构造方法：

```
StringBuffer s3 = new StringBuffer(s2);
```

5.3　Vector 类

Vector 类用于描述向量，定义在 java.util 包中。向量是类似于数组的顺序存储的数据结构，但功能比数组强大，可视为允许不同类型元素共存的可变长数组，因此在一些数据元素个数不固定的情况下用 Vector 类使编程变得更容易。

Vector 类对象有 3 个属性需要说明，分别是长度、容量和增量。长度是指向量存储的元素个数。容量是指向量的大小，一般容量大于等于长度。增量是指当容量不足时，每次扩容的量，向量的容量扩充是自动进行的，即当新增的元素超出其容量时，向量的容量会自动增长。Vector 类的用法如表 5-4。

表 5-4　Vector 类的常用方法

序号	方法	类型	含义
1	public Vector()	构造	构造一个空的向量对象，容量为 10，增量为 0
2	public Vector（Collection c）	构造	用于构造一个包含指定集合中元素的向量
3	public Vector（int initialCapacity）	构造	向量初始容量为 initialCapacity，增量为 0
4	public Vector（int initialCapacity, int capacityIncrement）	构造	向量初始容量为 initialCapacity，增量为 capacityIncrement
5	void add（Object obj）	一般	将元素 obj 加入当前向量尾部
6	void add（int index, Object obj）	一般	将元素 obj 加入到向量中的指定位置
7	void insertElementAt（Object obj, int index）	一般	在向量的指定位置插入元素 obj，index 之后的所有元素顺序后移一个位置
8	void setElementAt（Object obj, int index）	一般	替换向量中指定位置 idnex 的元素为 obj
9	void removeElementAt（int index）	一般	删除当前向量中指定位置 index 的元素，删除后其后的元素顺序依次前移
10	void removeAllElements()	一般	删除向量中所有元素
11	Object elementAt（int index）	一般	返回指定位置 index 的元素
12	int indexOf（Object obj,int start_index）	一般	从向量中 start_index 位置开始向后搜索，找到第一个与指定对象相同的元素位置，若无，返回 – 1

在表 5-4 中，我们看到在初始化向量时，可以指定向量的初始容量和增量，如：

```
Vector v = new Vector(20,5);
```

上面的语句初始化了一个初始容量为 20，增量为 5 的向量，即当这个向量的容量不足时，将依次增加到 25、30 等。

注意：向量的增量大小的设置。

设置的向量增量越小，内存空间的利用率越高，但会造成内存分配的次数增多，因此执行开销将会越大；增量越大，执行内存分配的次数将相对较小，但有可能产生内存浪费。

要访问向量中的元素必须使用 Vector 类中提供的方法来访问，不能使用类似于数组中的下标方法（即用中括号[]）。如需要在向量中添加元素，可用 add ()方法。如：

```
v.add("hello");
```

这个方法将元素添加在向量中最后一个元素之后的位置。若需要在指定下标的位置插入元素，可使用方法 insertElementAt()或 add()，如：

```
v.add(0, " java ");
```

插入元素后，插入位置之后的元素都向后移动一个单位。相应的，若需要删除指定位置的元素可用 removeElement()方法，删除后其后面的元素向前移动一个单位。

若需要清除向量中的所有元素可用方法 removeAllElement()或 clear()。

若需要访问指定下标处的元素，可用方法 elementAt()。相反，若需要查找某个元素在向量中的位置，可使用方法 indexOf()。

【例 5.11】Vector类实现栈示例。

```
// MyStack.java
import java.util.*;
class MyStack {
    private Vector v;
    MyStack(int s)  {
        v = new Vector(s);
    }
    void push(Object elem){                    //压栈
        v.add (elem);                          //向量尾部添加元素
    }
    Object pop(){                              //出栈
        Object elem = v.lastElement();         //取向量中最后一个元素
        v.remove(v.size()-1);                  //删除向量中最后一个元素
        return elem;
    }
    Object getTop(){                           //取栈顶元素
        return v.lastElement();
    }
    int getLength(){                           //栈中元素个数
        return v.size();
    }
    public static void main(String[] args) {
        MyStack stack = new MyStack(5);
        for(int i = 0; i < 7; i++)
            stack.push(i);
        System.out.print("弹出栈元素：")
```

```
        for(int i = 0; stack.getLength() > 0; i++)
            System.out.print (stack.pop() + "\t");
    }
}
```

程序运行结果：

```
弹出栈元素：6    5    4    3    2    1    0
```

程序分析说明：

堆栈是一种先进后出的数据结构。程序用向量来实现堆栈，用于存储堆栈中的元素。堆栈的主要操作：压栈、出栈。压栈是指在表尾插入数据元素，出栈是指表尾删除数据元素。

小　结

数组是用于存储一组类型相同的数据元素的结构。数据元素的类型可以是基础数据类型或复合数据类型。数组元素的下标从 0 开始。若需要访问数组中的元素可通过数组名和下标值来标识。数组名是数组对象引用，声明一个数组后，需要对它初始化（为数组分配空间）后方能使用。二维数组可视为一维数组的数组。多维数组也可举一反三地应用。

数组类 Arrays 提供了许多数组的常用方法，在编程中建议多使用这些方法，如数组填充、排序、查找等，因为代码效率较优。

Java 提供的字符串类有 String、StringBuffer 和 StringBuilder。String 类多用于字符串常量的情况，即字符串中的内容在创建之后不再做修改或变动；StringBuffer 与 StringBuilder 类用于字符串变量的情况。

向量是一个可缩放的对象数组。Java 提供了向量类 Vector。

习　题

5–1 填空题

（1）假设int [] a = {3, 30, 2, 5, 1, 7, 13};则a[a[4]]的值是________________。

（2）设有两字符串 str1、str2 的定义如下：

String str1 = "hello world";

String str2 = new String（"hello world"）;

分别写出下列表达式的值：

str1==str2　________________;

str1.equals(str2) ________________;

str1.substring(0,str1.length()-1)________________________________;

str2.charAt(3)________________;

str2.toCharArray() ________________。

（3）以下程序的输出结果为　________________。

```
class Ex1{
    public static void main(String[] args){
        int i;
```

```
        int a[]={3, 30, 2, 5, 1, 7, 13};
        int min=a[0];
        for(i=0;i<a.length;i++)
            if(min > a[i]) min=a[i];
        System.out.print(min);
    }
}
```

5-2 选择题

（1）数组的哪个成员变量用来存储数组的长度？（　　）

A. size　　B. length　　C. MAX_VALUE　　D. increment

（2）以下程序输出的结果是（　　）。

```
StringBuffer buffer = new StringBuffer("hello world");
buffer.insert(5,"$");
System.out.println(buffer.toString());
```

A. hello world$　　B. $hello world　　C. hell$o world　　D. hello$ world

（3）创建一个向量 v，在向量 v 中插入 3 个字符串："hello"、"world"和"java"，执行语句 removeElement（"world"）后，执行（　　）可以返回字符串"java"。

A. v.get(0)　　B. v.get(1)　　C. v.get(2)　　D. v.get("java")

5-3 简答题

（1）复合数据类型数组和基本数据类型数组的初始化有何异同？

（2）试比较 String、StringBuffer 和 StringBuilder 类有何差异，分别适合什么情况使用？

5-4 上机题

（1）利用二维数组实现一个矩阵类，其中提供矩阵相加、相乘、打印等操作。

（2）编写程序实现以下功能：从命令行接收一个字符串，输出这个字符串的长度、统计其中小写字母个数、大写字母个数、查找字母 e 在其中第一次出现的位置。

第 6 章 Java 异常处理

【学习目标】

- 熟悉 Java 异常机制原理。
- 了解 Java 中的常用异常类。
- 掌握用户自定义异常类。
- 掌握如何抛出异常、捕获并处理异常。

【学习要求】

通过学习 Java 异常机制原理，掌握如何抛出异常、捕获并处理异常，以及根据特定应用需要自定义异常。

一个程序在编译时没有错误信息产生，而在运行过程有时会出现一些意外的情况导致程序退出，Java 语言称之为异常（Exception）。对于计算机程序来说，异常都是不可避免的。Java 内置的异常处理机制可较好地对这些异常进行处理，保证程序的安全运行。

6.1 异常简介

6.1.1 引入异常

在程序运行的过程中，不可避免地存在着各种异常。这些异常可能是由于包含错误的文件信息所造成的，可能是由于不稳定的网络连接造成的，还可能是用户不合法输入，等等。当这些异常发生时，我们通常希望程序能够智能地处理这些错误，避免系统的崩溃或数据的丢失，例如我们希望程序在异常发生之后能够做到返回一个状态提示，从而可以继续执行其他的命令，或者允许用户保存他们的数据，然后关闭程序。

在传统的非面向对象的编程语言中，程序员必须考虑在程序中可能出现的种种问题，并且自行决定如何处理这些问题。通常采用返回一个特定错误代码值的方式来标识错误，并由它的调用者来处理错误，这样对于调用者和被调用者来说都很麻烦。

例如用伪代码描述了以读方式打开文件的过程：

```
{
    open the file;
    determine its size;
    allocate that much memory;
    read the file;
    close the file;
}
```

以上的每一步操作都有可能出现异常，因没有提供异常处理机制，传统处理方式只能用 if 语句处理，代码如下：

```
openFiles;
if (theFilesOpen){
    determine the length of the file;
    if (gotTheFileLength){
        allocate that much memory;
        if (gotEnoughMemory){
            read the file into memory;
            if (readFailed)  errorCode=-1;
            else errorCode = -2;
        }
        else  errorCode=-3;
    }
    else errorCode=-4 ;
}
else errorCode=-5;
```

观察以上代码，这样做存在两个缺点：一是会发现大部分精力花在出错处理上了，二是出错返回信息量太少。如果每个程序员都用自己的一套出错返回信息表示方式，这样就不利于程序员之间的合作，而且降低了程序的可读性。如果用 Java 的 try…catch 异常处理机制处理，代码如下所示：

```
{
   try{
      open the file;
      determine its size;
      allocate that much memory;
      read the file;
      close the file;
   }
   catch(fileOpenFailed)        { dosomething; }
   catch(sizeDetermineFailed)   { dosomething; }
   catch(memoryAllocateFailed)  { dosomething; }
   catch(readFailed)            { dosomething; }
   catch(fileCloseFailed)       { dosomething; }
}
```

明显有了 Java 的 try…catch 异常处理机制，不仅较好地处理了各个可能发生的异常，而且异常处理的代码与正常的业务逻辑代码明显分离，程序的可读性也加强了。

6.1.2 异常类层次结构

Java 通过面向对象的方法来处理程序异常。一个异常是由一个对象来表示的，所有的异常都直接或间接地继承自 Throwable 接口。Java 所有的异常对象都是一个继承 Throwable 接口的实例。Throwable 接口是类库 java.lang 包中的一个类，它派生了两个子类：Error 和 Exception，如图 6-1 所示。

1. Error 类

Error 类及其子类主要用来描述一些 Java 运行时刻系统内部的错误或资源枯竭导致的错误，普通的程序不能从这类错误中恢复。此类型的错误不能抛出，而且出现的几率是很小的。

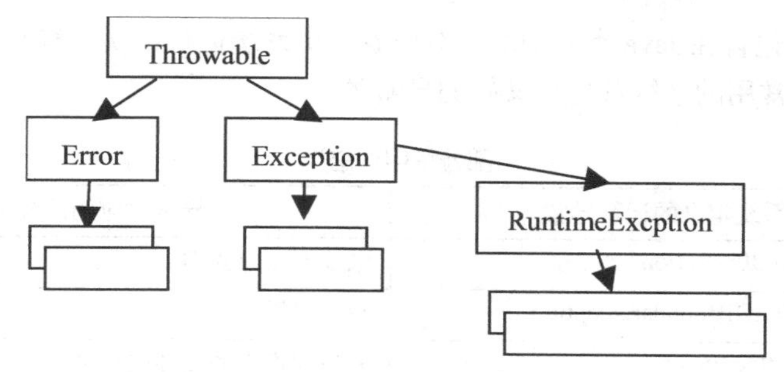

图 6-1　Java 中异常类的层次结构

2. Exception 类

在编程中，对异常的处理主要是对 Exception 类和它的子类们的处理，Exception 类的常用方法如表 6-1 所示。Exception 类又有两类分支：

表 6-1　Exception 类的常用方法

序号	方法	类型	含义
1	public Exception()	构造	构造异常，参数为空
2	public Exception（String message）	构造	接受字符串参数传入的信息，该信息通常是对异常类所对应的错误描述
3	public String toString()	一般	返回描述当前 Exception 类信息的字符串
4	public void printStackTrace()	一般	打印输出当前异常对象的堆栈使用轨迹，即程序先后调用执行了哪些对象或类的哪些方法，使得运行过程中产生了这个异常对象，异常信息更完整

（1）RuntimeException 异常。

这类异常属于程序缺陷异常，是设计或实现上的问题，也就是说，如果程序设计良好并且正确实现，这类异常一般不会产生。RuntimeException 可以不使用 try...catch 进行处理，不处理这类异常也不会出现语法上的错误，因此，这类异常也被称为非受检异常（unchecked exception），但是如果有异常产生，则异常由 JVM 处理，程序中断执行，所以保证程序在出错后依然可以执行，在开发时最好还是使用 try...catch 处理。

常见的 RuntimeException 异常如 ArrayIndexOutOfBoundsException、ArithmeticException 和 NumberFormatException 等。

（2）非 RuntimeException 异常。

这类异常一般是程序外部问题引起的异常，例如，要操作的文件无法找到、程序需要访问网络中的某个资源时网络不通畅等。这类异常在语法上要求必须处理，如果不处理将会出现语法错误，不能通过编译，这类异常称为受检异常（checked exception），如 FileNotFoundException、IOException 等。

注意：程序对错误与异常的三种处理方式。

① Error 类及其子类错误一般由系统进行处理，一般程序本身不需要捕获和处理。

② RuntimeException 异常应避免而可不捕获的异常。

③ 非 RuntimeException 异常必须捕获的异常。

6.1.3　常用异常类

所有异常类都继承于 Exception 类，这些异常类各自代表了一种特定的错误。这些子类有些是系统事先定义好并包含在 Java 类库中的，对应着一个系统运行错误，有时称为系统定义异常。表 6-2 中列出了一些常用的系统预先定义好的异常类。

表 6-2　　部分常用异常类

序号	系统定义的运行异常	异常对应的系统运行错误
1	ClassNotFoundException	未找到相应的类
2	ArrayIndexOutOfBoundsException	数组越界
3	FileNotFoundException	未找到指定的文件或目录
4	IOException	输入、输出错误
5	NullPointException	引用空的尚无内存空间的对象
6	ArithmeticException	算术错误
7	InterruptedException	一线程被其他线程打断
8	UnknownHostException	无法确定主机的 IP 地址
9	SecurityException	安全性的错误
10	MalformedURLException	URL 格式错误

6.1.4　用户自定义异常类

系统定义的异常主要用来处理系统可以预见的较常见的运行错误，对于某个特定的应用程序所特有的运行错误，则需要编程人员根据程序的特殊逻辑在用户程序里自己创建用户自定义的异常类和异常对象。这种用户自定义异常主要用来处理用户程序中特定的逻辑运行错误。

自定义异常必须继承自 Throwable 或 Exception 类，一般不把自定义异常作为 Error 的子类，因为 Error 通常被用来表示系统内部的严重故障。用户自定义的异常建议采用 Exception 作为异常类的父类，自定义异常的格式如下：

```
class MyException extends Exception{    //自定义的异常类子类 MyException
    public MyException(){              //用户异常的构造函数
        …
    }
    public MyException(String s){
        super(s);                      //调用父类 Exception 的构造函数
    }
    public String toString(){          //重载父类的方法，给出详细的错误信息
        …
    }
    …
}
```

【例 6.1】定义一个用户不存在异常。

```
class UserNotExist extends Exception{
    public UserNotExist(){
        super();                    //重载
    }
    public String toString(){
        return("The User does not exist!");
    }
}
```

如例 6.1 所示，创建用户自定义异常时，一般需要完成如下的工作：

（1）声明一个新的异常类，使之以 Exception 类或其他某个已经存在的系统异常类或用户异常为父类。

（2）为新的异常类定义属性和方法，或重载父类的属性和方法，使这些属性和方法能够体现该类所对应的错误的信息。

只有定义了异常类，系统才能够识别特定的运行错误，才能够及时地控制和处理运行错误，所以定义正确的异常类是创建一个稳定的应用程序的重要基础之一。

提示：系统定义异常和用户自定义异常的不同处理过程。

① 自定义异常：不仅需要捕捉，还要自己定义和抛出。

② 系统定义异常：仅是捕捉。

6.2 Java 异常处理机制

6.2.1 抛出和声明异常

Java 程序在运行时如果引发了一个可以识别的错误，就会产生一个与该错误相对应的异常类的对象，这个过程叫做异常的抛出。抛出的是相应异常类对象的实例。

根据异常类的不同，抛出异常的方式也有所不同。所有系统定义的运行异常都可以由系统自动抛出，而用户程序自定义的异常不可能依靠系统自动抛出，必须通过 throw 语句实现。

语法格式如下：

```
修饰符  返回类型 方法名（参数列表） throws 异常类名列表{  //声明异常
    …
    throw  异常类名;   //抛出异常
    …
}
```

下面以检查一个用户是否合法的 check()方法为例介绍异常抛出的使用，当用户名或者密码不对时，则需要抛出用户不存在的 UserNotExist 异常对象，具体见例 6.2。

【例 6.2】检查用户的用户名和密码方法。

```
public User check(User user[],String n,String c) throws UserNotExist{ //声明该方法抛出异常
    for(int i=0;i<=CURRENTINDEX;++i){
        //查找已经注册的用户信息列表，看输入的用户是否存在
        if(user[i].GetName().equals(n)&& user[i].GetCode().equals(c)){
            return user[i];          //用户存在
        }
    }
    throw(new UserNotExist());       //用户不存在，异常抛出
}
```

注意如下几个问题：

（1）抛出异常的 throw 语句一般放在 if 语句的分支中，判断有异常发生时，则抛出异常。

（2）当方法抛出异常后，该方法就不能返回到其调用者，而是进入异常处理块中。

（3）如果某个方法中可能抛出异常，但其中没有定义相应的异常捕获代码，这时，如果该方法中抛出了该种异常，系统就直接退出该方法，并把异常返回给调用者。为了提示调用者对它们进行处理，对于受检异常，必须使用关键字 throws 在该方法头中声明异常的类型，增加如下部分：

```
throws  异常类名列表
```

这样做的主要目的是为了通知所有欲调用此方法的方法，由于该方法可能会生成一个异常类的对象，所以要准备接受和处理它在运行过程中可能会抛出的异常。如果方法抛出的异常不止一个，方法头的异常类名列表应包含所有可能产生的异常。例如：

```
void demo (int argl,int arg2, …) throws IOException, FileNotFoundException {
    …
}
```

既然 throws 是在方法声明处定义的，那么 main 方法也可以使用 throws 关键字，但是 main 方法为程序的起点，此时再上向抛出异常，则只能将异常抛给 JVM 处理，将导致程序的中断，见例 6.3。

【例 6.3】main 方法使用 throws 关键字。

```
//MainThrowsDemo.java
class Math{
    // 定义除法操作，如果有异常，则交给被调用处处理
    public int div(int i,int j) throws Exception{
        int temp = i/j;    // 除法计算，除数为 0 则出现异常
        return temp;
    }
}
public class MainThrowsDemo{
    // 此时在主方法中的所有异常都可以不使用 try…catch 进行处理
    public static void main(String args[]) throws Exception{
        Math m = new Math();
        System.out.println("除法操作：" + m.div(5,0)); //调用除法计算方法
    }
}
```

6.2.2 捕捉异常

当一个异常被抛出时，Java 中有专门的语句来接收这个被抛出的异常对象，这个过程被称为捕捉异常。当一个异常类的对象被捕捉或接收后，用户程序就会发生流程的跳转，系统中止当前的流程而跳转至专门的异常处理语句块，或直接跳出当前程序和 Java 虚拟机。

Java 语言提供了 try…catch…finally 机制来捕捉一个或多个异常，并进行处理，具体格式如下所示：

```
try{
    //接受监视的程序块,在此区域内发生
    //的异常,由 catch 中指定的程序处理;
}catch(异常类名 1  异常形式参数名){
    //处理异常;
}catch(异常类名 2  异常形式参数名){
    //处理异常;
}
…
finally{
    //最终处理，每次执行的代码
}
```

Java 异常的捕捉和处理过程：把程序中可能出现异常的语言包含在 try 引导的程序块中；在 try{ }之后紧跟一个或多个 catch 块，用于处理各种指定类型的异常；异常发生时，程序中经常希望不管异常是否发生或者是否被捕捉都执行某些语句，为了达到这个目的，可以使用关键字 finally 在 try-catch 结构后指定这些语句。不论 try 块中是否出现异常，catch 块是否被执行，最后都要执行 finally 块。异常处理流程如图 6-2 所示。

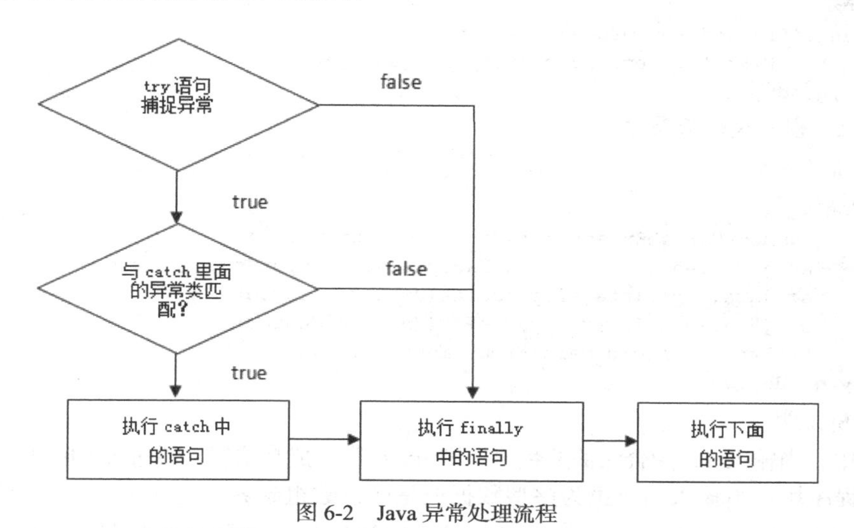

图 6-2 Java 异常处理流程

【例 6.4】异常捕捉示例。

```
//ExceptionDemo.java
public class ExceptionDemo{
    public static void main(String args[]){
        int i=0;
        String[] colours = {"RED","BLUE","GREEN"};
        try{
            System.out.println("输入颜色是（1, 2, 3）: ");
            String s = args[0];
            i = Integer.parseInt(s);    //需要捕捉 NumberFormatException 异常
            System.out.print(i+",");
            //需要捕捉 ArrayIndexOutOfBoundsException 异常
            System.out.println(colours[i-1]);
        }catch(NumberFormatException e){
            System.out.println("数据格式错误");
            e.printStackTrace();
        }catch(ArrayIndexOutOfBoundsException e){
            System.out.println("数组越界");
            e.printStackTrace();
        }
        finally{
            System.out.println("finally,goodby!");
        }
    }
}
```

若输入 1，程序执行结果为：

```
输入颜色是（1，2，3）：
1,RED
finally,goodby!
```

若输入 4，程序执行结果为：

```
输入颜色是（1，2，3）：
4,数组越界
java.lang.ArrayIndexOutOfBoundsException: 3
        at ExceptionDemo.main(ExceptionDemo.java:12)
finally,goodby!
```

若输入 a，程序执行结果为：

```
输入颜色是（1，2，3）：
数据格式错误
java.lang.NumberFormatException: For input string: "a"
        at java.lang.NumberFormatException.forInputString(Unknown Source)
        at java.lang.Integer.parseInt(Unknown Source)
        at java.lang.Integer.parseInt(Unknown Source)
        at ExceptionDemo.main(ExceptionDemo.java:10)
finally,goodby!
```

程序分析说明：

例 6.4 中，当输入 1，为合法的颜色值，则 try 程序块成功执行，跳过 catch 程序块，继续执行 finally 程序块；当输入 4，虽为整型数据但是颜色数组越界，则 try 程序块运行的到语句 System.out.println（colours[i-1]）;，抛出 ArrayIndexOutOfBoundsException 异常，和第二个 catch 的参数匹配，运行第二个 catch 程序块，执行完后继续执行 finally 程序块；当输入 a，非法颜色类型，则 try 程序块运行的到语句 i=Integer.parseInt（s）;，抛出 NumberFormatException 异常，和第一个 catch 的参数匹配，运行第一个 catch 程序块，执行完后继续执行 finally 程序块。

下面进一步说明 try 语句、catch 语句和 finally 语句。

1. try 语句

在 try 程序块中可以包含任意条语句，而且其中至少有一条语句可能会产生异常。在 try 程序块中产生三种情况：

（1）try 程序块中的指令都成功执行。

（2）在 try 程序块中产生一个异常，程序跳出 try 块，并且找到该异常匹配的 catch 程序块。

（3）在 try 程序块中产生一个异常，程序跳出 try 块，但未找到与该异常匹配的 catch 程序块，因此方法再次抛出该异常。

2. catch 语句

每个 try 语句必须伴随一个或多个 catch 语句，用于捕获 try 代码块所产生的异常并做相应的处理，而且多个 catch 语句之间可以交换顺序。catch 语句有一个形式参数，用于指明其所能捕获的异常类型，运行时系统通过参数是否和抛出的异常对象是否匹配来捕捉异常。参数匹配，满足下面三个条件任何一种，异常对象被接收：

（1）异常对象与参数属于相同异常类。

（2）异常对象属于参数异常类的子类。

（3）异常对象实现了参数异常类所定义的接口。

例 7.2 实现了文件复制的作用，若源文件 file1.txt 不存在，参数匹配则属于第一种。系统自动抛出 FileNotFoundException 异常对象，那么和第一个 catch 语句中参数 e 属于相同异常类。若有以下代码段：

```
try{
    fis = new FileInputStream("file1.txt");
    int b;
    while( (b=fis.read())!=-1 ){
        System.out.print(b);
    }
}catch(Exception e){            //参数类型为 Exception
    e.printStackTrace();
}
```

那么，FileNotFoundException 异常和 IOException 异常将归为 Exception 异常捕获，则同样若 file1.txt 不存在，参数匹配则属于第二种，系统自动抛出 FileNotFoundException 异常对象是 Exception 类的子类。

对于一个程序，如果有多个异常需要捕捉，则有以下注意点：

（1）虽然 Excption 捕捉的范围最大，不管出现任何异常时都可以直接使用 Exception 进行处理。但是多个异常最好分别进行捕获，而不是直接使用 Exception 捕获全部的异常。

（2）安排多个异常的多个 catch 语句顺序时，常见异常应放前面。

（3）捕获异常范围小的异常必须放在捕获范围大的异常之前，否则程序编译时会有出错提示。

3. finally 语句

finally 语句为异常处理提供一个统一的出口。无论 try 所指定的程序块中是否抛出异常，也无论 catch 语句的异常类型是否与所抛出的异常类型匹配，finally 所指定的代码都要被执行，它提供了统一的出口。

通常在 finally 语句中可以进行资源的清除工作，如关闭打开的文件和关闭数据流等。

6.3 使用用户自定义异常

当我们在设计自己的类包时，应尽最大的努力为用户提供最好的服务，并且希望用户不要滥用我们所提供的方法，当程序出现某些异常事件时，我们希望程序足够健壮，这时就需要用到异常机制。在选择异常类型时，可以使用 Java 类库中已经定义好的类，也可以自己定义异常类。

当自定义异常是从 RuntimeException 及其子类继承而来时，程序中可以不捕捉它。当自定义异常是从 Exception 及其他子类继承而来时，该自定义异常在程序中必须捕捉它，那么自定义异常不仅要用 try-catch-finally 捕获，还必须由用户自己定义和抛出，一般流程如图 6-3 所示。

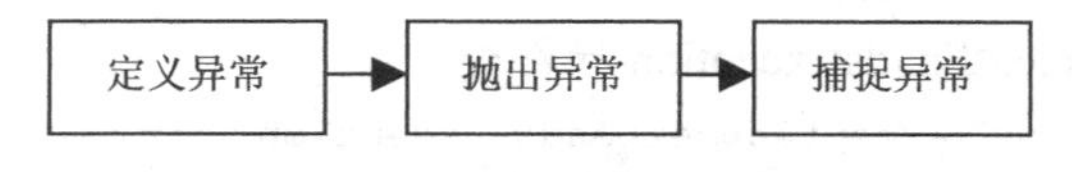

图 6-3 定义和使用自定义异常流程

本节将通过两个例子，描述自定义异常程序的一般定义和使用流程。

【例 6.5】计算两个数之和，当任意一个数超出范围时，抛出自己的异常。

第一步，定义 NumberRangeException 异常类：

```
class NumberRangeException extends Exception{
    public NumberRangeException(String msg) {
        super(msg);
    }
}
```

第二步，定义一个计算两数和的方法 CalcAnswer()，当操作的数不是在 10～20 之间时，抛出 NumberRangeException 异常：

```
public int CalcAnswer(String str1, String str2) throws NumberRangeException{
    int int1, int2;
    int answer = -1;
    try{
        int1 = Integer.parseInt(str1);
        int2 = Integer.parseInt(str2);
        if( (int1 < 10) || (int1 > 20) || (int2 < 10) || (int2 > 20) ){  //判断是否超出范围
            NumberRangeException e =
                new NumberRangeException("Numbers not within the specified range.");
            throw e;                          //抛出 NumberRangeException 异常对象
        }
        answer = int1 + int2;                 //没有异常发生，计算两数之和
    }catch (NumberFormatException e){
        System.out.println( e.toString() );//输出异常信息
    }
    return answer;
}
```

需要说明的是，上述代码中使用了 Integer.parseInt 方法，程序中捕捉系统抛出的是 NumberFormatException 异常。

第三步，12 和 5 相加，5 不在要求范围内，捕捉 NumberRangeException 异常：

```
// NumberRangeExceptionDemo.java
public static void main(String args[]){
    String answerStr;
    try{
        NumberRangeExceptionDemo test = new NumberRangeExceptionDemo();
        int answer = test.CalcAnswer("12","5"); //计算
        answerStr = String.valueOf(answer);
    }catch (NumberRangeException e){          //捕捉 NumberRangeException 异常
        answerStr = e.getMessage();
    }
    System.out.println(answerStr);            //输出结果
}
```

程序运行结果：

```
Numbers not within the specified range.
```

【例 6.6】在定义银行类时，若取钱数大于余额则作为异常处理。

第一步，定义 InsufficientFundsException 异常类：

```
class InsufficientFundsException extends Exception{
    private Bank  excepbank;          //银行账户
    private double excepAmount;       //余额
    InsufficientFundsException(Bank ba, double  dAmount){
        excepbank = ba;
        excepAmount = dAmount;
        System.out.println(this.excepMesagge().toString());
    }
    public String  excepMesagge(){          //异常信息定义
        String str = "The balance  " + excepbank.getbalance() +"\n"+
                     "The withdrawal was  "+excepAmount;
```

```
        return str;
    }
}
```

第二步，定义一个银行类。该类中主要包括存钱方法 deposite()、取钱方法 withdrawal()和读账户余额方法 getbalance()。在取钱方法 withdrawal()中，当余额不足时，抛出 InsufficientFundsException 异常对象：

```
class Bank{
    double balance;         //余额
    Bank(double bala){      //账户初始化
        this.balance=bala;
    }
    public void deposite(double dAmount) { //存钱
        if(dAmount>0.0)  balance += dAmount;
    }
    public void withdrawal(double dAmount) throws InsufficientFundsException{ //取钱
        if( balance < dAmount ){                                             //余额不够
           throw new InsufficientFundsException(this, dAmount);             //抛出异常
        }
        balance = balance-dAmount;          //余额足够，取钱
    }
    public double getbalance(){             //读取余额
        return balance;
    }
}
```

第三步，模拟取钱。若原有银行账户中有 50 元，现取钱 100 元，则余额不够，捕捉 InsufficientFundsException 异常对象：

```
// InsufficientFundsExceptionDemo.java
public class InsufficientFundsExceptionDemo {
    public static void main(String args[]){
        try{
            Bank ba = new Bank(50);        //建立一个有 50 元钱的账户
            ba.withdrawal(100);            //取钱 100 元
            System.out.println("Withdrawal successful!");
        }catch(Exception e){
           System.out.println(e.toString());
        }
    }
}
```

程序运行结果：

```
The balance  50.0
The withdrawal was  100.0
InsufficientFundsException
```

小　结

本章主要介绍了 Java 的异常机制，包括 Java 中常见的异常、自定义异常和处理异常。所有的异常类的父类是 Throwable，它有 Exception 和 Error 两个直接子类，前者是用户可以捕捉到的

异常，即 Java 异常处理的对象，后者对应一些系统的错误。在 Java 的异常处理机制中，最重要的是异常的捕捉和处理，Java 语言用 try-catch-finally 语句块来捕捉和处理异常。异常处理可以提高程序的健壮性，学会处理异常，如何在程序中应用异常处理机制来提高所设计程序的健壮性，设计出更完善的程序将是学习 Java 编程中的一个非常关键的问题。

习　　题

6-1 填空题

（1）所有异常的父类是 ________。

（2）Java 语言中异常可分为________和________。

（3）假设有自定义异常类 ServiceException，抛出该异常的语句是________________。

6-2 选择题

（1）下面哪个选项为真？（　　）

A. Error 类是一个 RuntimeException 异常

B. 任何抛出一个 RuntimeException 异常的语句必须包含在 try 块之内

C. 任何抛出一个 Error 对象的语句必须包含在 try 块之内

D. 任何抛出一个 Exception 异常的语句必须包含在 try 块之内

（2）有如下代码。

```
public class Test{
    public static void main(String args[]){
        try{ return; }
        finally{ System.out.println("Finally");}
    }
}
```

该程序的执行结果是（　　）。

A. 程序无输出

B. 程序输出：Finally

C. 代码可以通过编译，但执行时产生异常

D. 因为缺少 catch 语句块，编译出错

6-3 简答题

（1）描述受检异常和非受检异常的异同点及适用情况？

（2）试述 throw 语句与 throws 关键字之间的功能差异？

（3）什么情况下需要自定义异常类？

6-4 上机题

（1）编写程序，从命令行输入两个整数，求它们的商。要求当第二个整数为 0 时，捕捉 ArithmaticException 异常。

（2）用户自行定义一个异常，编程创建并抛出某个异常类的实例，运行该程序并观察执行结果。例如：用户密码的合法化验证，要求密码由 4～6 个数字组成，若长度不落在这个范围或不是由数字组成，抛出自己的异常。

第 7 章 Java IO 流

【学习目标】

- 掌握 IO 操作的基本原理。
- 掌握 java.io 包中类的继承关系。
- 熟练使用 File 类进行文件操作。
- 熟练掌握文件操作流的使用。
- 掌握 System 类对 IO 支持的 3 个标准流。
- 熟练掌握缓冲流和数据流的使用。
- 了解打印流的使用。
- 掌握对象序列化的作用和对象流的使用。

【学习要求】

通过本章的学习，要求掌握 JDK API 中流、File 对象的应用，掌握对不同的数据流进行不同的读/写处理，以编写出更为完善的 Java 程序。

输入和输出是任何程序设计语言都必须具备且重要的功能，具备了良好输入、输出功能的程序才能与用户更好地交流。输入/输出的含义很广，除了通常的键盘输入、显示器输出外，还包括文件、网络连接等。Java 的输入/输出类库中包含了丰富的系统工具，这些类被定义在 java.io 包中。本章将详细介绍 IO 类库中的基本内容，主要侧重于流的基本概念和文件的输入/输出流管理。

7.1 输入/输出流

7.1.1 流

程序运行需要取得数据，这些数据可以通过用户从键盘输入获得，也可以从磁盘文件调入，还可以接收来自网络上的数据信息，程序在获得数据之后对其进行处理，并将处理结果输出到屏幕、磁盘文件或打印机上，也可输送到网络上（如远程打印机、网络用户等）。在 Java 中，把这些不同类型的输入、输出源抽象为流（Stream），而其中输入或输出的数据则称为数据流（Data Stream），用统一的接口来表示，从而使程序设计简单明了。

所谓流（Stream），简单地说，就是计算机中数据的流动，是数据在文件或程序之间的传递，如图 7-1 所示。流就是一种流动的数据序列，数据的获取和发送均按照数据序列顺序进行，每一个数据都必须等待排在它前面的数据读入或送出之后才能读/写，而不能随意选择输入/输出位置。流序列中的数据可以是未经加工的原始二进制数据，也可以是一定编码处理后符合某种格式规定的特定数据，如字符流序列、数字流序列。数据性质格式不同、数据流动方向不同，那么流的属性和处理方式也将不同。

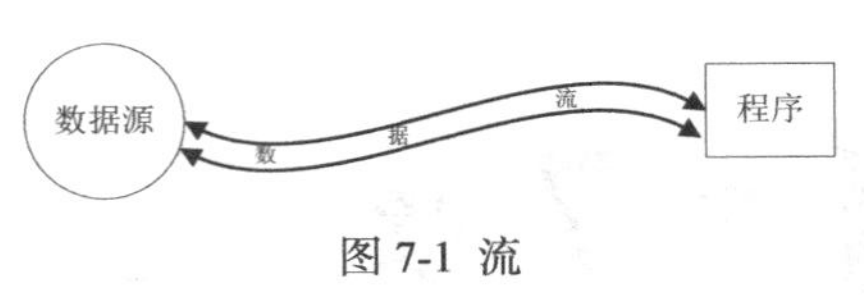

图 7-1 流

在 Java 开发环境中，主要是由包 java.io 中提供的一系列的类和接口来实现输入/输出流处理。标准输入/输出处理则是由包 java.lang 中提供的类来处理的，但这些类又都是从包 java.io 中的类继承而来。Java 中各种常用 IO 流及其作用见表 7-1 所示。

表 7-1　Java 中各种常用 IO 流及其作用

序号	I/O 类型	流	作用
1	文件	FileReader FileWriter FileInputStream FileOutputStream	用于对本机文件系统上的读/写
2	缓冲	BufferedReader BufferedWriter BufferedInputStream BufferedOutputStream	缓冲流，用于在读/写时进行数据缓冲
3	数据	DataInputStream DataOutputStream	以一种与机器无关的格式读/写原始数据类型
4	对象	ObjectInputStream ObjectOutputStream	对象数据流
5	过滤	FilterReader FilterWriter FilterInputStream FilterOutputStream	过滤流的抽象类接口，数据读/写时对数据进行过滤
6	打印	PrintWriter PrintStream	包含便捷的打印方法的流
7	内存	CharArrayReader CharArrayWriter ByteArrayInputStream ByteArrayOutputStream	用来从内存读取数据或向内存写入数据
8	管道	PipedReader PipedWriter PipedInputStream PipedOutputStream	用于一个线程的输出连接到另一个线程的输入
9	联结	SequenceInputStream	多个输入流联结成为一个输入流
10	转换	InputStreamReader OutputStreamWriter	字节流和字符类间的转换
11	计数	LineNumberReader LineNumberInputStream	在读取时记录行数

7.1.2　流的分类

根据数据流动方向不同、流的数据处理单位不同或者流的功能不同，数据流有三种不同分类。

1. 从流的流动方向来看，可以将 IO 流分为输入流和输出流

对程序而言，数据信息从某个地方流向程序中，这就是一个输入流（Input Stream）；数据信息从程序中发送到某个目的地，这就是输出流（Output Stream）。

比如一个文件，当向其中写数据时，它就是一个输出流；当从其中读取数据时，它就是一个输入流。当然，键盘只是一个输入流，而屏幕则只是一个输出流。

2. 从流的数据处理单位来看，可以将 IO 流分为字节流和字符流

Java 在处理输入/输出时可针对字节和字符做不同处理，以字节方式处理的是二进制数据流，即字节流，以字符方式处理的数据流称为字符流。字符流不同于字节流，因为 Java 使用 Unicode 字符集，存放一个字符需要两个字节。InputStream 和 OutputStream 用于处理字节相关的输入/输出，Reader 和 Writer 用于处理字符相关的输入/输出（详见 7.2 节）。

3. 从流的功能来看，还可以将 IO 流分为节点流和过滤流

程序中用于直接操作目标设备所对应的 IO 流叫节点流（Node Stream）；程序也可以通过一个间接 IO 流去调用相应的节点流，以更加灵活方便地读/写各种类型的数据，这个间接 IO 流就称为过滤流（Filter Stream），也成为包装流。

注意：Java IO 操作的关键。

Java 数据流的所有的类和接口基本上都是在 java.io 包中定义的。IO 操作的关键是分清是什么性质的流，什么方向的流，选取不同的 IO 类实例化，完成不同的功能。

7.2　字节流和字符流

Java 在处理输入/输出时，可针对字节和字符做不同处理。InputStream 和 OutputStream 分别用于处理字节相关的输入/输出，Reader 和 Writer 分别用于处理字符相关的输入/输出。这四个类都是抽象类，它们提供了用于处理输入/输出的若干抽象方法。如果想要处理以字节或字符为单位的输入/输出问题，那么我们必须使用这四个类的非抽象子类完成，因此，在 java.io 包中有两大继承体系：一类是以字节为单位处理数据的 Stream，它们的命名方式都是×××Stream；另一类是以字符为单位处理数据的 Reader 和 Writer，它们的命名方式都是×××Reader 或×××Writer。

7.2.1　字节流概述

所有字节流都是抽象类 InputStream 或者 OutputStream 的直接或间接子类，输入字节流类 InputStream 的继承关系如图 7-2 所示，输出字节流类 OutputStream 的继承关系如图 7-3 所示。

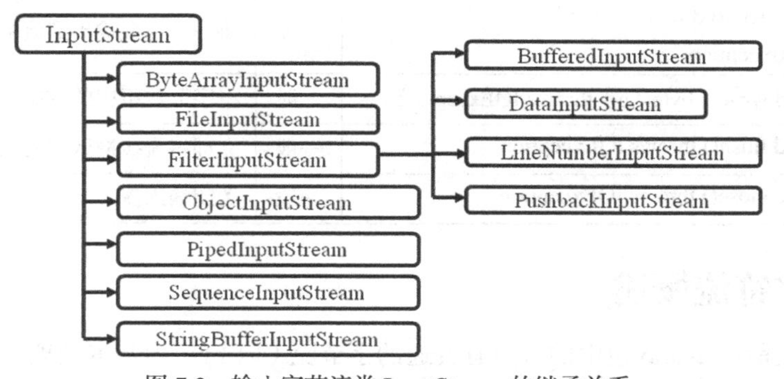

图 7-2　输入字节流类 InputStream 的继承关系

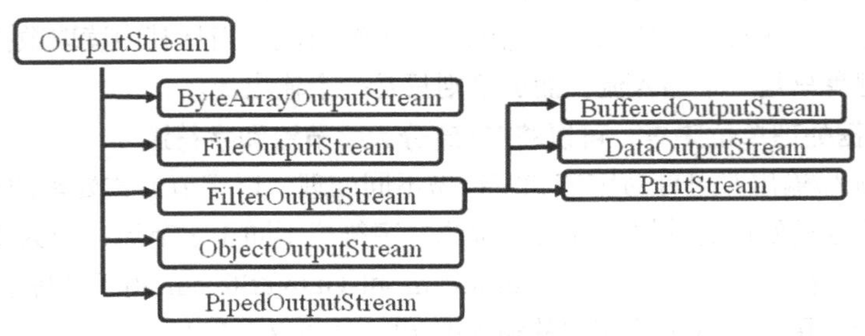

图 7-3　输出字节流类 OutputStream 的继承关系

7.2.2　字节输入流

InputStream 类是一个抽象类，它是字节输入流的顶层类。我们不能直接创建 InputStream 对象，要进行字节输入流的操作，需要通过它的子类实现。InputStream 类被定义在 java.io 包中，InputStream 类的常用方法如表 7-2 所示。

表 7-2　InputStream 类的常用方法

序号	方法名称	类型	含义
1	public abstract int read() throws IOException	一般	从输入流中读一个字节，形成一个 0～255 之间的整数返回。如果流中无字节可读，则返回-1
2	public int read（byte[] b）throws IOException	一般	读多个字节到数组中
3	public int available() throws IOException	一般	返回流中可用字节数
4	public void close() throws IOException	一般	关闭输入流

7.2.3　字节输出流

OutputStream 类同样是一个抽象类，它是字节输出流的顶层类。同样不能直接创建 OutputStream 对象，要进行字节输出流的操作，需要靠创建它的子类对象实现。OutputStream 类被放在 java.io 包中，它的常用方法如表 7-3 所示。

表 7-3　OutputStream 类的常用方法

序号	方法名称	类型	含义
1	public abstract void write（int b）throws IOException	一般	将一个整数输出到流中
2	public void write（byte[] b）throws IOException	一般	将字节数组中的数据输出到流中
3	public void flush() throws IOException	一般	立即将流缓冲区中的数据输出
4	public void close() throws IOException	一般	关闭输入流

7.2.4　字符流概述

在 JDK1.1 之前，java.io 包中的流只有普通的字节流（以 byte 为基本处理单位的流），这种流对于以 16 位 Unicode 码表示的字符流处理很不方便。从 JDK1.1 开始，java.io 包中加入了专门用于字符流处理的类，它们是以 Reader 和 Writer 为基础派生的一系列类。

同类 InputStream 和 OutputStream 一样，Reader 和 Writer 也是抽象类，只提供了一系列用于字符流处理的接口。它们的方法与类 InputStream 和 OutputStream 相似，只不过其中的参数换成了字符或字符数组。输入字符流类 Reader 的继承关系如图 7-4 所示，图 7-3 输出的字符流类 Writer 的继承关系如图 7-5 所示。

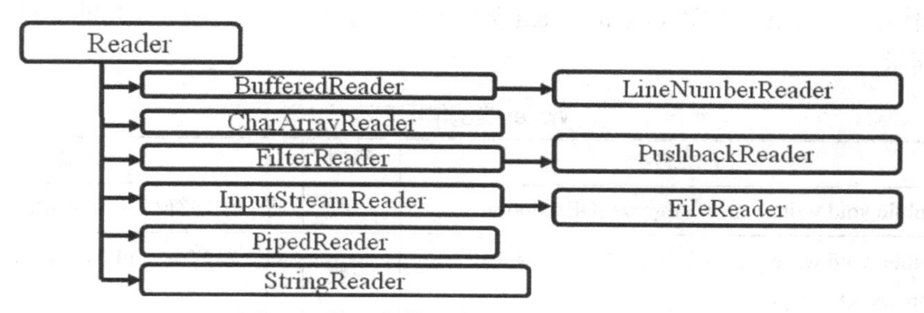

图 7-4　输入字符流类 Reader 的继承关系

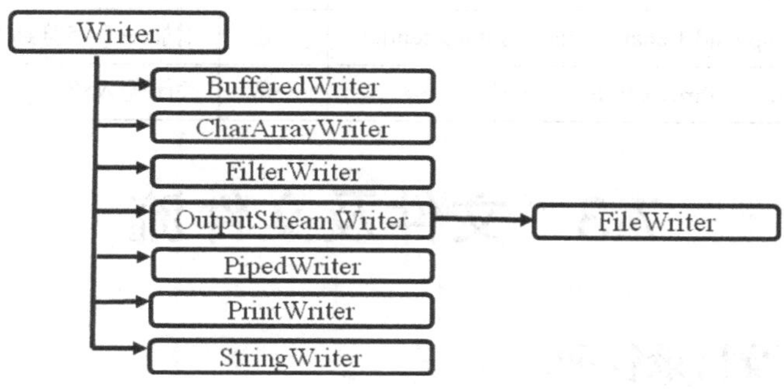

图 7-5　输出字符流类 Writer 的继承关系

7.2.5　字符输入流

Reader 类是一个抽象类，它是字符输入流的顶层类。Reader 体系中的类和 InputStream 体系中的类，在功能上是一致的，最大的区别就是 Reader 体系中的类读取数据的单位是字符，也就是每次最少读入一个字符（两个字节）的数据，在 Reader 体系中读数据的方法都以字符作为最基本的单位。Reader 类和 InputStream 类中的很多方法，无论声明还是功能都是一样的，常用方法如表 7-4 所示。

表 7-4　Reader 类的常用方法

序号	方法名称	类型	含义
1	public int read() throws IOException	一般	从流中读取一个字符并将它作为一个 int 值返回。如果读到流的结束位置，将返回 –1
2	public int read（char[] cbuf）throws IOException	一般	读多个字符到数组中
3	public abstract void close() throws IOException	一般	关闭输入流

7.2.6 字符输出流

Writer 类同样是一个抽象类，它是字符输出流的顶层类。Writer 体系中的类和 OutputStream 体系中的类，同样在功能上是一致的，最大的区别就是 Writer 体系中的类写入数据的单位是字符，也就是每次最少写入一个字符（两个字节）的数据，在 Writer 体系中写数据的方法都以字符作为最基本的操作单位。Writer 类和 OutputStream 类中的很多方法，无论声明还是功能也都一样，常用方法如表 7-5 所示。

表 7-5　Writer 类的常用方法

序号	方法名称	类型	含义
1	public void write（int c）throws IOException	一般	将一个字符写入到输出流中
2	public void write（char[] cbuf）throws IOException	一般	将字符数组 cbuf 的内容写入到输出流中
3	public void write（String str）throws IOException	一般	将字符串 str 写入到输出流中
4	public abstract void flush() throws IOException	一般	将流缓冲区中的内容立即输出
5	public Writer append（char c）throws IOException	一般	增加一个字符到输出流末尾
6	public void close() throws IOException	一般	关闭输入流

7.3 文件及文件流

7.3.1 文件及目录管理

在应用程序设计中，除了基本的键盘输入和屏幕输出外，最常用的输入/输出就是对磁盘文件的读/写了。Java 将操作系统管理的各种类型的文件和目录结构封装成 File 类，尽管 File 类位于包 java.io 中，但它是一个与流无关的类，它主要用来处理与文件或目录结构相关的操作。File 类的常用方法和属性如表 7-6 所示。

表 7-6　File 类的常用方法和属性

序号	方法名称	类型	含义
1	public static final String pathSeparator	属性	返回路径分隔符
2	public static final String separator	属性	返回名称分隔符
3	public File（String pathname）	构造	由指定路径创建文件对象
4	public boolean createNewFile() throws IOException	一般	自动创建一个新的空文件（如对象指向的文件不存在）
5	public boolean delete()	一般	删除文件或目录；如果路径名表示一个目录，则该目录必须为空才能删除
6	public boolean canRead()	一般	测试文件或目录是否可读
7	public boolean canWrite()	一般	测试文件或目录是否可写
8	public boolean exists()	一般	测试 File 对象所关联的文件或目录是否真实存在

续表

序号	方法名称	类型	含义
9	public String getParent()	一般	返回父目录的路径名字符串；如果没有指定父目录，则返回 null
10	public String getPath()	一般	获得一个完整的路径名字符串
11	public String getName()	一般	获得文件或目录的名字
12	public boolean mkdir()	一般	创建此抽象路径名指定的目录

通过例 7.1 来熟悉上面的方法和属性。

【例 7.1】常见文件操作。

```
//FileDemo.java
import java.io.File;
import java.io.IOException;
class FileDemo{
    public static void main(String args[]) {
        File f = new File("D:"+File.separator+"test.txt");
        //推荐用这种表示方法，Windows 下目录分隔符为"\", Linux 下为"/"
        if(f.exists()){
            f.delete();
            System.out.println("文件删除成功！");
        }else{
            try{
                f.createNewFile(); //此方法用了 throws 关键字声明，必须使用异常处理
                System.out.println("当前文件的名称为          :"+f.getName());
                System.out.println("当前文件的父目录为        :"+f.getParent());
                System.out.println("当前文件的完整路径为      :"+f.getPath());
                System.out.println("当前文件是否可写          :"+f.canWrite());
                System.out.println("当前文件是否可读          :"+f.canRead());
                System.out.println("当前文件对象是否为文件    :"+f.isFile());
                System.out.println("当前文件对象是否是路径    :"+f.isDirectory());
                System.out.println("当前文件对象的路径分隔符为:"+f.pathSeparator);
                System.out.println("当前文件的名称分隔符为    :"+f.separator);
            }catch(IOException e){e.printStackTrace();}
        }
    }
}
```

程序运行结果（若 D 盘下不存在 test.txt 文件）：

```
当前文件的名称为：test.txt
当前文件的父目录为：D:\
当前文件的完整路径为：D:\test.txt
当前文件是否可写：true
当前文件是否可读：true
当前文件对象是否为文件：true
当前文件对象是否是路径：false
当前文件对象的路径分隔符为：;
```

```
当前文件的名称分隔符为：\
```

程序运行结果（若 D 盘下存在 test.txt 文件）：

```
文件删除成功！
```

程序分析说明：

例 7.1 中给定一个文件 test.txt 的路径，如果此文件存在，则将其删除，如果文件不存在则创建一个新的文件，并且输出文件名称、路径等相关信息。

注意：文件路径的表示。

① 在 Windows 系统下文件名称分隔符使用 “/” 或转义字符 “\\”，而 Linux 中使用 “/”。例如在 Windows 系统下有文件“c:\test\java\Hello.java”，需要书写成“c:\\test\\java\\Hello.java”或 “c: /test/java/Hello.java”，而且一般使用 “./” 表示当前目录，“../” 表示当前目录的父目录。

② 在不同的操作系统中路径的分割符不一样，为了保持 Java 系统很好的可移植性，在操作文件时最好使用 File.separator。

推荐：`File f = new File("D:"+File.separator+"test.txt")`

不推荐：`File f = new File("D:\\test.txt")`

7.3.2 文件的字节流读/写

FileInputStream 和 FileOutputStream 这两个流主要用于以字节为单位操作磁盘文件，分别是抽象类 InputStream 和 OutputStream 的子类。FileInputStream 类用来打开一个输入文件，若要打开的文件不存在，则会产生异常 FileNotFoundException，必须捕获或声明抛出；FileOutputStream 类用来打开一个输出文件，若要打开的文件不存在，则会创建一个新的文件，否则原文件的内容会被新写入的内容所覆盖。同样，在进行文件的读/写操作时，会产生非运行时异常 IOException，也必须捕获或声明抛弃。FileInputStream 类和 FileOutputStream 类的常用构造方法如表 7-7 和表 7-8 所示。

表 7-7 FileInputStream 类的常用构造方法

序号	方法名称	类型	含义
1	public FileInputStream（File file）throws FileNotFoundException	构造	传入文件对象构造文件输入流
2	public FileInputStream（String name）throws FileNotFoundException	构造	传入文件路径构造文件输入流

表 7-8 FileOutputStream 类的常用构造方法

序号	方法名称	类型	含义
1	public FileOutputStream（File file）throws FileNotFoundException	构造	传入文件对象构造文件输出流
2	public FileOutputStream（File file, boolean append）throws FileNotFoundException	构造	传入文件对象构造文件输出流，append 为 true，在文件末尾追加内容
3	public FileOutputStream（String name）throws FileNotFoundException	构造	传入文件路径构造文件输出流

其中，输入流的参数是用于指定输入的文件名，输出流的参数则是用于指定输出的文件名。通过例 7.2 来加深对它们的理解。

【例 7.2】T 利用 FileInputStream 和 FileOutputStream 把 file1.txt 文件内容复制到 file2.txt。

```
//FileStream.java
import java.io.*;
class FileStream{
    public static void main(String args[]){
        try{
            //第一步：使用 File 类定位一个文件
            File inFile=new File("file1.txt");
            File outFile=new File("file2.txt");
            //第二步：通过字节流或字符流的子类进行流对象的实例化
            FileInputStream fis=new FileInputStream(inFile);
            FileOutputStream fos=new  FileOutputStream(outFile);
            //第三步：进行读或写的操作
            int c;
            //循环读取，c 不是-1，表示还没有读完
            while((c=fis.read())!=-1)  fos.write(c);
            //第四步：关闭字节或字符流
            fis.close();
            fos.close();
        }catch(FileNotFoundException e){
            System.out.println("FileStream: "+e);
        }catch(IOException e) {
            System.err.println("FileStream: "+e);
        }
    }
}
```

程序分析说明：

例 7.2 实现了 file1.txt 的内容复制到 file2.txt，如果 file2.txt 文件不存在，新建一个 file2.txt 文件。

提示：Java 中 IO 流操作的基本流程。

在 Java 中 IO 流操作的基本流程都十分相似，以文件流为例，一般的操作流程如下：

① 使用 File 类定位一个文件。

② 通过字节流或字符流的子类进行流对象的实例化。

③ 进行读/写操作。

④ 关闭字节或字符流。

7.3.3 文件的字符流读/写

字符流用于处理文件的 IO 流为 FileReader 和 FileWriter 两个类，这两个类的使用与字节流中 FileInputStream 和 FileOutputStream 两个类的使用基本相同。改写例 7.2，以字符流方式读/写文件见例 7.3。

【例 7.3】利用 FileReader 和 FileWriter 实现 file1.txt 文件内容复制到 file2.txt。

```
//FileReaderWriter.java
import java.io.*;
class FileReaderWriter{
    public static void main(String args[]){
```

```
            try{
                //第一步：使用 File 类定位一个文件
                File inFile=new File("file1.txt");
                File outFile=new File("file2.txt");
                //第二步：通过字节流或字符流的子类进行流对象的实例化
                FileReader fis=new FileReader(inFile);
                FileWriter fos=new  FileWriter(outFile);
                //第三步：进行读或写的操作
                int c;
                //循环读取，c 的不是-1，表示还没有读完
                while((c=fis.read())!=-1)  fos.write(c);
                //第四步：关闭字节或字符流
                fis.close();
                fos.close();
            }catch(FilenotFoundException e){
                System.out.println("FileReaderWriter: "+e);
            }catch(IOException e) {
                System.err.println("FileReaderWriter: "+e);
            }
        }
    }
```

程序分析说明：

例 7.3 也同样实现了 file1.txt 的内容复制到 file2.txt。

接着可以针对例 7.2 和例 7.3 二者做如下修改：将例 7.2 中的 fos.close()注释掉，再次运行程序结束，提示 copy 成功，同时，打开 file2.txt，内容与 file1.txt 的内容完全相同；同样，注释掉例 7.3 中的 fos.close()，运行程序结束，但打开 file2.txt，文件为空，即未写入任何内容。再在例 7.3 中添加语句 fos.flush()，再次运行程序，结果提示成功且内容完全被复制。这是什么原因呢？实际上，在 FileWriter 中使用了缓冲区技术（见 7.4.1 介绍），即读入的数据在缓冲区未满之前先存放到缓冲区中，除非使用 flush()或者 close()强制输出，而 FileInputStream 并未使用该技术。

注意：文件字节流和字符流的区别。

Java 字节流和字符流在使用上的代码结构都是非常类似的，但是其内部本身也是有区别的，因为在进行字符流操作的时候会使用到缓冲区，而字节流操作的时候是不会使用到缓冲区的。

7.3.4 随机文件的读/写

前面我们介绍的文件读/写，都是按照顺序的方式进行读/写，即从文件的起始位置顺序读/写到文件的结束位置。如果希望直接获取某一指定位置的内容或将内容直接写入到指定的位置，使用顺序读/写的方式显然比较麻烦。Java 在 java.io 包中提供了 RandomAccessFile 类，用于处理随机读取的文件。RandomAccessFile 类的常用方法如表 7-9 所示。

表 7-9　　RandomAccessFile 类的常用方法

序号	方法名称	类型	含义
1	public RandomAccessFile（File file, String mode）throws FileNotFoundException	构造	以 file 指定的文件和 mode 指定的读/写方式构建对象（mode 见表 7-10）
2	public RandomAccessFile（String name, String mode）throws FileNotFoundException	构造	以 name 表示的文件和 mode 指定的读/写方式构建对象（mode 见表 7-10）

续表

序号	方法名称	类型	含义
3	public long getFilePointer() throws IOException	一般	返回当前的文件指针位置
4	public void seek（long pos）throws IOException	一般	移动文件指针到 pos 指定位置
5	public int skipBytes（int n）throws IOException	一般	文件指针向后移动 n 个字节，n 为负数时指针不移动
6	public int read（byte[] b）throws IOException	一般	将最多 b.length 个字节读入数组 b
7	public void write（byte[] b）throws IOException	一般	将 b.length 个字节从指定数组 b 写入到文件
8	public final byte readByte() throws IOException	一般	读取一个字节
9	public final void writeByte（int v） throws IOException	一般	将（byte）v 写入文件
10	public final String readLine() throws IOException	一般	读取一行
11	public void close( )throws IOException	一般	关闭流

由于 RandomAccessFile 类直接继承 object，并且同时实现了接口 DataInput 和 DataOutput，因此可以针对 byte、boolean、char、double、float、int 等数据类型进行读/写，相应的方法有 readXXX() 或 writeXXX()，注意该类中有 readLine 方法，但不存在 writeLine 方法。

表 7-10　　访问模式值及含义

序号	mode 值	含　义
1	"r"	以只读方式打开
2	"rw"	打开以便读取和写入，如果该文件不存在，则尝试创建该文件
3	"rws"	同步读/写，任何写操作的内容都被直接写入物理文件，包括文件内容和文件属性
4	"rwd"	同步读/写，任何写操作的内容都直接写入物理文件，不包括文件属性

"rw"模式时，仅当 RandomAccessFile 类对象执行 close 方法时才将更新内容写入文件，而"rws"和"rwd"因为是同步读/写，因此可以保证数据实时更新，即使读/写过程中出意外情况，如系统突然断电等也不会使数据丢失。

下面通过例 7.4 加深对 RandomAccessFile 类所涉及的成员方法的理解。

【例 7.4】 使用RandomAccessFile类倒序输出数组。

```
//RandomAccessFileDemo1.java
import java.io.RandomAccessFile;
import java.io.IOException;
public class RandomAccessFileDemo1{
    public static void main(String args[]){
        int data_arr[]={12,31,56,23,27};
        try{
            RandomAccessFile randf=new RandomAccessFile("temp.txt","rw");
            for(int i=0;i<data_arr.length;i++)          //依次写入文件
                randf.writeInt(data_arr[i]);
            for(int i=data_arr.length-1;i>=0;i--) {        //定位到最后一个数据，倒序输出
                randf.seek(i*4);                         //32 位，4 个字节
                System.out.println(randf.readInt());
            }
```

```
            randf.close();
        }catch (IOException e){
            System.out.println("File access error:"+e);
        }
    }
}
```

程序运行结果：

```
27
23
56
31
12
```

程序分析说明：

在当前目录下生成了一个可读/写的 temp.txt 文件，并把数据组中的数据依次写入，然后读 temp.txt 文件，在屏幕上倒序输出数组中的数据。

【例 7.5】使用RandomAccessFile类非顺序读取数据。

```
//RandomAccessFileDemo2.java
import java.io.RandomAccessFile;
class Employee{
    public String name = null;
    public int age = 0;
    public static final int LEN = 8;
    public Employee(String name,int age){
        //控制 name 的长度
        if(name.length()>LEN){
            name = name.substring(0,8);//取 8 个
        }
        else{
            while(name.length()<LEN){
                name +='\u0000'; //填充空格
            }
        }
        this.name = name;
        this.age = age;
    }
}
public class RandomAccessFileDemo2 {
    public static void main(String[] args) throws Exception {
        Employee e1 = new Employee("xiaoli", 23);
        Employee e2 = new Employee("dou", 24);
        Employee e3 = new Employee("tongtong", 25);
        RandomAccessFile rafWrite = new RandomAccessFile("d:\\employee.txt", "rw");
        //将三位员工的信息写入文件 employee.txt
        rafWrite.write(e1.name.getBytes());
        rafWrite.write(e1.age); //写入一个字节的数据，虽然 age 是 int 类型
        rafWrite.write(e2.name.getBytes());
        rafWrite.write(e2.age);
        rafWrite.write(e3.name.getBytes());
        rafWrite.write(e3.age);
        rafWrite.close();
        int len = 0;
        byte[] buf = new byte[8]; //buf 可以存 8 个字节
```

```
        String name = null;
        int age = 0;
        RandomAccessFile rafRead = new RandomAccessFile("d:\\employee.txt", "r");
        //读第二个员工信息
        rafRead.skipBytes(9); //指针向后移动 9 个字节，name(8 个),age(1 个)
        len = rafRead.read(buf); //读第二个员工姓名
        name = new String(buf, 0, len); //转换为字符串
        age = rafRead.read();//读第二个员工年龄
        System.out.println("第二个员工姓名: "+name.trim() + ", 年龄: " +age);
        //读第三个员工信息
        len = rafRead.read(buf); //读第三个员工姓名
        name = new String(buf, 0, len);
        age = rafRead.read();//读第三个员工年龄
        System.out.println("第三个员工姓名: "+name.trim() + ", 年龄: " +age);
        //读第一个员工信息
        rafRead.seek(0);//读/写指针指到文件开始位置
        len = rafRead.read(buf); //读第一个员工姓名
        name = new String(buf, 0, len);
        age = rafRead.read();//读第一个员工年龄
        System.out.println("第一个员工姓名: "+name.trim() + ", 年龄: " +age);
        rafRead.close();
    }
}
```

程序运行结果：

```
第二个员工姓名: dou, 年龄: 24
第三个员工姓名: tongtong, 年龄: 25
第一个员工姓名: xiaoli, 年龄: 23
```

程序分析说明：

通过 RandomAccessFile 可在任意位置读/写的特性，完成了先读第二个员工信息，再读第三个员工的信息，当文件指针指到结尾后又使指针回到文件开始处读第一个员工信息的功能。

7.4 过 滤 流

java.io 中提供的类 FilterInputStream 和 FilterOutputStream 在读/写数据的同时可以对数据进行特殊处理。另外还提供了同步机制，使得某一时刻只有一个线程可以访问一个输入/输出流。

FilterInputStream 和 FilterOutputStream 是一种包装类，自己并不直接操作数据源，而是对其他已存在流的一个包装，应此也称为是包装流。FilterInputStream 和 FilterOutputStream 有好几个子类，常用的有缓冲流、数据流和打印流，分别用来扩展 IO 流的某一种功能。要使用过滤流，首先必须把它连接到某个 I/O 流上，通常在构造方法的参数中指定所要连接的流。

7.4.1 缓冲流

为了提高 IO 流的读取效率，Java 提供了具有缓冲功能的流类，使用这些流类时，会创建一个内部的缓冲区。在读字节或字符时，先把从数据源读取到的数据填充到缓冲区，然后再返回；

在写字节或字符时，先把写入的数据填充到内部缓冲区，然后一次性写入到目标数据源中，从而提高了 I/O 流的读取效率。

缓冲流都属于过滤流，共有 4 个，实现了带缓冲的过滤流，如表 7.11 所示。

表 7-11 缓冲流类

序号	缓冲流名称	含义
1	BufferedInputStream	字节输入流类的缓冲流类
2	BufferedOutputStream	字节输出流类的缓冲流类
3	BufferedReader	字符输入流类的缓冲流类
4	BufferedWriter	字符输出流类的缓冲流类

下面用缓冲流来改写文件的复制，实现流程见图 7-6，程序见例 7.6。

file1.txt ⟹ 输入缓冲流 → 输出缓冲流 ⟹ file2.txt

文件输入流　　　　文件输出流

图 7-6 缓冲流实现文件复制的流程

【例 7.6】用缓冲流来改写文件复制的程序。

```
//BufferStreamDemo.java
import java.io.*;
class BufferStreamDemo{
    public static void main(String args[]){
        try{
            File inFile=new File("file1.txt");
            File outFile=new File("file2.txt");
            FileInputStream fis=new FileInputStream(inFile);
            FileOutputStream fos=new  FileOutputStream(outFile);
            //缓冲流包装文件输入流
            BufferedInputStream bin = new BufferedInputStream(fis,256);
            //缓冲流包装文件输出流
            BufferedOutputStream bout = new BufferedOutputStream(fos,256);
            int c;
            while((c=bin.read())!=-1)  fos.write(c);
            bin.close();
            bout.close();
        }catch(FileNotFoundException e){
            System.out.println("BufferStreamDemo: "+e);
        }catch(IOException e) {
            System.err.println("BufferStreamDemo: "+e);
        }
    }
}
```

程序分析说明：

例 7.6 中将缓冲流与文件流相接，文件输入流 fis 被 BufferedInputStream 包装，文件输出流 fos 被 BufferedOutputStream 包装，并指定缓冲区的大小为 256 个字节。

缓冲区的大小默认值为 32 字节大小。最优的缓冲区大小常依赖于主机操作系统、可使用的内存空间以及机器的配置等。一般缓冲区的大小为内存页或磁盘块等的整数倍，如 8912 字节或更小。只有缓冲区满时，才会将数据真正送到输出流，但可以使用 flush()方法人为地将尚未填满的缓冲区中的数据送出。

注意：在使用过滤流的过程中，当关闭过滤流时，它会自动关闭它所包装的底层流。

在使用过滤流的过程中，当关闭过滤流时，不需要再手动关闭过滤流所包装的底层流。即例 7.6 中不需要写：

```
fis.close();
fout.close();
```

7.4.2 数据流

DataInputStream 和 DataOutputStream 称为数据输入流和数据输出流，这两个流允许程序按与机器无关的风格读取 Java 原始数据。即，读取一个数据时，不必关心一个数值应当是多少字节。这两个类是 FilterStream 的子类，所以可以使用 FilterStream 的方法来操作。用数据流实现不同类型数据的读/写操作见例 7.7。

【例 7.7】T 用数据流实现不同类型数据的读/写操作。

```
//DataStreamDemo.java
import java.io.IOException;
import java.io.DataInputStream;
import java.io.DataOutputStream;
import java.io.FileInputStream;
import java.io.FileOutputStream;
public class DataStreamDemo{
    public static void main(String args[]) throws IOException{
        //向 data.txt 写入各种类型的数据
        FileOutputStream fos = new FileOutputStream("data.txt");
        DataOutputStream dos = new DataOutputStream (fos);
        dos.writeBoolean(true);
        dos.writeByte((byte)123);
        dos.writeChar('J');
        dos.writeDouble(3.141592654);
        dos.writeFloat(2.7182f);
        dos.writeInt(1234567);
        dos.writeLong(998877665544332211L);
        dos.writeShort((short)11223);
        dos.close();
        //从 data.txt 中读取各种类型的数据
        FileInputStream  fis = new FileInputStream("data.txt");
        DataInputStream dis = new DataInputStream(fis);
        System.out.print(dis.readBoolean());
        System.out.print("\t "+dis.readByte());
        System.out.print("\t "+dis.readChar());
        System.out.print("\t "+dis.readDouble());
        System.out.print("\t "+dis.readFloat());
        System.out.print("\n "+dis.readInt());
        System.out.print("\t "+dis.readLong());
        System.out.print("\t "+dis.readShort());
```

```
        dis.close();
    }
}
```

程序运行结果：

```
true     123     J      3.141592654     2.7182
1234567         998877665544332211     11223
```

程序分析说明：

本例中方便地实现了各种数据类型的读/写。FileInputStream 和 FileOutputStream 类不能按不同数据类型读/写，这时候用 DataInputStream 类来包装，就可以达到按不同数据类型读取数据的目的。但需要注意的是，必须按照数据写入的顺序来读取数据，否则，读取出来的数据一般来说是错误的。

7.4.3 打印流

打印流是输出信息更方便的类，主要包含PrintStream和PrintWriter两个，分别对应字节流和字符流。本章主要介绍字节打印流PrintStream，PrintStream是FilterOutputStream的子类。PrintStream提供了更加方便的打印功能，可以打印出任何数据类型，如小数、整数、字符串等，而且可以格式化打印。使用PrintStream输出数据见例 7.8。

【例 7.8】使用PrintStream输出数据。

```
//PrintStreamDemo.java
import java.io.File;
import java.io.FileOutputStream;
import java.io.PrintStream;
import java.io.FileNotFoundException;
import java.io.IOException;
public class PrintStreamDemo{
    public static void main(String args[]){
        try{
            File out=new File("test.txt");
            FileOutputStream fis=new FileOutputStream(out);
            //包装文件输出流，所有的输出都将是向文件打印
            PrintStream ps=new PrintStream(fis);
            //第三步：进行读或写的操作
            String name="小明";
            char sex='M';
            int age=17;
            float math=77.5f;
            float english=88;
            ps.println("          **********输出学生成绩信息**********");
            ps.print("NO.");
            ps.println(1);
            //格式化打印输出
            ps.printf("姓名：%s，性别：%c，年龄：%d，数学：%f，英语：%f",
                      name,sex,age,math,english);
            ps.close();
        }catch(FileNotFoundException e){
            e.printStackTrace();
        }catch(IOException e) {
            e.printStackTrace();
```

```
            }
        }
    }
```

程序运行结果如图 7-7 所示。

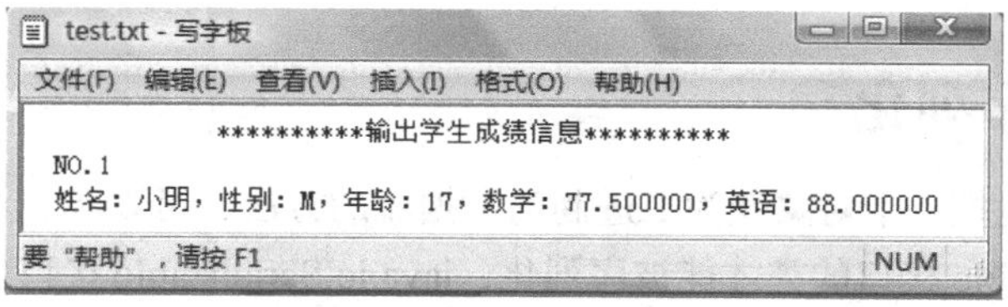

test.txt - 写字板

文件(F)　编辑(E)　查看(V)　插入(I)　格式(O)　帮助(H)

```
**********输出学生成绩信息**********
NO.1
姓名：小明，性别：M，年龄：17，数学：77.500000，英语：88.000000
```

要"帮助"，请按 F1　　NUM

图 7-7　例 7.8 运行结果

例 7.8 在输出内容时，明显相比使用 OutputStream 方便了很多。

7.5　标　准　流

语言包 java.lang 中的 System 类管理标准 IO 流和错误流。System 是 final 类，System 类中定义了以下三个静态成员变量：

public static final InputStream in：标准输入，一般是键盘。

public static final PrintStream out：标准输出，通常是显示器。

public static final PrintStream err：错误信息输出，通常是显示器。

System.in 等形式可直接使用。out 的用法大家已熟知了，err 的用法与 out 一样。标准流的使用见例 7.9。

【例 7.9】T 系统的标准输入/输出程序。

```
//SystemIODemo.java
import java.io.*;
public class SystemIODemo{
    public static void main(String args[]){
        try{
            byte bArray[]=new byte[20];
            String str;
            System.out.print("开始接收键盘输入:");        //屏幕标准输出
            System.in.read(bArray);                      //键盘标准输入
            str = new String(bArray,0);
            System.out.print("请确认你的输入:");   //屏幕标准输出
            System.out.println(str.trim());              //屏幕标准输出
        }
        catch(IOException ioe){
            System.err.println(ioe.toString()); //错误信息输出
        }
    }
}
```

程序运行结果：

```
开始接收键盘输入:Hello
请确认你的输入:Hello
```

7.6 对 象 流

7.6.1 对象序列化

对象的序列化就是把一个对象变为二进制的数据流的方法，可以实现对象的传输和存储。只有实现 java.io.Serializable 接口的类才能被序列化，java.io.Serializable 接口中没有任何方法，当一个类声明实现 java.io.Serializable 接口时，只是表明该类加入对象序列化协议。

【例 7.10】Student 对象序列化程序。

```
import java.io.Serializable;
class Student implements Serializable{  //串行化必须要实现的接口
    int id;
    String name;
    int age;
    String department;
    public Student(int id, String name, int age, String department){
        this.id = id;
        this.name = name;
        this.age = age;
        this.department = department;
    }
    public void display(){ //显示对象的基本信息
        System.out.println("ID: "+id+"  name: "+ name+"  age: "+age+"  dept: "+department);
    }
}
```

程序分析说明：

例 7.10 中，Student 类已经实现了序列化接口，标志着此类的对象可以通过二进制数据流进行传输。

7.6.2 对象流

类 ObjectOutputStream 和 ObjectInputStream 分别继承了接口 ObjectOutput 和 ObjectInput，将数据流功能扩展到可以读/写对象，前者用 writeObject()方法可以直接将对象保存到输出流中，而后者用 readObject()方法可以直接从输入流中读取一个对象。

【例 7.11】T 将 Student 对象输出到文件。

```
//ObjectSerDemo.java
import java.io.Serializable;
import java.io.ObjectInputStream;
import java.io.ObjectOutputStream;
import java.io.FileInputStream;
import java.io.FileOutputStream;
class Student implements Serializable{  //串行化必须要实现的接口
    int id;
    String name;
    int age;
    String department;
    public Student(int id, String name, int age, String department){
```

```
            this.id = id;
            this.name = name;
            this.age = age;
            this.department = department;
        }
        public void display(){ //显示对象的基本信息
            System.out.println("ID: "+id+"name: "+ name+"age: "+age+"dept: "+department);
        }
    }
    public class ObjectSerDemo{
        public static void main(String args[]) {
            Student stu=new Student(981036, "Li Ming", 16, "COMPUTER");
            try{
                FileOutputStream fo = new FileOutputStream("data.txt");
                ObjectOutputStream so = new ObjectOutputStream(fo);//构造文件对象输出流
                so.writeObject(stu);  //写入 student 对象
                so.close();
            }
            catch(Exception e){System.out.println(e);}
        }
    }
```

程序运行结果如图 7-8 所示。

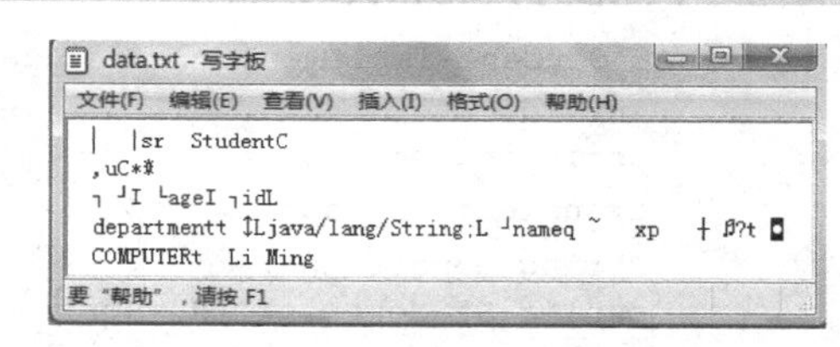

图 7-8　例 7.11 运行结果

程序分析说明：

例 7.11 实现把叫 Li Ming 的 student 对象存储到 data.txt 文件。由于存储的是二进制数据，用普通的文本文档查看器查看到的会是一些与输入内容看似无关的乱码。但如果 ObjectInputStream 读取出来，该学生信息为正确，见例 7.12。

【例 7.12】从 data.txt 文件将 Student 类的对象读取出来。

```
    //ObjectRecovDemo.java
    import java.io.Serializable;
    import java.io.ObjectInputStream;
    import java.io.ObjectOutputStream;
    import java.io.FileInputStream;
    import java.io.FileOutputStream;
    class Student implements Serializable{  //串行化必须要实现的接口
        int id;
        String name;
        int age;
        String department;
        public Student(int id, String name, int age, String department){
            this.id = id;
            this.name = name;
            this.age = age;
            this.department = department;
        }
        public void display(){ //显示对象的基本信息
            System.out.println("ID:"+id+"name:"+name+"age:"+age+"dept:"+department);
        }
    }
    public class ObjectRecovDemo{
```

```
        public static void main(String args[]) {
            Student stu;
            try{
                FileInputStream fi = new FileInputStream("data.txt");
                ObjectInputStream si = new ObjectInputStream(fi);//构造文件对象输入流
                stu = (Student)si.readObject();  //读入并转换为 student 对象
                stu.display();
                si.close();
            }
            catch(Exception e){System.out.println(e);}
        }
    }
```

程序运行结果：

```
    ID: 981036  name: Li Ming  age: 16  dept: COMPUTER
```

通常，只要某个类实现了 Serializable 接口，那么该类的类对象中的所有属性都会被串行化。对于一些敏感的信息（如用户密码），一旦串行化后，就可以通过读取文件或者拦截网络传输数据的方式来非法获取这些信息。因此，出于安全的原因，应该禁止对这些敏感属性进行串行化。解决的办法也很简单，只要在不需串行化的属性上用 transient 修饰即可。修改 Student 类，设置 age 属性为不能被序列化，代码如下：

```
    class Student implements Serializable{  //串行化必须要实现的接口
        int id;
        String name;
        transient int age;                  //age 属性将不能被序列化
        String department;
        public Student(int id, String name, int age, String department){
            this.id = id;
            this.name = name;
            this.age = age;
            this.department = department;
        }
        public void display(){ //显示对象的基本信息
            System.out.println("ID: "+id+"  name: "+ name+"  age: "+age+"  dept: "+department);
        }
    }
```

重新运行例 7.11 和例 7.12，程序运行结果：

```
    ID: 981036  name: Li Ming  age: 0  dept: COMPUTER
```

程序分析说明：

运行结果中 age 的值始终为 0。这是因为最初没有把 age 的值写入到文件，读取的时候没有具体的数据值，就用了 int 数据类型的默认值 0。不要认为是因为在定义数据成员 age 时使用了 age = 0，所以结果为 0。修改 age 的值为 10，运行程序，得到的结果仍为上面的运行结果。

7.7 Scanner 类

使用 InputStream 处理标准输入时会遇到很多不方便的地方，无法随心所欲地将用户输入的数据转为程序需要的数据类型。JDK1.5 新增了 java.util.Scanner 类，用来对用户输入的数据内容进行处理。Scanner 类处于 java.util 包中，使用时需要 import 引入，Scanner 类的常用方法如表 7-12 所示。

表 7-12　　Scanner 类的常用方法

序号	方法名称	类型	含义
1	public Scanner（InputStream source）	构造	从指定的字节输入流中接收内容
2	public Scanner（File source）throws FileNotFoundException	构造	从文件中接收内容
3	public boolean hasNextInt()	一般	判断输入的是否是整数
4	public boolean hasNextDouble()	一般	判断输入的是否是小数
5	public String next()	一般	接收数据
6	public int nextInt()	一般	接收整数
7	public float nextDouble()	一般	接收小数
8	public Scanner useDelimiter（String pattern）	一般	设置分隔符

【例 7.13】 利用Scanner类接收数据。

```
//ScannerDemo.java
import java.util.*;
public class ScannerDemo{
    public static void main(String args[]){
        System.out.println("请输入若干个数,每输入一个数按 Enter 键确认:");
        System.out.println("（最后输入一个非数字结束本次输入操作）");
        Scanner reader=new Scanner(System.in);        //创建从键盘接收数据
        double sum=0;
        int i=0;
        while(reader.hasNextDouble()){                //判断输入的是否是小数
            double x=reader.nextDouble();             //接收数据
            i=i+1;
            sum=sum+x;                                //数据累加
            System.out.printf("第%d 个数为%f\n",i,x);
        }
        System.out.printf("统计结果如下: \n");
        System.out.printf("共计输入%d 个数，和为%f\n",i,sum);
        System.out.printf("%d 个数的平均值是%f\n",i,sum/i);
    }
}
```

程序运行结果：

```
请输入若干个数,每输入一个数按 Enter 键确认:
（最后输入一个非数字结束本次输入操作）
3.12
第 1 个数为 3.120000
2.32
第 2 个数为 2.320000
1
第 3 个数为 1.000000
45
第 4 个数为 45.000000
end
统计结果如下:
共计输入 4 个数，和为 51.440000
```

```
4 个数的平均值是 12.860000
```

程序分析说明：

例 7.13 完成了多个小数的输入。在使用 hasNextDouble()方法进行了验证后，nextDouble()方法开始接收数据。

7.8 流的选择

对于初次接触 Java IO 流的初学者来说，IO 类体系内容丰富，相关的类很多，在实际使用时经常会无所适从，不知道该使用哪些类进行编程。下面介绍关于 IO 类选择的一些技巧，可以按照以下三个步骤选择：

（1）选择合适的节点流。

选择节点流时第一步是按照连接的数据源种类进行选择，例如读/写文件应该使用文件流，如 FileInputStream/FileOutputStream、FileReader/FileWriter，读/写字节数组应该使用字节数组流，如 ByteArrayInputStream/ByteArrayOutputStream。

（2）选择合适方向的流。

选择节点流时第二步是选择合适方向的流。例如进行读操作时应该使用输入流，进行写操作时应该使用输出流。

（3）选择字节流或字符流。

选择节点流时第三步是选择字节流或字符流。所有的文件在硬盘或在传输时都是以字节的方式进行的，包括图片等都是按字节的方式存储的，而字符是只有在内存中才会形成，所以在开发中，字节流使用较为广泛。

经过以上步骤以后，就可以选择到合适的节点流了。

下面说一下包装流的选择问题。在选择 IO 类时，节点流是必需的，包装流是可选的。另外在选择流时节点流只能选择一个，而包装流可以选择多个。

（1）选择符合要求功能的流。

选择包装流时第一步是选择符合要求功能的流。如果需要读/写格式化数据，选择 DataInputStream/DataOutputStream。BufferedReader/BufferedWriter 则提供了缓冲区的功能，能够提高读/写操作的效率。

（2）选择合适方向的流。

选择包装流时第二步是选择合适方向的流，这个和节点流选择中的第二步一致。

当选择了多个包装流以后，可以使用流之间的多层嵌套实现要求的功能，流的嵌套之间没有顺序。

小　　结

本章对 Java 的 IO 流进行了详细介绍，首先对 IO 流的分类作了说明，特别将 IO 流分为字节流和字符流作了详细说明，然后重点介绍了常用的输入/输出对象 File 和文件流操作，还介绍了标准流、过滤流中的缓冲流、数据流、打印流和对象流，以及 Scanner 类，在本章的最后讨论了在实际应用中如何选择恰当的流类。

习　　题

7–1 填空题

（1）Java中的字节输出流都是________抽象类的子类。

（2）文件类________是java.io中的一个重要的非流类，里面封装了对文件和目录系统进行操作的功能。

7–2 选择题

（1）以下哪个是 RandomAccessFile 文件的构造方法？（　　）

A. RandomAccessFile（"data", "r"）

B. RandomAccessFile（"r", "data"）

C. RandomAccessFile（"data", "read"）

D. RandomAccessFile（"read", "data"）

（2）当处理的数据量很多，或向文件写很多次小数据，一般使用（　　）流。

A. DataOutput

B. FileOutput

C. BufferedOutput

D. PipedOutput

（3）当要将一文本文件当作一个数据库访问，读完一个记录后，跳到另一个记录，它们在文件的不同地方时，一般使用（　　）类访问。

A. FileOutputStream

B. RandomAccessFile

C. PipedOutputStream

D. BufferedOutputStream

（4）为了实现自定义对象的序列化，该自定义对象必须实现哪个接口？（　　）

A. Volatile

B. Serializable

C. Runnable

D. Transient

7–3 简答题

（1）Java 提供了哪些流类？各种流类之间的关系是怎样的？什么场合需要使用什么流类？

（2）什么是输入和输出？什么是标准输入/输出？Java 怎样实现标准输入/输出功能？

7–4 上机题

（1）编写程序，接受用户输入的 5 个浮点数据和一个文件目录名，将这 5 个数据保存在文件中，再从该文件中读取出来并且进行从大到小排序，然后再一次追加保存到文件中。

（2）编写一个程序，统计一个文本文件中字符 A 的个数。

（3）一家小型超市的店主，需要查询、输入、修改所有商品的品名、价格、库存量信息。商品信息存储在文件中，每件商品的标志为其记录号。

第 8 章 图形用户界面编程

【学习目标】

- 了解 AWT 与 Swing。
- 了解如何使用 Swing 中的常用组件。
- 掌握如何使用布局器。
- 理解 Java 事件处理机制的工作原理以及如何使用监听器。
- 了解二维图形绘制。

【学习要求】

认识图形用户界面编程。了解和掌握 Swing 中的常用组件，掌握布局器、事件处理机制，以及基本的图形用户界面编程方法。了解并掌握图形用户界面上二维图形绘制流程。

本章之前的程序都是运行在控制台上的，从本章开始讲解如何开发有图形用户界面的应用程序，主要包括带图形用户界面的程序框架、事件处理机制、布局器以及常用的界面组件。

8.1 图形用户界面

图形用户界面（Graphic User Interface，GUI）是指用窗体、按钮等图形方式显示应用程序的用户操作界面，与之前介绍的命令行界面相比，图形界面更易被用户接受，特别是对于非计算机专业的用户来说，GUI 程序的交互更丰富、更友好。

Java 早期提供了一个基本的 GUI 编程类库——抽象窗口工具箱（AWT，即 Abstract Window Toolkit），其中包含了许多标准的 GUI 组件，如按钮、菜单等，但这个类库在处理用户界面元素时是将界面元素的创建和行为委托给每个目标平台（Windows、Solaris、Macintosh 等）上的本地 GUI 工具进行处理的。在不同的平台上可能出现不同的运行效果，因此局限性较大。Sun 公司为了改善 Java 在 GUI 开发方面的缺陷，与 Netscape 公司合作，对 Netscape 公司的 IFC（Internet Founding Class，网络基础类库）进行完善，并集成到 JFC（Java Foundation Class，即 Java 基础类）中，创建了新的图形界面库——Swing。

与 AWT 相比，Swing 提供了更丰富、便捷的用户界面元素集合，对底层平台的依赖也更少，可以为不同平台的用户提供一致的感觉，真正实现“一次编写，到处运行”的目标，因此一般情况下推荐使用 Swing 组件。但 Swing 并没有完全替代 AWT，Swing 只是提供了更好的用户界面组件而已，它仍使用 AWT 中的事件处理模型。Swing 组件类都定义在包 javax.swing 中。

Java 中构成图形用户界面的各种元素称为组件。组件分为容器类组件和非容器类组件，两者的区别在于：容器组件中可以包含其他组件，如框架、面板；而非容器组件不能再包含其他组件，如按钮、文本框、标签等。下面从容器组件开始介绍。

8.2 容器组件

容器组件可分为顶层容器和非顶层容器两种。顶层容器是指不包含在其他容器中的容器，Swing 包提供了 JFrame（框架）、JWindow（窗体）、JDialog（对话框）和 JApplet（applet 小程序）3 个顶层容器类。要做一个图形用户界面的应用程序，首先必须创建一个顶层容器。本节以 JFrame 为例。

【例 8.1】 JFrame 示例。

```
// SimpleFrameDemo.java
import javax.swing.*;
class SimpleFrameDemo{
    public static void main(String[] args){
        SimpleFrame sf = new SimpleFrame();
        sf.setVisible(true);
    }
}
class SimpleFrame extends JFrame{
    SimpleFrame(){
        setSize(300,200);                    //设置框架大小，宽度 300px,高度 200px
        setTitle("Simple Frame Test");  //设置框架标题
        setDefaultCloseOperation(JFrame.EXIT_ON_CLOSE); //设置框架关闭方式
    }
}
```

程序运行结果如图 8-1 所示。

程序创建了一个简单的程序框架，它在屏幕上显示一个空的框架。框架有标题栏，用于显示标题。标题栏中提供最大化、最小化和关闭按钮。

程序分析说明：

例 8.1 中定义了 JFrame 的子类 SimpleFrame，在构造方法中 setSize 方法将框架的尺寸设置为 300×200 像素，方法 setTitle()设置框架的标题为 " Simple Frame Test "，方法 setDefaultCloseOperation()设置用户关闭框架时的相应动作，参数 EXIT_ON_CLOSE 表示关闭框架时，整个程序结束运行。

在方法 main()中创建 SimpleFrame 的对象，使用 setVisible（true）显示这个框架。若不使用这个方法，框架对象是不可见的。若要将框架隐藏，则可使用参数 false。

图 8-2 描述了 JFrame 类的继承关系。例 8.1 中方法 setSize()和 setVisible()是定义在类 java.awt.Component 中的方法，它的子类对象都可以使用，方法 setTitle()定义在类 java.awt.Frame 中，setDefaultCloseOperation()定义在类 javax.swing.JFrame 中，方法的参数如表 8-1 所示。表 8-2 列出了类 JFrame 的常用方法。

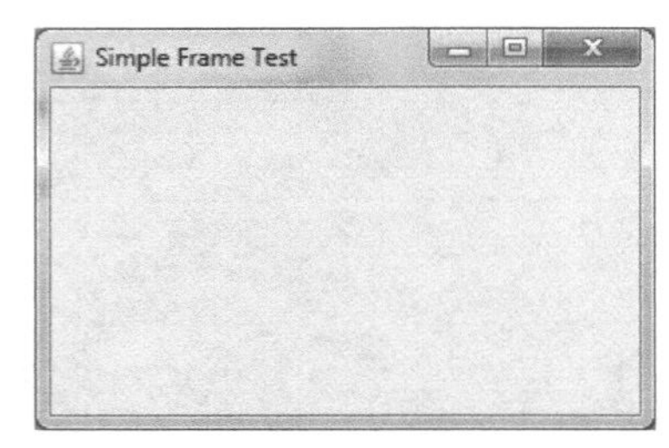

图 8-1　例 8.1 的运行结果

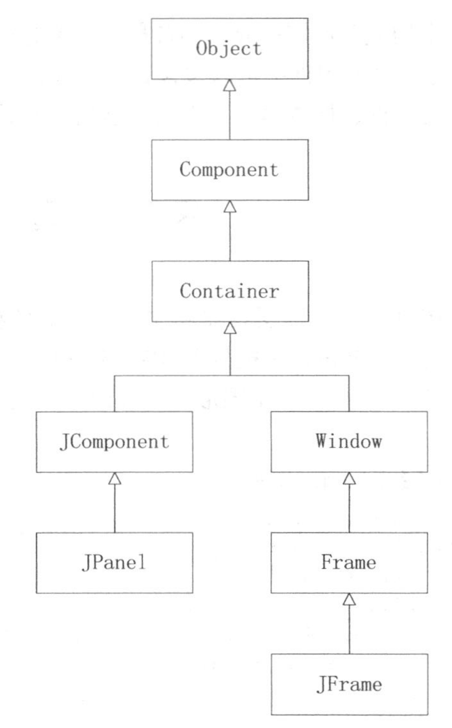

图 8-2　JFrame 类的继承关系

表 8-1　setDefaultCloseOperation()方法的参数

序号	常量名	所属类	含义
1	DO_NOTHING_ON_CLOSE	WindowConstants	关闭窗体时，不执行任何操作
2	HIDE_ON_CLOSE	WindowConstants	关闭窗体时，窗体自动隐藏
3	DISPOSE_ON_CLOSE	WindowConstants	关闭窗体时，自动隐藏并释放窗体
4	EXIT_ON_CLOSE	JFrame	关闭框架时，退出应用程序

表 8-2　类 JFrame 的常用方法

序号	方法	类型	含义
1	JFrame()	构造	构造一个 JFrame 对象
2	JFrame(String title)	构造	构造一个指定标题的 JFrame 对象
3	Container getContentPane()	一般	取得框架的内容窗格
4	void　setContentPane(Container contentPane)	一般	设置框架的内容窗格
5	void　setLayout(LayoutManager anager)	一般	设置框架的布局管理器

下面介绍如何在 JFrame 框架中添加界面组件。JFrame 的结构比较复杂，包含了根窗格、布局窗格、透明窗格和内容窗格四个窗格。前三者负责组织菜单条、内容窗格以及实现观感，内容窗格用于管理添加在框架中的组件。JDK1.5 之前，当需要在框架中添加组件时，首先要取得框架的内容窗格，然后通过内容窗格调用方法 add 将组件添加到内容窗格中，代码如下：

```
Container contentPane = getContentPane();    //取得容器的内容窗格
Component c = …;                             //创建界面组件
contenPane.add(c);                           //在容器中添加组件
```

【例 8.2】在 JFrame 中添加标签与按钮组件。

```
// ChangeFrameDemo1.java
import javax.swing.*;
class ChangeFrameDemo1 {
    public static void main(String[] args){
        ChangeFrame frm = new ChangeFrame();
        frm.setVisible(true);
    }
}
class ChangeFrame extends JFrame{
    ChangeFrame(){
        setTitle("标签与按钮");                    //设置框架标题
        setSize(300,200);                          //设置框架大小
        setLocation(300,200);                      //设置框架在屏幕上的显示位置
        setDefaultCloseOperation(JFrame.EXIT_ON_CLOSE);
        JLabel label = new JLabel("Hello, Java", SwingConstants.CENTER);
        JButton btn = new JButton("更改");  //创建“更改”按钮
        JPanel panel = new JPanel();
        panel.add(label);                          //在面板上添加标签 label
        panel.add(btn);                            //面板上添加按钮 btn
        setContentPane(panel);                     //将面板设置为框架的内容窗格
    }
}
```

程序运行结果如图 8-3 所示。

图 8-3 例 8.2 的运行结果

程序分析说明：

例 8.2 在框架 JFrame 中添加了标签和按钮两个组件。创建标签类 JLabel 的对象 label、按钮类 JButton 的对象 btn 以及面板类 JPanel 的对象 panel。面板类 JPanel 也是容器，可添加组件，但不能作为顶层容器，详见 8.5.3 节。

程序在创建标签时指定标签 label 显示的文本内容（"Hello，Java"）和文本显示方式（居中）。创建按钮 btn 时显示文本设置为“更改”。接着，调用面板 panel 的 add()方法将标签和按钮添加到 panel 面板中，最后将 panel 设置为框架的内容窗格。这是在框架中添加组件的另一种方法，创建一个面板对象，将组件添加到面板中，最后将面板设置为框架的内容窗格。

add 方法定义在 Container 类中，用于向容器中添加组件。这里需要补充，在向 Swing 的容器中添加组件时，需要把组件添加到内容窗格中，但在 JDK1.5 之后，允许直接调用 add()方法，Java 系统将自动确保组件添加到容器的内容窗格中，例 8.2 中添加 label 的代码也可换作以下语句：

```
JLabel label = new JLabel("Hello world!",SwingConstants.CENTER);
add(label);
```

8.3 Java 事件处理

运行例 8.2 程序，读者会注意到应用程序是无法对用户的操作（单击按钮）做出响应的。若想为程序增加用户响应，就需要借助 Java 事件处理机制。

Java 事件处理就是用于使程序识别特定的用户操作并作出相应的响应。本节将以按钮为例，描述 Java 事件处理的工作机制。

8.3.1 委托事件模型

Java 事件处理是采用委托事件模型。当用户触发了组件（如按钮）的某个特定事件（如单击按钮）后，组件将该事件交给相应的监听器，由监听器来接收事件并做出相应的处理。

模型中的事件是指用户使用鼠标或键盘对用户界面上的组件进行交互所发生的事情。事件对象用于描述事件的信息，如事件源信息、事件发生的时刻、事件标识等。Java 类库中定义了许多事件类，这些事件类都是从类 java.util.EventObject 派生的，不同类型的事件对应不同的事件类，如按钮被单击时，会产生 ActionEvent 类型的事件；框架状态被改变（如最大化、最小化、关闭等）时，将产生 WindowEvent 类型的事件。

事件源是指能够产生事件的对象，一般指组件，如按钮、标签、框架等。

监听器是指对事件源进行监听的对象。监听器需要注册到某个事件源上才可以监听这个事件源。当事件源的相关事件被触发时，就会向已注册的监听器发送事件对象，监听器随即应用事件对象的信息来作出相应的处理。监听器的类型很多，与监听的事件类型是对应的，如 ActionListener 类型的监听器对象可以处理 ActionEvent 类型的事件。

8.3.2 事件与监听器

针对不同类型的事件，Java 提供了多种事件类，详见表 8-3。当发生用户输入（鼠标或键盘）时，消息源就会产生相应类型的事件对象，如用户单击按钮时，按钮控件就会产生一个 ActionEvent 类型的事件对象。Java 语言为每种类型的事件提供了相应的监听器接口，见表 8-4。

表 8-3　常用的组件触发事件类型

事件	事件源	用户操作
ActionEvent	JButton（按钮）	单击按钮
	JTextField（文本框）	按 Enter 键
	JComboBox（下拉框）	选定选项
	JCheckBox（复选框）	单击复选框
	JRadioButton（单选框）	单击单选按钮
	JMenuItem（菜单项）	选定菜单项
ItemEvent	JComboBox（下拉框）	选定选项
	JCheckBox（复选框）	选定选项
	JRadioButton（单选框）	单击单选按钮
	JMenuItem（菜单项）	选定菜单项
ListSelectionEvent	JList（列表）	选定选项
AdjustmentEvent	JScrollBar（滑动杆）	移动滚动条
WindowEvent	Window	窗体打开、关闭、最小化等
MouseEvent	Component	鼠标操作
KeyEvent	Component	键盘操作
FocusEvent	Component	组件获得或失去焦点

表 8-4 常用监听器接口

序号	监听器接口	方法	事件
1	ActionListener	actionPerformed（ActionEvent e）	ActionEvent
2	ItemListener	ItemStateChanged（ItemEvent e）	ItemEvent
3	ListSelectionListener	valueChanged（ListSelectionEvnet e）	ListSelectionEvent
4	AdjustmentListener	adjustmentValueChanged（AdjustmentEvent e）	AdjustmentEvent
5	WindowListener	windowOpened（WindowEvent e） windowClosing（WindowEvent e） windowClosed（WindowEvent e） windowIconified（WindowEvent e） windowDeiconified（WindowEvent e） windowActivated（WindowEvent e） windowDeactivated（WindowEvent e）	WindowEvent
6	MouseListener	mouseClicked（MouseEvent e） mousePressed（MouseEvent e） mouseReleased（MouseEvent e） mouseEntered（MouseEvent e） mouseExited（MouseEvent e）	MouseEvent
7	MouseMotionListener	mouseDragged（MouseEvent e） mouseMoved（MouseEvent e）	MouseEvent
8	KeyListener	keyTyped（KeyEvent e） keyPressed（KeyEvent e） keyReleased（KeyEvent e）	KeyEvent
9	FocusListener	focusGained（FocusEvent e） focusLost（FocusEvent e）	FocusEvent

不难发现，这些接口的命名是规则的。如果事件的类型是 XXXX，它对应的监听器接口的名称一般为 XXXXListener。但 MouseEvent 是个例外，这个事件类型有两个相应的监听器接口：MouseListener 和 MouseMotionListener。前者用于监听鼠标单击、释放、进入和离开等，后者用于监听鼠标拖曳或移动。

我们在使用监听器时，需要定义一个实现了监听器接口的类，创建这个类的对象，并将这个监听器对象注册到某个事件源上。当事件源产生事件对象后，就会将其传递给相应的监听器对象处理。

监听器对象注册到某个事件源采用下面形式的代码：

```
eventSourceObject.addXXXXListener(eventListenerObject);
```

XXXXListener 表示监听器的类型。例如，需要在事件源上注册一个 ActionListener 类型的监听器对象可调用方法 addActionListener()。

【例 8.3】改写例 8.2。

```
// ChangeFrameDemo2.java
import javax.swing.*;
import java.awt.*;
import java.awt.event.*;
```

```
class ChangeFrameDemo2 {
    public static void main(String[] args){
        ChangeFrame2 frm = new ChangeFrame2();
        frm.setVisible(true);
    }
}
class ChangeFrame2 extends JFrame{
    private JLabel label;
    private JButton btn;
    ChangeFrame2(){
        setTitle("标签与按钮");
        setSize(300,200);
        setLocation(300,200);
        setDefaultCloseOperation(JFrame.EXIT_ON_CLOSE);
        label = new JLabel("Hello,Java",SwingConstants.CENTER);
        btn = new JButton("更改");
        btn.addActionListener(new MyListener()); //添加监听器
        JPanel panel = new JPanel();
        panel.add(label);
        panel.add(btn);
        setContentPane(panel);
    }
    class MyListener implements ActionListener{                  //监听器类
        public void actionPerformed(ActionEvent e){              //重写actionPerformed()方法
            //"GoodBye,Java"和"Hello,Java"互换
            if(label.getText().indexOf("Hello")!= -1)
                label.setText("GoodBye,Java");
            else
                label.setText("Hello,Java");
        }
    };
}
```

程序运行初始界面如图 8-3 所示，当单击“更改”按钮后，界面如图 8-4。

程序分析说明：

程序中定义了一个实现ActionListener接口的类MyListener。MyListener 是一个内部类。这样做的好处是可以在 MyListener 中访问 ChangeFrame2 中的私有成员。 MyListener 实现了方法 actionPerformed()，将标签的内容在“Hello，Java”和“GoodBye，Java”之间进行互换。

图 8-4　例 8.3 的运行结果

在类 ChangeFrame2 的构造方法中创建了 MyListener 的对象并注册到按钮 btn。当用户单击按钮 btn 时，按钮 btn 产生 ActionEvent 类型的事件交由监听器对象处理，执行对象的成员方法 actionPerformed()。

注意：监听器的使用。

使用监听器对象的程序必须导入包 java.awt.event，编程时应根据需要为组件添加相应的监听器，监听器不会处理与之无关的动作。

有的监听器接口定义了多个方法，如 WindowListener、MouseListener，实现这类接口的监听器类时需要对所有的方法都进行覆写，而实际应用中往往只关心其中部分方法。为此，Java 为每个监听器接口提供了相应的适配器类，接口 XXXXListener 对应的适配器的类名为 XXXXAdapter。适配器类用空方法实现了对应接口中的所有方法。因此，当实现监听器类时，如果是通过继承适配器类的方式实现的，只需覆写用户关心的那部分方法即可。

【例 8.4】MouseAdapter 示例。

```
// MouseDemo.java
import java.awt.event.*;
import javax.swing.*;
class MouseFrame extends JFrame {
    public MouseFrame(){
        setTitle("监听鼠标示例");
        setBounds(400, 400, 300, 90);
        setDefaultCloseOperation(JFrame.EXIT_ON_CLOSE);
        lbl = new JLabel("单击鼠标：左键、右键或中间键");
        addMouseListener(new MyListener());
        add(lbl);
    }
    class MyListener extends MouseAdapter{              //监听器类,继承适配器 MouseAdapter
        public void mouseClicked(MouseEvent evt){       //单击鼠标
            int button=evt.getModifiers();              //获取鼠标的按键信息
            switch(button){
                case MouseEvent.BUTTON1_MASK:
                    lbl.setText("单击鼠标左键");
                    break;
                case MouseEvent.BUTTON2_MASK:
                    lbl.setText("单击鼠标中间键");
                    break;
                case MouseEvent.BUTTON3_MASK:
                    lbl.setText("单击鼠标右键");
            }
        }
    }
    private JLabel lbl;
}
public class MouseDemo {
    public static void main(String[] args){
        MouseFrame frm = new MouseFrame();
        frm.setVisible(true);
    }
}
```

程序运行结果如图 8-5 所示。

图 8-5　例 8.4 的运行结果

程序分析说明：

监听器类 MyListener 继承了适配器类 MouseAdapter。程序中只需要关心鼠标单击，因此只覆写了方法 mouseClicked()，当在框架中单击鼠标时，执行该方法。

方法 mouseClicked 调用 MouseEvent 事件的方法 getModifiers()，用于获取鼠标的按键信息，并将其与常量 BUTTON1_MASK、BUTTON2_MASK 和 BUTTON3_MASK 进行比较，确定单击

了哪个鼠标按键，并将信息显示在标签 lbl 中。

类 MouseEvent 还提供一些方法取得消息源、鼠标位置等信息，详见表 8-5。

表 8-5　　类 MouseEvent 的常用方法

序号	方法	类型	含义
1	getX()	一般	获取鼠标 X 坐标值
2	getY()	一般	获取鼠标 Y 坐标值
3	getModifiers()	一般	获取鼠标左键、右键或中间键被单击
4	getClickCount()	一般	获取鼠标被单击的次数
5	getSource()	一般	获取消息源

例 8.4 中采用内部类的形式实现监听器类 MyListener，其他实现监听器类的形式有：

（1）匿名内部类：在框架类中嵌入匿名内部类创建事件监听器对象，见例 8.5。这种形式可以使程序代码变得非常简练、可读性也较强，因此最常使用，但缺点是代码的复用性较差。

（2）类本身实现监听器：框架类同时实现监听器接口，这样框架类的对象也可作为监听器对象。初学者比较喜欢使用这种做法，缺点是程序的可读性较差。

（3）外部类：和内部类的形式实质上是一样的，只是监听器类定义在框架类之外，这样监听器类无法访问框架类的私有成员。

【例 8.5】用匿名内部类的形式实现监听器类。

```
// CloseFrameDemo.java
import javax.swing.*;
import java.awt.event.*;
class CloseFrame extends JFrame{
    CloseFrame(){
        setBounds(300,400,400,300);
        setTitle("WindowAdapter示例");
        setDefaultCloseOperation(JFrame.EXIT_ON_CLOSE);
        addWindowListener(new WindowAdapter(){         //匿名类派生了类WindowAdapter
            public void windowClosing(WindowEvent e){//重写方法windowClosing()
                System.exit(0);                            //程序结束
            }});
    }
}
class CloseFrameDemo{
    public static void main(String[] args){
        CloseFrame frm = new CloseFrame();
        frm.setVisible(true);
    }
}
```

程序分析说明：

当用户单击框架的关闭按钮时，执行 windowClosing()方法，框架关闭程序退出。

8.4　布局管理器

在实际应用中一个容器常常需要添加若干个组件，这时就需要考虑如何在容器内布局这些组件。Java 采用布局管理器解决这个问题，即容器内的所有组件的排放、位置和大小由布局管理器管理。在布局组件时，只需要创建布局管理器对象，调用 Container 类中的 setLayout()方法为容器设置该布局管理器对象。

Java 提供了丰富的布局管理器类，有流布局器（FlowLayout）、网格布局器（GridLayout）、边界布局器（BorderLayout）、卡片布局器（CardLayout）和网格袋布局器（GridBagLayout），程序员也可以创建自己的布局管理器。本章将主要介绍前三种布局管理器，它们都定义在包 java.awt 中。

每种容器有自己默认的布局管理器，当程序中没有显式的设置布局管理器时，它们就采用默认的，如 JFrame 默认采用边界布局器，JPanel 默认采用流布局器。

8.4.1　流布局器

流布局器（FlowLayout）是按照容器中组件的添加顺序，在一行上水平排列组件（默认情况下是从左至右），当一行没有足够空间时另起一行继续。FlowLayout 类的常用方法见表 8-6。

表 8-6　FlowLayout 类的常用方法

序号	方法	类型	含义
1	FlowLayout()	构造	构造一个新的流布局管理器，居中对齐，水平和垂直间隙默认 5 个单位
2	FlowLayout(int align)	构造	构造一个新的流布局管理器，具有指定的对齐方式，水平和垂直间隙默认 5 个单位。 对齐方式的常量 align：FlowLayout.LEFT（左对齐）、FlowLayout.RIGHT（右对齐）、FlowLayout.CENTER（居中）
3	FlowLayout(int align, int hgap, int vgap)	构造	创建一个新的流布局管理器，具有指定的对齐方式以及指定的水平和垂直间隙
4	int getAlignment()	一般	取得布局器对象的对齐方式
5	void setAlignment()	一般	设置布局器对象的对齐方式
6	int getHgap()	一般	取得水平间距
7	void setHgap()	一般	设置水平间距
8	int getVgap()	一般	取得垂直间距
9	void setVgap()	一般	设置垂直间距

【例 8.6】流布局器示例。

```
// FlowLayoutFrameDemo.java
import javax.swing.*;
import java.awt.*;
class FlowLayoutFrameDemo {
    public static void main(String[] args){
        FlowLayoutFrame f = new FlowLayoutFrame();
        f.setVisible(true);
    }
}
class FlowLayoutFrame extends JFrame{
    FlowLayoutFrame(){
        JButton[] b = new JButton[5];
        for(int i = 1; i < 6;i++)
```

```
            b[i-1] = new JButton("按钮" + i);
        setTitle("流布局器示例");
        setSize(300,200);
        setLocation(300,200);
        setDefaultCloseOperation(JFrame.EXIT_ON_CLOSE);
        setLayout(new FlowLayout()); //设置框架使用 FlowLayout 布局器
        for(int i = 0; i < 5;i++)
            add(b[i]);
    }
}
```

程序运行结果如图 8-6 所示。

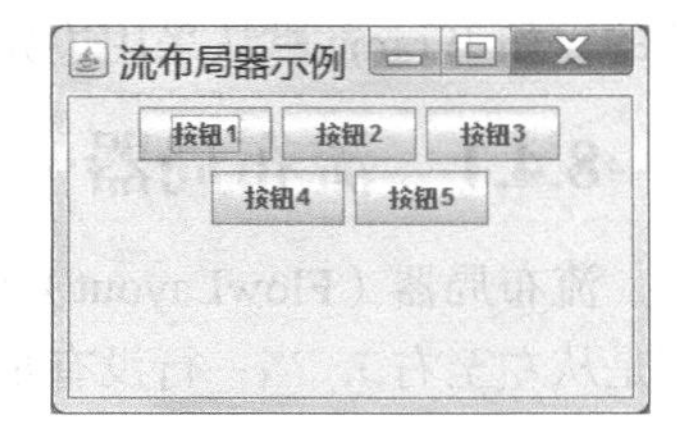

图 8-6 例 8.6 运行结果

程序分析说明：

按钮 1～5 按照添加顺序，从左到右、从上至下、居中对齐排列。当框架大小发生变化时，按钮的位置也会随之变化。

8.4.2 网格布局器

网格布局器（GridLayout）是把容器的空间平均划分成若干行乘若干列的矩形网格，每个矩形网格大小相等，并可放置一个组件。GridLayout 类的常用方法见表 8-7。

表 8-7 GridLayout 类的常用方法

序号	方法	类型	含义
1	GridLayout()	构造	创建具有默认值的网格布局器，每行只有一列
2	GridLayout（int rows， int cols）	构造	创建具有指定行数和列数的网格布局器
3	GridLayout（int rows， int cols， int hgap， int vgap）	构造	创建具有指定行数、列数、组件之间水平间距、垂直间距的网格布局器
4	int getColumns()	一般	取得列数
5	void setColumns()	一般	设置列数
6	int getRows()	一般	取得行数
7	void setRows()	一般	设置行数

【例 8.7】网格布局器。

```
// GridLayoutFrameDemo.java
import javax.swing.*;
import java.awt.*;
class GridLayoutFrameDemo {
    public static void main(String[] args){
        GridLayoutFrame g = new GridLayoutFrame();
        g.setVisible(true);
    }
}
class GridLayoutFrame extends JFrame{
    GridLayoutFrame(){
        setTitle("网格布局器示例");
        setSize(300,200);
        setLocation(300,200);
        setDefaultCloseOperation(JFrame.EXIT_ON_CLOSE);
        setLayout(new GridLayout(3,3,10,10));   //设置框架使用 3 行 3 列的网格布局器
                                                //水平间距与垂直间距为 10
```

```
        for(int i = 1;i<=9;i++)
            add(new JButton("按钮"+i));
    }
}
```

程序运行结果如图 8-7 所示。

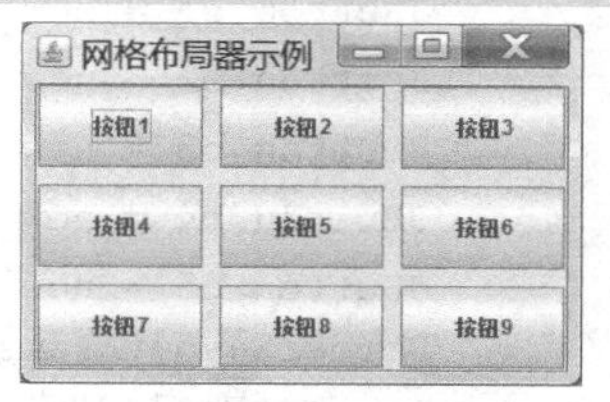

图 8-7　例 8.7 运行结果

程序分析说明：

例 8.7 在框架空间均匀分成 3 行 3 列的阵型，每个格子中填充一个按钮，按照添加次序，从左至右，从上至下排列。当框架尺寸发生变化时，所有按钮的尺寸也会随之变化，但它们的相对位置以及它们之间的间距不变，仍保持 3 行 3 列的阵型。

注意：网格布局器。

当网格布局器中设置的网格个数大于添加的组件个数时，多余的网格为空白；而当网格个数小于添加的组件个数时，网格布局器会保持行数不变，列数适当增加，以容纳所有添加的组件。

8.4.3　边界布局器

边界布局器（BorderLayout）是将容器空间划分为东、南、西、北、中 5 个区域，分别通过相应的常量标识：BorderLayout.EAST、BorderLayout.SOUTH、BorderLayout.WEST、BorderLayout.NORTH、BorderLayout.CENTER。每个区域最多只能包含一个组件。当向使用 BorderLayout 布局的容器添加组件时，要使用这 5 个常量之一指定摆放的位置，例如：

```
    setLayout(new BorderLayout());
    add(new Button("Okay"),  BorderLayout.SOUTH);
```

若没有显式的指定，系统默认为 BorderLayout.CENTER。区域北和南的组件可以在水平方向上拉伸，区域东和西的组件可以在垂直方向上拉伸，中央区域的组件可同时在水平和垂直方向上拉伸，填充所有剩余空间。创建 BorderLayout 的方法见表 8-8。

表 8-8　BorderLayout 类的常用构造方法

序号	方法	类型	含义
1	BorderLayout()	构造	构造一个边界布局器对象，组件之间水平间距、垂直间距都为 0
2	BorderLayout(int hgap, int vgap)	构造	构造一个具有指定组件间水平间距、垂直间距的边界布局器对象
3	int getHgap()	一般	取得水平间距
4	void setHgap()	一般	设置水平间距
5	int getVgap()	一般	取得垂直间距
6	void setVgap()	一般	设置垂直间距

【例 8.8】边界布局器。

```
// BorderLayoutFrameDemo.java
import javax.swing.*;
import java.awt.*;
class BorderLayoutFrameDemo {
    public static void main(String[] args){
        BorderLayoutFrame b = new BorderLayoutFrame();
```

```
        b.setVisible(true);
    }
}
class BorderLayoutFrame extends JFrame{
    JButton b1 = new JButton("按钮东");
    JButton b2 = new JButton("按钮西");
    JButton b3 = new JButton("按钮南");
    JButton b4 = new JButton("按钮北");
    JButton b5 = new JButton("按钮中");
    BorderLayoutFrame(){
        setTitle("边界布局器示例");
        setSize(300,200);
        setLocation(300,200);
        setDefaultCloseOperation(JFrame.EXIT_ON_CLOSE);
        setLayout(new BorderLayout());      //设置边界布局器
        Container cp = getContentPane();         //取得内容窗格
        cp.add(b1,BorderLayout.EAST);
        cp.add(b2,BorderLayout.WEST);
        cp.add(b3,BorderLayout.SOUTH);
        cp.add(b4,BorderLayout.NORTH);
        cp.add(b5,BorderLayout.CENTER);
    }
}
```

程序运行结果如图 8-8 所示。

程序分析说明：

在框架尺寸发生变化时，按钮东和按钮西的宽度保持不变，高度会随之变化，按钮北和按钮南则相反，高度保持不变，宽度会随之变化。Center 位置上的按钮中高度和宽度都会随之变化。

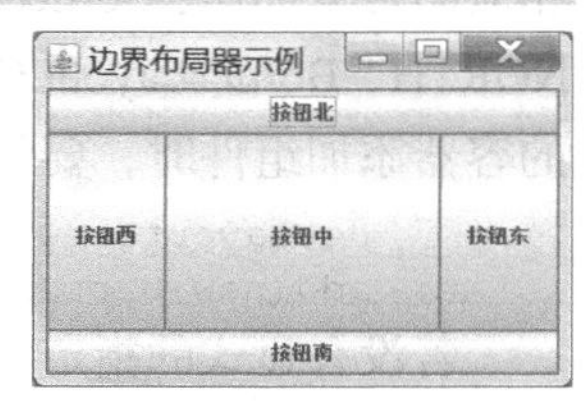

图 8-8　例 8.8 的运行结果

注意：边界布局器。

在使用边界布局器时，如果在东、南、西、北 4 个区域中任一区域没有放置组件时，中间区域会填充未放置组件的区域。

8.5　Swing 基本组件

Swing 组件都是 AWT 的 Container 类的直接子类和间接子类，除了拥有与 AWT 类似的按钮、标签、复选框等基本组件外，还增加了一个丰富的高层组件集合，如表格。Swing 组件的命名以“J”开始，如在 AWT 中按钮类的名称是 Button，Swing 中也提供按钮类，名称是 JButton。

本节将具体介绍 10 种常用的 Swing 基本组件：按钮（JButton）、标签（JLabel）、面板（JPanel）、文本框（JTextField）、文本域（JTextArea）、滚动窗格（JScrollPane）、复选框（JCheckBox）、单选按钮（JRadioButton）、组合框（JCombox）以及列表框（JListBox）。

8.5.1　按钮

Swing 的按钮组件 JButton 可以显示文本，也可以添加图标，用以说明按钮的功能。类 JButton 的常用构造方法见表 8-9。

表 8-9　　类 JButton 的常用方法

序号	方法	类型	含义
1	JButton()	构造	创建一个无标记的按钮
2	JButton(Icon icon)	构造	创建一个指定图标的按钮
3	Jbutton(String text)	构造	创建一个指定文本的按钮
4	JButton(String text, Icon icon)	构造	创建一个指定文本和图标的按钮

JButton 类是 AbstractButton 类的直接子类，其大部分功能都是从 AbstractButton 类继承得到，AbstractButton 部分方法见表 8-10。其中有许多“set”方法，主要用于设置组件的属性，如设置按钮文本和图标等。与之对应的一组“get”方法，用于获取组件的属性。JButton 的例子见例 8.3。

表 8-10　　类 AbstractButton 的常用方法

序号	方法	类型	含义
1	String getLabel()	一般	获取标签文本
2	void setLabel(String lable)	一般	设置标签的文本
3	void setHorizontalAlignment(int alig)	一般	设置文本与图标的水平对齐方式
4	void setVerticalAlignment(int alig)	一般	设置文本与图标的垂直对齐方式
5	String getText()	一般	获取此按钮的文本
6	void addActionListener(ActionListener I)	一般	给组件对象添加指定的 ActionListener
7	void addItemListener(ItemListener I)	一般	给组件对象添加指定的 ItemListener
8	Void setEnabled(boolean b)	一般	设定组件对象是否禁用
9	void setSelected(boolean b)	一般	设置组件的状态
10	void setText(String text)	一般	设置显示的文本
11	boolean isSelected()	一般	获取组件的状态

8.5.2　标签

标签常用于表示其他组件的用途或目的，一般放置在需要标识的组件附近。标签上可以设置一组简短的文字或图标，也可与图标和文字一起。在构造 Swing 标签组件 JLabel 时，可以设置文本、图标及文字对齐等内容，这个类的常用方法见表 8-11。如果在创建标签对象时未设置文字或图标，也可使用 setText()、setIcon()方法。标签的例子见例 8.3。

表 8-11　　类 JLabel 的常用方法

序号	方法	类型	含义
1	JLable()	构造	创建一个空的标签
2	JLable(Icon icon)	构造	创建图标为 icon 的标签
3	JLable(Icon icon,int halig)	构造	创建图标为 icon 的标签，并指定水平排列方式（LEFT、CENTER、RIGHT、LEADING、TRAILING）
4	JLable(String text)	构造	创建一个含有文字的标签
5	JLable(String text,int halig)	构造	创建一个含有文字的标签，并指定水平排列方式

续表

序号	方法	类型	含义
6	JLable(String text,Icon icon,int halig)	构造	创建一个含有文字及图标的标签，并指定水平排列方式
7	void setIcon(Icon icon)	一般	设置标签的图标
8	String getText()	一般	获取标签的文本
9	void setText(String lable)	一般	设置标签的文本
10	void setHorizontalAlignment(int alig)	一般	设置标签内组件的水平对齐方式（CENTER，LEFT，RIGHT，LEADING，TRAILING）
11	void setVerticalAlignment(int alig)	一般	设置标签内组件的垂直对齐方式（CENTER，TOP，BOTTOM）

8.5.3 面板

面板一般用于组件布局和定位。面板可以容纳其他组件，但不能作为顶层容器，必须位于其他容器中。面板类 JPanel 常用的构造方法如表 8-12 所示。面板的例子见例 8.3。

表 8-12　　JPanel 类的常用构造方法

序号	方法	类型	含义
1	JPanel()	构造	创建一个空的面板
2	JPanel(LayoutManager layout)	构造	以 layout 为布局管理器创建面板对象

注意：面板。

① 面板不是顶层容器，因此不能独立存在，必须放置在框架、JApplet 等容器中。面板中可放置组件，也可以嵌套其他容器。

② 若没有指定面板的布局器方式，默认为 FlowLayout。

8.5.4 文本框、文本域

文本框和文本域一般用于采集用户输入和编辑文本，两者的区别在于文本框只能处理单行文本的输入，文本域可以处理多行文本输入。Java 中对应文本框的类是 JTextField，对应文本域的类是 JTextArea。这两个类都继承于 JTextComponent 类，该类的常用方法见表 8-13。

表 8-13　　类 JTextComponent 的常用方法

序号	方法	类型	含义
1	void setText(String t)	一般	设置组件中的文字
2	String getText()	一般	获取组件中的文字
3	void setEditable(Boolean b)	一般	设置组件是否可编辑

1. 文本框

文本框类 JTextField 的常用方法见表 8-14。文本框可以引发多种事件，如 ActionEvent 事件、FocusEvent 事件等。

表 8-14　　类 JTextField 的常用方法

序号	方法	类型	含义
1	JTextField()	构造	创建一个文本框
2	JTextField(int n)	构造	创建一个列宽为 n 的空文本框
3	JTextField(String s)	构造	创建一个文本框，并显示字符串 s
4	JTextField(String s,int n)	构造	创建一个文本框，并以指定的字宽 n 显示字符串 s
5	void addActionListener (ActionListener l)	一般	为文本框添加指定的操作监听器
6	int getColumns()	一般	获取文本框的列数
7	int getColumnWidth()	一般	获取文本框的列宽
8	void setFont(Font f)	一般	设置字体

2. 文本域

文本域 JTextArea 的常用方法见表 8-15。

表 8-15　　类 JTextArea 的常用方法

序号	方法	类型	含义
1	JtextArea ()	构造	创建一个文本域
2	JtextArea (int n,int m)	构造	创建一个具有 n 行 m 列的文本域
3	JtextArea(String s)	构造	创建一文本域，并显示字符串 s
4	JtextArea(String s,int n,int m)	构造	创建一个文本域，并以指定的行数 n 和列数 m 显示字符串 s
5	void insert(String str,int pos)	一般	在文本域的指定位置插入指定的文本
6	void append(String str)	一般	将指定的文本添加到文本域中内容的末尾
7	void replaceRange(String str, int start, int end)	一般	将文本域中指定范围的文本用指定的新文本替换
8	int getRows()	一般	返回文本域的行数
9	void setRows(int rows)	一般	设置文本域的行数

【例 8.9】文本框和文本域示例。

```
// TextFrameDemo.java
import javax.swing.*;
import java.awt.*;
import java.awt.event.*;
class TextFrame extends JFrame{
    private JTextField tfOld;
    private JTextField tfNew;
    private JTextArea ta;
    private JButton btnReplace;
    TextFrame(){
        setTitle("文本框与文本域");
        setBounds(200,300,370,280);
        setLayout(new FlowLayout());
        tfOld = new JTextField(10);
        tfNew = new JTextField(10);
```

```
        ta = new JTextArea(10,30);
        ta.setEditable(true);
        btnReplace= new JButton("替换为");
        btnReplace.addActionListener(new ActionListener(){
            public void actionPerformed(ActionEvent e){
                String s = ta.getText();
                s = s.replaceAll(tfOld.getText().trim(), tfNew.getText().trim());
                ta.setText(s);
            }
        });
        add(ta);
        add(tfOld);
        add(btnReplace);
        add(tfNew);
        setDefaultCloseOperation(JFrame.EXIT_ON_CLOSE);
    }
}
public class TextFrameDemo {
    public static void main(String[] args){
        TextFrame frm = new TextFrame();
        frm.setVisible(true);
    }
}
```

程序运行结果如图 8-9 所示。

程序分析说明：

例 8.8 对文本域的文本中某些字符串进行替换。当用户单击“替换为”按钮时，执行 actionPerformed()方法。这个方法先取得文本域 ta 中的的文本内容，将其中文本框 tfOld 中指定的字符串替换为 tfNew 中的内容，并将新内容显示在文本域中。

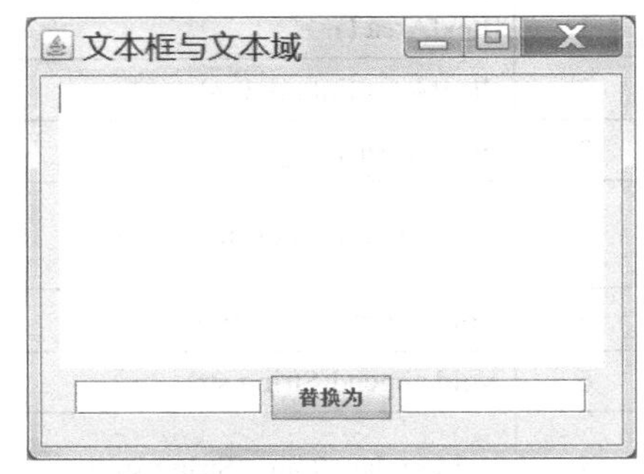

图 8-9　例 8.9 的运行结果

在文本域中输入内容，当输入的行数或一行的内容超出文本域尺寸时，文本域的尺寸会发生变化，其他控件也会随之移动。要解决这个问题，可以使用滚动窗格。

8.5.5　滚动窗格

滚动窗格类 JScrollPane 与面板类 JPanel 类似，但提供可选的垂直或水平滚动条。类 JScrollPane 的常用方法见表 8-16。

表 8-16　　JScrollPane 类的常用构造方法

序号	方法	类型	含义
1	JScrollPane()	构造	创建一个空的（无组件的视图）滚动窗格，需要时，水平和垂直滚动条都可显示
2	JScrollPane(Component view)	构造	创建一个显示指定组件内容的滚动窗格，需要时水平和垂直滚动条都可显示
3	JScrollPane(Component view, int vsbPolicy, int hsbPolicy)	构造	创建一个滚动窗格，它将组件 view 显示在一个视图中，视图位置可使用一对滚动条控制

在构造方法中，可利用下面这些参数来设置滚动条的样式，这些参数定义在 ScrollPaneConstants 中：HORIZONTAL_SCROLLBAR_ALAWAYS（显示水平滚动轴）、HORIZONTAL_SCROLLBAR_AS_

NEEDED（当组件内容水平区域大于显示区域时出现水平滚动轴）、HORIZONTAL_SCROLLBAR_NEVER（不显示水平滚动轴）、VERTICAL_SCROLLBAR_ALWAYS（显示垂直滚动轴）、VERTICAL_SCROLLBAR_AS_NEEDED（当组件内容垂直区域大于显示区域时出现垂直滚动轴）、VERTICAL_SCROLLBAR_NEVER（不显示垂直滚动轴）。

改写例 8.9，例 8.10 将文本域添加在一个滚动窗体中。

【例 8.10】改写例 8.9。

```
//TextFrame.java
import javax.swing.*;
import java.awt.*;
import java.awt.event.*;
class TextFrameWithScrollPane extends JFrame{
    private JTextField tfOld;
    private JTextField tfNew;
    private JTextArea ta;
    private JButton btnReplace;
    TextFrameWithScrollPane(){
        setTitle("文本框与文本域");
        setBounds(200,300,370,280);
        setLayout(new FlowLayout());
        tfOld = new JTextField(10);
        tfNew = new JTextField(10);
        ta = new JTextArea(10,30);
        ta.setEditable(true);
        JScrollPane sp = new JScrollPane(ta
                ,ScrollPaneConstants.VERTICAL_SCROLLBAR_AS_NEEDED
                ,ScrollPaneConstants.HORIZONTAL_SCROLLBAR_AS_NEEDED);
                //滚动窗格，垂直滚动条和水平滚动条在需要时显示
        btnReplace= new JButton("替换为");
        btnReplace.addActionListener(new ActionListener(){   //添加监听器
            public void actionPerformed(ActionEvent e){
                String s = ta.getText();
                s = s.replaceAll(tfOld.getText().trim(), tfNew.getText().trim());
                                                             //文本替换
                ta.setText(s);
            }
        });
        add(sp);
        add(tfOld);
        add(btnReplace);
        add(tfNew);
        setDefaultCloseOperation(JFrame.EXIT_ON_CLOSE);
    }
}
public class TextFrameWithScrollPaneDemo {
    public static void main(String[] args){
        TextFrameWithScrollPane frm = new TextFrameWithScrollPane();
        frm.setVisible(true);
    }
}
```

程序运行结果如图 8-10 所示。

图 8-10　例 8.10 的运行结果

程序分析说明：

初始状态下滚动条隐藏，当文本域中一行上的字符个数或行数超过文本域尺寸时显示滚动条。

8.5.6　复选框、单选按钮

复选框和单选按钮的功能相似，但外观不同，前者一般用于多选，后者一般用于单选，两者都是 AbstractButton 的子类，类 AbstractButton 的常用方法见表 8-10。

1. 复选框

复选框由两部分组成：一个方形图标和与其关联的一个文本或图标。它有两种显示给用户的状态：选中（true）和未选中（false）。文本用于说明复选框的意义。复选框类 JCheckBox()的常用方法如表 8-17。

表 8-17　　类 JCheckBox 的常用方法

序号	方法	类型	含义
1	JCheckBox()	构造	创建一个无标签的复选框
2	JCheckBox(String text)	构造	创建一个有标签的复选框，初始状态为 false
3	JCheckBox(String text, boolean selected)	构造	创建一个有标签的复选框对象，初始状态为 selected

设置或读取复选框的状态可使用方法 isSelected()和 setSelected （boolean b），这两个方法定义在 AbtractButtons 类中。当单击复选框时，会引发 ActionEvent 和 ItemEvent 类型事件。ItemEvent 类型的事件对象中包含了消息源信息、选择状态改变的条目及其当前的选择状态（选中或取消）等信息。

2. 单选按钮

在默认情况下，单选按钮显示为一个小的圆形，并配有简单的说明文字。与复选框相同，单选按钮也有两种状态：选中（true）和未选中（false）。一组单选按钮在某一时刻只能选中其中一个按钮。当一个按钮被选中时，组中的其他单选按钮自动取消选中。单选按钮类 JRadioButton 的常用方法见表 8-18。

表 8-18　　类 JRadioButton 的常用方法

序号	方法	类型	含义
1	JRadioButton()	构造	创建一个无标签的单选按钮
2	JRadioButton(String text)	构造	创建一个有标签的单选按钮
3	JRadioButton(String text, boolean selected)	构造	创建一个有标签的单选按钮，初始状态为 selected

创建了若干个单选按钮后，还需要将它们用组（ButtonGroup 类）来管理。创建 ButtonGroup 类的对象，使用方法 add（AbstractButton b）将单选按钮添加至该对象即可。这样添加至同一个 ButtonGroup 对象中的单选按钮属于同一组。在同一组的单选按钮中，选中其中任意一个后，之前被选中的单选按钮将自动取消选定。AbstractButton 类的子类都可使用 ButtonGroup 类。

【例 8.11】复选按钮与单选按钮实例。

```
//FontFrameDemo.java
import javax.swing.*;
import java.awt.*;
import java.awt.event.*;
class FontFrame extends JFrame{
    FontFrame(){
        setTitle("字体设置");
        setBounds(200,300,300,200);
        setDefaultCloseOperation(JFrame.EXIT_ON_CLOSE);
        lbl = new JLabel("图形用户界面",SwingConstants.CENTER);
        chkBox = new JCheckBox[2];
        radioBtn = new JRadioButton[3];
        JPanel panel = new JPanel();
        panel.setLayout(new GridLayout(2,3,8,8));
        ButtonGroup btnGrp = new ButtonGroup();
        ActionListener modeListener = new ActionListener(){
            public void actionPerformed(ActionEvent e){
                mode = 0;
                if(chkBox[0].isSelected())
                    mode += Font.BOLD;
                if(chkBox[1].isSelected())
                    mode += Font.ITALIC;
                lbl.setFont(new Font("Serif",mode,fontSize));
                repaint();
            }
        };
        ActionListener sizeListener = new ActionListener(){
            public void actionPerformed(ActionEvent e){
                if(radioBtn[0].isSelected())fontSize = 12;
                if(radioBtn[1].isSelected())fontSize = 24;
                if(radioBtn[2].isSelected())fontSize = 36;
                lbl.setFont(new Font("Serif",mode,fontSize));
                repaint();              //界面组件的重绘
            }
        };
        add(lbl,"Center");
        int i;
        for(i = 0; i < radioBtn.length; i++){
            radioBtn[i] = new JRadioButton(radiobtnName[i]);
            radioBtn[i].addActionListener(sizeListener);
            btnGrp.add(radioBtn[i]);
            panel.add(radioBtn[i]);
        }
        for(i = 0; i < chkBox.length; i++){
            chkBox[i] = new JCheckBox(chkBoxName[i]);
            chkBox[i].addActionListener(modeListener);
            panel.add(chkBox[i]);
        }
```

```
        add(panel,"South");
    }
    private JLabel lbl;
    private JCheckBox[] chkBox;
    private JRadioButton[] radioBtn;
    private String[] radiobtnName = {"小号","中号","大号"};
    private String[] chkBoxName = {"加粗","斜体"};
    int mode;
    int fontSize;
}
public class FontFrameDemo {
    public static void main(String[] args){
        FontFrame frm = new FontFrame();
        frm.setVisible(true);
    }
}
```

程序运行结果如图 8-11 所示。

图 8-11　例 8.11 的执行结果

程序分析说明：

例 8-11 的三个单选按钮添加在同一个 ButtonGroup 对象 btnGrp 中，用于字号的选择。用户可以在字体大小（小号、中号、大号）中三选一，当选中其中一个单选按钮时，其他选中的按钮会自动取消选中，标签中文本的字体也会随之发生变化。两个多选框用于设置字型。当用户改变字体或字体大小时，标签中的文字会随之变化。设置字体使用方法 setFont()，该方法需要传递一个 Font 类型的参数。程序中 repaint()方法用于界面组件的重绘。

8.5.7　组合框

组合框又称为下拉列表，当用户单击该组件时会弹出一组选择项，用户可以根据需要选择其中一项。Swing 的组合框组件由 JComboBox 类实现，其常用方法见表 8-19。

表 8-19　类 JComboBox 的常用方法

序号	方法	类型	含义
1	JComboBox()	构造	构造一个空的 JComboBox 对象
2	JComboBox(Object[ ] items)	构造	使用数组构造一个 JComboBox 对象
3	void addActionListener（ActionListener e)	一般	添加指定的 ActionListener 对象
4	void addItemListener（ItemListener e)	一般	添加指定的 ItemListener 对象
5	void addItem(Object anObject)	一般	给选项表添加选项
6	Object getItemAt(int index)	一般	获取指定下标的列表项
7	int getItemCount()	一般	获取列表中的选项数
8	int getSelectedIndex()	一般	获取当前选择的下标
9	int getSelectedItem()	一般	获取当前选择的项

【例 8.12】组合框示例。

```
//DayCountFrameDemo.java
import javax.swing.*;
```

```
import java.awt.event.*;
class DayCountFrame extends JFrame{
    private JComboBox cbMonth;
    private JComboBox cbYear;
    private JLabel lblResult;
    DayCountFrame(){
        setTitle("计算天数");
        setBounds(200,300,280,100);
        setDefaultCloseOperation(EXIT_ON_CLOSE);
        JLabel lbl = new JLabel("日期: ");
        cbMonth = new JComboBox();
        cbYear = new JComboBox();
        lblResult = new JLabel();
        for(int i = 1; i <=12; i++)
            cbMonth.addItem(i);                                 //下拉框中添加选项
        for(int i = 2000; i <= 2011; i++)
            cbYear.addItem(i);
        cbYear.setEditable(true);                               //下拉框 cbYear 可编辑
        cbYear.setSelectedItem(2011);                           // 设置所选项
        ItemListener listener = new ItemListener(){
            public void itemStateChanged(ItemEvent e){
                int year = Integer.parseInt(
                    cbYear.getSelectedItem().toString());       //当前选中的年份
                int month = Integer.parseInt(
                    cbMonth.getSelectedItem().toString());      //当前选中的月份
                lblResult.setText(year + "年" + month + "月有"
                            + CountDays(year,month)+ "天");
            }
        };
        cbMonth.addItemListener(listener);
        cbYear.addItemListener(listener);
        JPanel p = new JPanel();
        p.add(lbl);
        p.add(cbYear);
        p.add(cbMonth);
        p.add(lblResult);
        setContentPane(p);
    }
    private int CountDays(int year, int month){
        switch(month){
            case 1:
            case 3:
            case 5:
            case 7:
            case 8:
            case 10:
            case 12:
                return 31;
            case 4:
            case 6:
            case 9:
            case 11:
                return 30;
```

```
                case 2:
                    if(year%400 == 0 || (year%100!=0&&year%4 == 0))
                        return 29;
                    else
                        return 28;
                default:
                    return -1;
            }
        }
}
class DayCountFrameDemo{
    public static void main(String[] args){
        DayCountFrame frm = new DayCountFrame();
        frm.setVisible(true);
    }
}
```

程序运行结果如图 8-12 所示。

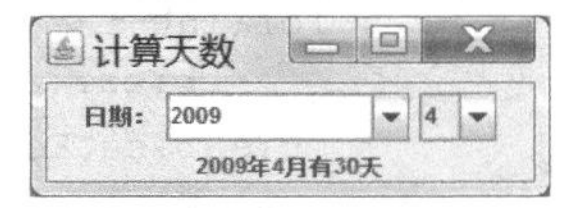

图 8-12　例 8.12 的运行结果

程序分析说明：

例 8.11 实现了一个计算天数的程序，当在下拉框中选择了年份或月份，标签中会显示相应的天数。

在方法 itemStateChanged() 中程序并没有通过 e 获取消息源的项目，而是通过方法 getSelectedItem()获取所选项信息，这是由于选择或取消选择某条项目都会产生 ItemEvent 事件，我们通常只关心选中项的内容，因此在监听器类中可通过调用 getSelectedItem()方法确定事件发生在哪个项目中。

8.5.8　列表

除上一节介绍的组合框外，列表 JList 是另一个常用的选择类组件。它和组合框的区别是，组合框只有在单击时才会显示下拉列表，而列表会在屏幕上占用固定行数的空间，一次可以选择一项或多项。选择多项时可以是连续区间的选择（按住 Shift 键进行选择），也可以是不连续的选择（按住 Ctrl 键进行选择）。当列表中选项条目较多时，一般与滚动窗格结合使用，产生滚动效果。JList 类的常用方法见表 8-20。

表 8-20　类 JList 的常用方法

序号	方法	类型	含义
1	JList()	构造	创建一个空列表
2	JList(Object[] listData)	构造	使用指定的数组创建列表
3	void addListSelectionListener (ListSelectionListener e)	一般	添加指定的 ListSelectionListener 监听器
4	int getSelectedIndex()	一般	获取所选项的第一个下标
5	int getSelectedIndices()	一般	获取所有所选项的下标
6	Object getSelectedValue()	一般	获取所选项的值
7	Object[] getSelectedValues()	一般	获取所有所选项的值

【例 8.13】列表示例。

```
// FuncSelectFrameDemo.java
import javax.swing.*;
```

```
import java.awt.*;
import javax.swing.event.*;
class FuncSelectFrame extends JFrame{
    private String[] strArr = {"新建","编辑","视图","搜索","工具","窗口","帮助"};
    private JList list;
    private JTextArea ta;
    FuncSelectFrame(){
        setTitle("功能窗口设置");
        setBounds(200,300,280,170);
        setDefaultCloseOperation(EXIT_ON_CLOSE);
        list = new JList(strArr);
        ta = new JTextArea(6,15);
        ta.setEditable(false);
        list.setVisibleRowCount(5);
        list.addListSelectionListener(new ListSelectionListener(){
            public void valueChanged(ListSelectionEvent e){
                String str= "";
                Object[] items = list.getSelectedValues();
                for(int i = 0; i < items.length; i++)
                    str += items[i].toString()+ "\r\n";
                ta.setText(str);
            }
        });
        setLayout(new FlowLayout());
        add(new JScrollPane(list));
        add(new JScrollPane(ta,
                ScrollPaneConstants.VERTICAL_SCROLLBAR_AS_NEEDED,
                ScrollPaneConstants.HORIZONTAL_SCROLLBAR_NEVER));
    }
}
class FuncSelectFrameDemo{
    public static void main(String[] args){
        FuncSelectFrame frm = new FuncSelectFrame();
        frm.setVisible(true);
    }
}
```

程序运行结果如图 8-13 所示。

程序分析说明：

例 8.13 实现在列表中选择选项，执行方法 valueChanged()获取列表 list 中的所选项并将它们显示在文本域中。

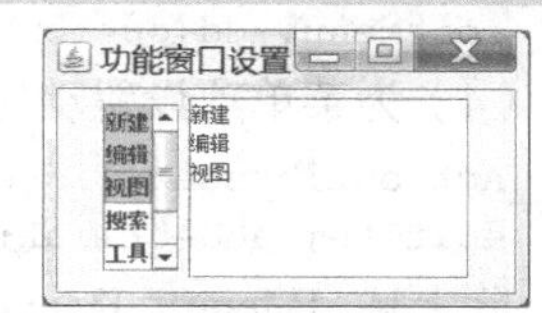

图 8-13　例 8.13 的运行结果

8.6　Swing 高级组件

8.6.1　菜单

菜单可分为普通菜单和弹出式菜单两大类。普通菜单只能添加在顶层容器中。

1. 普通菜单

JFrame、JApplet 等顶层容器可以添加菜单组件。图 8-14 描述了菜单相关的一些名词，菜单栏、菜单条、菜单项和分割条。

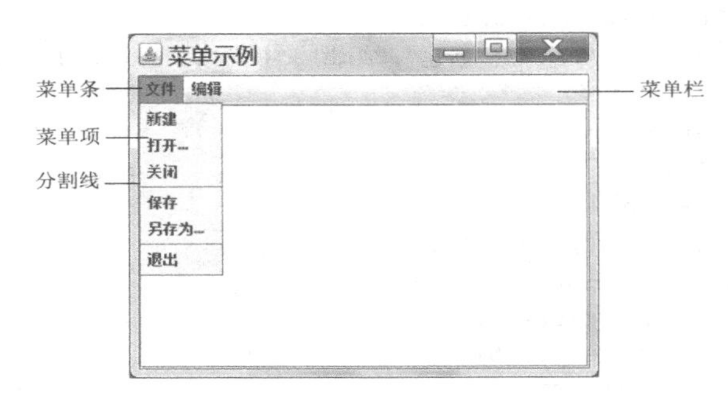

图 8-14　普通菜单示例

实现菜单一般分以下四步完成：

（1）创建菜单栏。菜单栏一般放置在容器的顶部。创建菜单栏使用 JMenuBar 类，并将菜单栏添加到顶层容器中。如：

```
JMenuBar menubar  = new JMenuBar();
frame.setJMenuBar(menubar);                //frame 是一个框架对象
```

这里需要注意，一个容器中最多只能同时包含一个菜单栏。

（2）创建菜单条。利用 JMenu 类创建菜单条，并将其添加到菜单栏中。如：

```
JMenu editMenu = new JMenu("编辑");
menubar.add(editMenu);
```

（3）创建菜单项。利用 JMenuItem 创建菜单项，在菜单条中可添加菜单项、分割条以及子菜单。

```
JMenuItem cutItem = new JMenuItem("剪切");
editMenu.add(cutItem);
editMenu.addSeperator();                   //添加分割条
JMenu optionMenu = new JMenu("选项");      //子菜单
…
editMenu.add(optionMenu);
```

（4）为菜单项设置动作监听器，如：

```
ActionListener listener = …;
editItem.addActionListener(listener);
```

除上述 JMenu、JMenuBar 和 JMenuItem 外，与菜单相关的类还有 JCheckBoxMenuItem 和 JRadioButtonMenuItem，分别用于复选框菜单项和单选按钮菜单项，可在菜单项文本前显示复选框或单选按钮，当用户选择了某菜单项，这个菜单项会自动在选中或未选中之间切换。创建复选框菜单项的代码如：

```
JCheckBoxMenuItem  readonlyItem = new JCheckBoxMenuItem("只读");
editMenu.add(readonlyItem);
```

单选按钮菜单项与单选按钮类似，也必须用 ButtonGroup 管理。当组中的一个按钮被选中时，其他按钮自动取消选中。单选按钮菜单项的代码如下：

```
ButtonGroup g = new ButtonGroup();
JRadioButton item1 = new JRadioButton("项目 1");
JRadioButton item2 = new JRadioButton("项目 2");
item1.setSelected(true);
```

```
g.add(item1);
g.add(item2);
editMenu.add(item1);
editMenu.add(item2);
```

2. 弹出式菜单

弹出式菜单是一种可以随处浮动的小窗口，不固定在菜单栏上。它通常需要和某个组件结合，使该组件在某特定条件下弹出菜单，如图 8-15 所示。

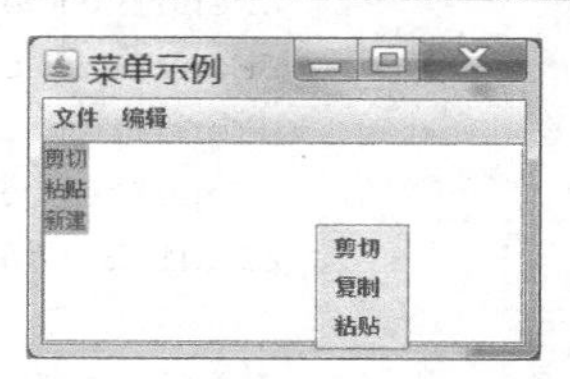

图 8-15　弹出式菜单示例

要使用弹出式菜单，首先需要使用类 JPopupMenu 创建一个弹出式菜单条，注意弹出式菜单条是没有标题的，如：

```
JPopupMenu menu = new JPopupMenu();
```

接着在菜单条中添加菜单项：

```
JMenuItem item = new JMenuItem("复制");
menu.add(item); //创建菜单项“复制”，并添加至弹出式菜单条中
```

弹出式菜单中的菜单项也可以是复选框菜单项和单选按钮菜单项，用法和普通菜单中类似。

为了使用户在某个组件上单击某个鼠标键时弹出菜单，在实现弹出式菜单后，需要和这个组件结合。一般为组件添加一个 MouseListener 类型的监听器，在监听器中调用方法 show()显示弹出式菜单，方法 show()如下：

```
public void show(Component invoker, int x, int y); //组件invoker的坐标位置(x,y)处弹出菜单
```

下面的代码片段可显示图 8-15 中的弹出式菜单，其中 ta 是文本域，当鼠标右键单击文本域时，在鼠标单击的位置弹出菜单。menu 为弹出式菜单条。

```
ta.addMouseListener(new MouseAdapter(){      //ta是一个文本域
    public void mouseReleased(MouseEvent e){
        if(e.isPopupTrigger())
            menu.show(e.getComponent(), e.getx(), e.gety());
        }
    }
);
```

【例 8.14】菜单示例。

```
//MenuFrameDemo.java
import javax.swing.*;
import java.awt.event.*;
class MenuFrame extends JFrame{
    private JTextArea ta;
    private JPopupMenu menu;
    MenuFrame(){
        setTitle("菜单示例");
        setBounds(200,300,400,300);
        setDefaultCloseOperation(EXIT_ON_CLOSE);
        ta = new JTextArea();
        JMenuBar menubar = new JMenuBar();          //创建菜单栏
        JMenu fileMenu = new JMenu("文件");          //创建菜单项
        JMenu editMenu = new JMenu("编辑");
        JMenu optionMenu = new JMenu("选项");
        menu = new JPopupMenu();                    //弹出式菜单
        JMenuItem newMenu = new JMenuItem("新建");
        JMenuItem openMenu = new JMenuItem("打开...");
```

```
        JMenuItem closeMenu = new JMenuItem("关闭");
        JMenuItem saveMenu = new JMenuItem("保存");
        JMenuItem savetoMenu = new JMenuItem("另存为...");
        JMenuItem exitMenu = new JMenuItem("退出");
        JMenuItem cutMenu = new JMenuItem("剪切");
        JMenuItem copyMenu = new JMenuItem("复制");
        JMenuItem pasteMenu = new JMenuItem("粘贴");
        JRadioButtonMenuItem readonlyMenu = new JRadioButtonMenuItem("只读");
                                                  //创建单选按钮菜单项
        JRadioButtonMenuItem writeMenu = new JRadioButtonMenuItem("可读/写");
        writeMenu.setSelected(true);              //设置选中
        ButtonGroup grp = new ButtonGroup();      //按钮组，用于管理单选按钮菜单项
        grp.add(readonlyMenu);
        grp.add(writeMenu);
        ActionListener listener = new ActionListener(){
            public void actionPerformed(ActionEvent e){
                String s = ((JMenuItem)e.getSource()).getText();
                if(s.equals("退出"))
                    System.exit(0);
                else
                    ta.append(s + "\n");
            }
        };
        newMenu.addActionListener(listener);
        openMenu.addActionListener(listener);
        closeMenu.addActionListener(listener);
        saveMenu.addActionListener(listener);
        savetoMenu.addActionListener(listener);
        exitMenu.addActionListener(listener);
        cutMenu.addActionListener(listener);
        copyMenu.addActionListener(listener);
        pasteMenu.addActionListener(listener);
        readonlyMenu.addActionListener(listener);
        writeMenu.addActionListener(listener);
        setJMenuBar(menubar);                     //设置菜单栏
        fileMenu.add(newMenu);                    //添加菜单项
        fileMenu.add(openMenu);
        fileMenu.add(closeMenu);
        fileMenu.addSeparator();                  //添加分割条
        fileMenu.add(saveMenu);
        fileMenu.add(savetoMenu);
        fileMenu.addSeparator();
        fileMenu.add(exitMenu);
        editMenu.add(optionMenu);                 //添加子菜单
        optionMenu.add(readonlyMenu);
        optionMenu.add(writeMenu);
        menubar.add(fileMenu);
        menubar.add(editMenu);
        menu.add(cutMenu);                        //弹出式菜单
        menu.add(copyMenu);
```

```
            menu.add(pasteMenu);
            ta.addMouseListener(new MouseAdapter(){
                public void mouseReleased(MouseEvent e){
                    if(e.isPopupTrigger())
                        menu.show(e.getComponent(), e.getx(), e.gety());
                }
            });
            ta.setEditable(false);
            add(new JScrollPane(ta,
                        ScrollPaneConstants.VERTICAL_SCROLLBAR_AS_NEEDED,
                        ScrollPaneConstants.HORIZONTAL_SCROLLBAR_NEVER));
        }
    }
    class MenuFrameDemo{
        public static void main(String[] args){
            MenuFrame frm = new MenuFrame();
            frm.setVisible(true);
        }
    }
```

程序运行结果如图 8-16 所示。

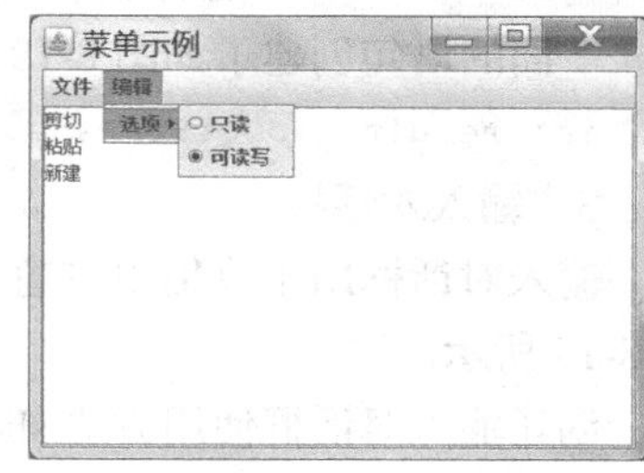

图 8-16　例 8.14 的运行结果

程序分析说明：

例 8.14 实现当选中某菜单项时，菜单项的标题打印在文本域中。文本域上添加了 MouseListener 类型的监听器对象，当在文本域中释放鼠标右键时，在鼠标单击的位置显示弹出式菜单（效果见图 8-15）。

8.6.2　标准对话框

在开发应用程序时常常需要弹出独立的对话框显示信息或接收信息。如删除文件时需要用户再次确认是否删除；用户输入不合法数据时，弹出提示信息等。

标准对话框是一个小窗体，用于收集用户简单信息、警告用户或显示简短信息等，包括以下四种：消息对话框、确认对话框、输入对话框和选项对话框。Swing 中的 JOptionPane 类用于实现标准对话框。

1. 消息对话框

消息对话框用于显示简短而重要的信息，如图 8-17 所示。

创建消息对话框可使用方法 showMessageDialog()，方法形式如下：

```
void showMessageDialog(Component, Object)
```

方法中参数 Component 表示父组件，即包含对话框的容器，用于确定对话框窗口显示的位置。如果设置为 null 或指定的容器不是 JFrame 对象，则对话框显示在屏幕中央。参数 Object 表示要显示的字符串、组件或图标。

下面的语句创建了一个如图 8-17 所示的消息对话框：

```
JOptionPane.showMessageDialog(null,"记录已删除！");
```

2. 确认对话框

确认对话框用于询问一个问题，如确认是否删除文件。对话框中提供用于“是”、“否”和“取消”的响应按钮，如图 8-18 所示。

图 8-17　消息对话框

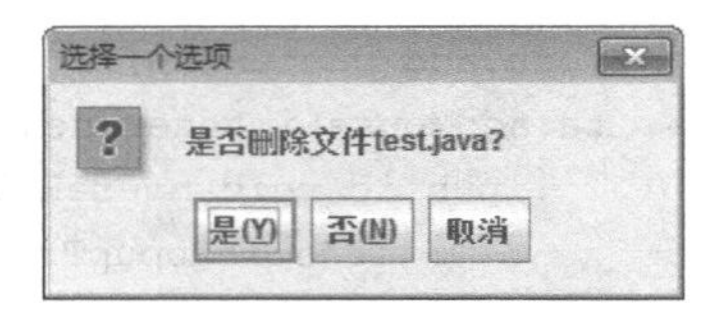

图 8-18　确认对话框

创建确认对话框可使用方法 showConfirmDialog()，该方法常用形式如下：

```
int showConfirmDialog(Component, Object)
int showConfirmDialog(Component, Object, String, int, int)
```

第一个参数表示父组件；第二个参数表示要显示的字符串、组件或图标；第三个参数表示显示在对话框标题栏中的字符串；第四个参数指定将显示哪些选项按钮（YES_NO_CANCEL_OPTION 或 YES_NO_OPTION，前者表示显示按钮“是”、“否”和取消，后者表示显示按钮“是”和“否”）；第五个参数指定对话框类型（ERROR_MESSAGE、INFORMATION_MESSAGE、PLAIN_MESSAGE、QUESTION_MESSAGE 或 WARNING_MESSAGE），类型不同则显示的图标不同，如图 8-18 所示的对话框属于 QUESTION_MESSAGE 类型。

方法返回一个 int 类型的值，这个值必须是下列三者之一：YES_OPTION、NO_OPTION 或 CANCEL_OPTION，它们定义在类 JOptionPane 中。

下面的语句创建了如图 8-18 所示的消息对话框，其中变量 result 存储对话框的响应结果：

```
int result = JOptionPane.showConfirmDialog(null,"是否删除文件 test.java?");
```

3. 输入对话框

输入对话框用于收集用户输入，可以询问一个问题，并使用文本框收集用户输入的信息，如图 8-19 所示。

创建输入对话框使用方法 showInputDialog()，形式如下：

```
String showInputDialog(Component, Object)
String showInputDialog(Component, Object, String, int)
```

四个参数分别表示父组件、对话框中显示的字符串、组件或图标、对话框标题栏上的标题以及对话框类型。

下面的语句创建了如图 8-19 所示的输入对话框：

```
String response = JOptionPane.showInputDialog(null,"输入联系人姓名:");
```

4. 选择对话框

选择对话框是标准对话框中最复杂的一种，如图 8-20 所示。

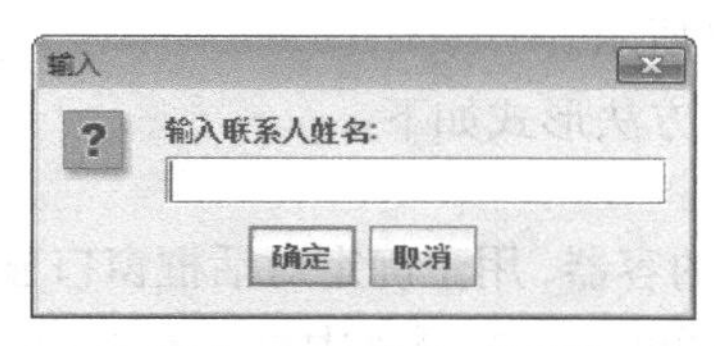

图 8-19　输入对话框

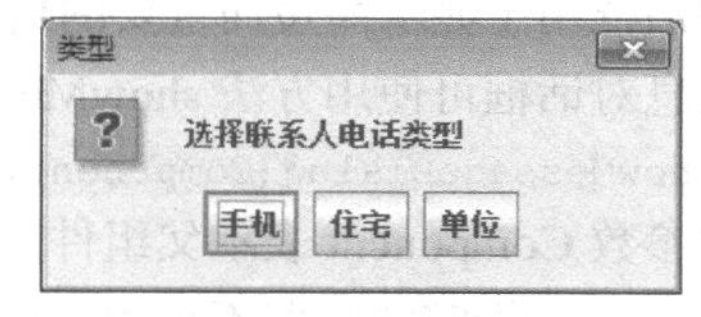

图 8-20　选择对话框

创建选择对话框可使用方法 showOptionDialog()，形式如下：

```
showOptionDialog(Component, Object, String, int, int, Icon, Object[], Object)
```

方法中各参数含义依次如下：对话框的父组件，要显示的文本、图标或组件，标题栏显示的标题，对话框类型（YES_NO_OPTION 或 YES_NO_CANCEL_OPTION，若使用其他按钮，则为 0），对话框显示的图标（ERROR_MESSAGE、INFORMATION_MESSAGE、PLAIN_MESSAGE、QUESTION_MESSAGE 或 WARNING_MESSAGE，若使用其他图标则为 0），对话框选项的组件和其他对象（在第 4 个参数为 0 时使用），默认选项的对象。

下面的语句创建了如图 8-20 所示的选项对话框：

```
String[] choices = { "手机", "住宅", "单位" };
int response1 = JOptionPane.showOptionDialog(null,"选择联系人电话类型",
      "类型", 0, JOptionPane.QUESTION_MESSAGE, null, choices, choices[0]);
```

【例 8.15】标准对话框示例。

```
// OptionDialogFrame.java
import javax.swing.*;
class OptionDialogFrame extends JFrame {
   private JTextArea ta;
   public OptionDialogFrame(){
       super("联系人信息");
       setLocation(200,400);
       setSize(400,200);
       setDefaultCloseOperation(JFrame.EXIT_ON_CLOSE);
       ta = new JTextArea(4,30);
       String response0 = JOptionPane.showInputDialog(null,
           "输入联系人姓名:");             //输入对话框，返回值保存在 response0 中
       String response1 = JOptionPane.showInputDialog(null,
           "输入联系人电话:");
       String[] choices = { "手机", "住宅", "单位" };
       int response2 = JOptionPane.showOptionDialog(null,
           "选择联系人电话类型",
           "类型",0,
           JOptionPane.QUESTION_MESSAGE,
           null,choices,choices[0]);  //选择对话框，对话框按钮使用自定义的名称
                                      //返回值为选择的按钮在数组 choices 中的下标值
       String content = "姓名: " + response0 + "\r\n" + "电话: "
                  + response1 + "\r\n" + "类型: " + choices[response2];
                                      //将对话框收集的信息拼接成字符串
       ta.setText(content);
       add(ta);
   }
   public static void main(String[] arguments){
       JFrame frm = new OptionDialogFrame();
       frm.setVisible(true);
   }
}
```

联系人信息

姓名: 张三
电话: 0571-12345678
类型: 单位

图 8-21　例 8.15 运行结果

程序运行结果如图 8-21 所示。

8.7　绘制几何图形、设置字体、颜色

Java 语言的绘图功能非常丰富，只需要用一些简单的语句就可以实现复杂的图形效果。本节将介绍 Java2D，一组支持高质量二维图形、图像、颜色和文本的类。

8.7.1 创建绘图接口

java.awt.Graphics 类定义了许多绘图操作，可以绘制直线、多边形、圆、椭圆等。类 java.awt.Graphics 2D 是 Graphics 的子类。Java 2D 正是基于此类实现的。

Graphic 2D 把要绘制的图形当作对象来处理，通过方法 draw()和 fill()绘制和填充图形。方法的参数都是图形对象，如直线（Line2D）、矩形（Rectangle2D）和椭圆（Ellipse2D）等。这些创建图形对象的类都定义在包 java.awt.geom 中，因此若要使用 Graphics2D 画图，在程序中需引入 java.awt.geom 包中相应的类。

Java 中的任何一个图形组件都可通过方法 paintComponent（Graphics）进行直接绘制，该方法定义在 JComponent 类中，用于绘制或者重新绘制组件。当它被调用时，系统将自动创建相关的 Graphics 对象传递给它，在该方法中直接使用这个对象来绘图。本节中，将使用面板 JPanel 作为画布进行绘图。只要创建 JPanel 的子类，重载方法 paintComponent()进行绘制操作即可。方法 paintComponent()的参数是 Graphics 类型的对象，必须把父类对象强制转换为其子类 Graphics2D 对象进行画图显示，代码如下：

```
public void paintComponent(Graphics g){
    Graphics2D g2D = (Graphics2D)g;
    //do something
}
```

取得这个 Graphics2D 的对象后，就可在其中进行文本或图形的绘制了。

8.7.2 绘制文本

绘制文本可调用方法 drawString()，该方法定义在 Graphics 类中，方法形式如下：

```
void drawString(string str, int x, int y);    //在坐标位置(x,y)处绘制文本
```

注意，x、y 坐标系的原点（0，0）是组件的左上角，从原点沿水平方向向右，x 坐标值递增，沿垂直方向向下，y 坐标值递增。例如，

```
public void paintComponent(Graphics g){
    Graphics2D g2D = (Graphics2D)g;
    g2D.drawString("绘制", 100,100);
}
```

8.7.3 字体

上节代码完成了在坐标（100，100）处用默认字体绘制文本“绘制”。若需要指定字体进行绘制，必须使用 java.awt.Font 类。Font 类的构造方法如下：

```
public Font(String name, int style, int size); //name 为字体名,style 为字型,size 为字体大小
```

Java 中字体有 5 种，但只能选择其中一种，不可组合使用。5 种字体名分别是：Dialog、DialogInput、Monospaced、Serif 和 SanSerif。也可直接使用字体的逻辑名称，如 Times New Roman 或者 Arial。如果程序运行的系统中有指定的字体，则使用该字体，否则使用默认字体。

字型有 Font.PLAIN、Font.BOLD 和 Font.ITALIC 三种，这三种字型可组合使用。例如下面的语句创建了一个 12 磅的 Serif 字体，字型是粗体和斜体：

```
Font f = new Font("Serif", Font.BOLD+Font.ITALIC, 12);
```

创建字体后，可调用 setFont 方法设置某个组件的字体。该方法定义在 Component 类中，例如：

```
JTextField tf = new JTextField();
```

```
tf.setFont(f);
```

也可用 Graphics2D 中定义的方法 setFont 设置画布上所画对象的字体。

```
g2D.setFont(f);
g2D.drawString("绘制", 100, 100);
```

8.7.4　颜色

颜色由 Color 类的对象表示。首先可使用 java.awt.Color 类创建颜色对象，这个类的构造方法如下：

```
public Color(int r, int g, int b)
```

这个方法的参数 r、g 和 b 分别表示颜色的 sRGB 值，取值范围分别为 0～255。

为了使用方便，Color 类还为 13 种常用颜色定义了静态常量，分别是 BLACK、BLUE、CYAN、DARK_GRAY、GRAY、GREEN、LIGHT_GRAY、MAGENTA、ORANGE、PINK、RED、WHITE 和 YELLOW。

如果需要设置当前绘制对象的颜色可使用表示绘制区域的 Graphics 或 Graphics2D 对象引用调用 setColor()方法；如果需要设置组件的背景色可使用 setBackground()方法，这个方法定义在 Component 类中。例如，下面的语句是将 comp2D 对象的绘制颜色设置为绿色：

```
g2D.setColor(Color.GREEN);
```

或

```
g2D.setColor(new Color(0,255,0));
```

8.7.5　创建几何图形

绘制 Java2D 几何图形可分为以下两步：

（1）使用 java.awt.geom 包中的类创建要绘制的图形对象；

（2）将这个对象作为参数，调用方法 draw()或 fill()绘制几何图形（见 8.7.6 小节）。

本节将介绍第一步，如何创建常见的几何图形对象。

1. 线段

线段可使用类 Line2D.Float 创建。这个类的构造方法形式如下：

```
public Line2D.Float(float, float, float, float)
```

构造方法的四个参数分别是线段两端点的 x、y 坐标值，如下面的语句创建一条端点坐标为（20.3，10.0）和（30.0，40.0）的线段：

```
Line2D.Float line = new Line2D.Float(20.3F, 10f, 30f, 40f);
```

2. 矩形

矩形可使用类 Rectangle2D.Double 或 Rectangle2D.Float 创建。这两个类的构造函数分别为：

```
public Rectangle2D.Double(double, double, double, double)
public Rectangle2D.Float(float, float, float, float)
```

四个参数分别是矩形左上角坐标和矩形的宽和高，如下面的语句创建一个左上角坐标为（20.0，30.0），宽度为 50px，高度为 40px 的矩形：

```
Rectangle2D.Double rc = new Rectangle2D.Double(20.0, 30.0, 50.0, 40.0);
```

3. 多边形

多边形是通过一个顶点运动到另一个顶点来创建，通过 GeneralPath 类的对象完成。

首先，创建 GeneralPath 的对象：

```
GeneralPath p = new GeneralPath();
```

接着，用 moveTo()方法创建多边形的第一个顶点，这个方法的参数为第一个顶点的坐标值，如：

```
p.moveTo(20F, 30F);
```

然后，用 lineTo()方法创建多边形的边，这个方法的参数为下一个顶点的坐标值，如：

```
p.lineTo(30F,30F);
p.lineTo(25F,40F);
```

在创建完多条边之后需要闭合多边形，可以调用 lineTo()方法连接到第一个顶点，也可以调用方法 closePath()，这个方法不需要参数，它将当前点与最近的 moveTo()方法指定的点连接起来，如：

```
p.closePath();
```

4. 椭圆

椭圆是使用类 Ellipse2D.Float 创建，这个类的构造方法如下：

```
public Ellipse2D.Float(float, float, float, float)
```

前两个参数表示椭圆的外切矩形的左上角坐标，第三个参数表示宽度，最后一个参数表示高度。

5. 圆弧

圆弧是使用 Arc2D.Float 类创建，这个类的构造方法如下：

```
public Arc2D.Float(float x, float y, float w, float h, float start, float extent, int type)
```

参数 x、y 表示圆弧所属椭圆的外切矩形的左上角坐标，w 和 h 表示椭圆的宽度和高度，start 表示弧的起始角度，extent 表示弧环绕的角度，type 表示闭合的方式，有 Arc2D.OPEN（不闭合）、Arc2D.CHORD（弧两段用线段连接）、Arc2D.PIE（将弧两端分别与椭圆的中心连接，形成扇形）三种样式。

8.7.6 绘制几何图形

几何图形创建完成就可以开始绘制了。绘制几何图形对象用类 Graphics2D 中的方法 draw() 和 fill()。前者用于绘制几何图形边框，后者用于填充几何图形。方法的形式如下：

```
void fill(Shape);           //绘制几何图形边框
void draw(Shape);           //填充几何图形
```

【例 8.16】几何图形绘制示例。

```
// DrawFrameDemo.java
import java.awt.*;
import javax.swing.*;
import java.awt.geom.*;
class DrawFrame extends JFrame{
    public DrawFrame(){
        setTitle("绘制几何图形");
        setBounds(300,200,500,300);
        setDefaultCloseOperation(JFrame.EXIT_ON_CLOSE);
        DrawPanel panel = new DrawPanel();
        add(panel);
    }
}
class DrawPanel extends JPanel{
    public void paintComponent(Graphics g){
        Graphics2D g2D = (Graphics2D)g;
        int x = getSize().width/3;
        int y = getSize().height/5;
```

```
        g2D.setColor(Color.black);                          //设置画笔颜色
        g2D.drawString("绘制直线",3*x/10,2*y/5);
        Line2D.Float line = new Line2D.Float((float)x/5, (float)3*y/5, (float)4*x/5,
                                    (float)3*y/5);
        g2D.draw(line);                                         //绘制线段
        g2D.drawString("绘制矩形",3*x/10,6*y/5);
        Rectangle2D.Float rect1 = new Rectangle2D.Float(x/5,7*y/5,3*x/5,y);
        Rectangle2D.Float rect2 = new Rectangle2D.Float(x/5,13*y/5,3*x/5,y);
        g2D.draw(rect1);                                        //绘制矩形
        g2D.fill(rect2);                                        //矩形填充
        g2D.drawString("绘制椭圆",13*x/10,2*y/5);
        Ellipse2D.Float ellipse1 = new Ellipse2D.Float(6*x/5,3*y/5,3*x/5,4*y/5);
        Ellipse2D.Float ellipse2 = new Ellipse2D.Float(6*x/5,8*y/5,3*x/5,4*y/5);
        g2D.draw(ellipse1);
        g2D.fill(ellipse2);
        g2D.drawString("绘制圆弧",13*x/10,14*y/5);
        Arc2D.Float arc1 = new  Arc2D.Float(6*x/5, 15*y/5, 3*x/5, 3*y/5,0,120,
                                    Arc2D.OPEN);
        Arc2D.Float arc2 = new  Arc2D.Float(6*x/5,20*y/5,3*x/5,3*y/5,20,120,
                                    Arc2D.PIE);
        g2D.draw(arc1);
        g2D.fill(arc2);
        g2D.drawString("绘制多边形",23*x/10,2*y/5);
        GeneralPath p1 = new GeneralPath();
        p1.moveTo(11*x/5,7*y/5);
        p1.lineTo(12*x/5,3*y/5);
        p1.lineTo(13*x/5,3*y/5);
        p1.lineTo(14*x/5,7*y/5);
        p1.lineTo(13*x/5,11*y/5);
        p1.lineTo(12*x/5,11*y/5);
        p1.closePath();
        g2D.draw(p1);
        GeneralPath p2 = new GeneralPath();
        p2.moveTo(11*x/5,18*y/5);                           //多边形的起点
        p2.lineTo(25*x/10,14*y/5);
        p2.lineTo(14*x/5,18*y/5);
        p2.lineTo(13*x/5,22*y/5);
        p2.lineTo(12*x/5,22*y/5);
        p2.closePath();                                     //多边形闭合
        g2D.fill(p2);
    }
}
public class DrawFrameDemo{
    public static void main(String[] args){
        DrawFrame frm = new DrawFrame();
        frm.setVisible(true);
    }
}
```

程序运行结果：

运行结果如图 8-22 所示。程序中方法 getSize 用于取得组件的大小。

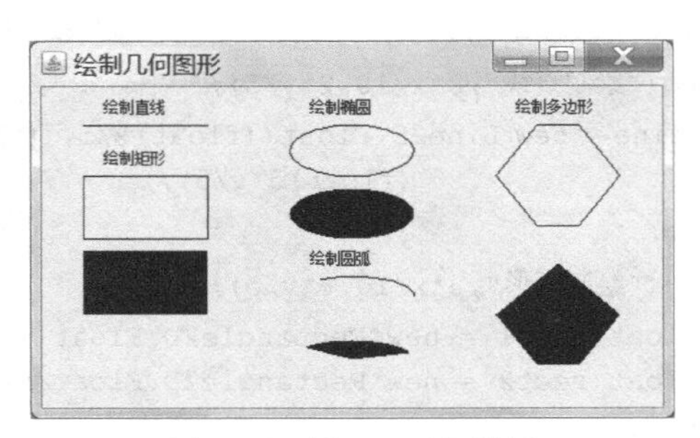

图 8-22　例 8.16 运行结果

8.8　简单的文本编辑器

本节将模仿 Windows 系统的记事本程序实现一个简单的文本编辑器。大家对记事本程序应该非常熟悉，它可以进行一些文件操作和文本编辑功能，如新建、打开、保存、另存为、打印文件，以及剪切、复制、粘贴、全选、查找、替换和自动换行、字体设置等编辑功能。本节将实现部分功能。

这里设计的文本编辑器有菜单项、文本编辑区等，用到 JMenu、JMenuItem、JTextField、JScrollPane 和 FileDialog 等组件。这些组件在本章中已作详细介绍。

文本编辑器提供打开文件、新建文件、保存文件等功能。当用户打开文件时需要弹出一个文件对话框让用户进行选择，“打开文件”对话框如图 8-23 所示。

图 8-23　“打开文件”对话框

文本编辑器中需要注意的是菜单项“保存”。若新建文件后单击“保存”选项，这时需要弹出保存文件的对话框，设置文件路径、文件名等信息，但如果是打开文件进行编辑后单击“保存”选项，这时需要将编辑的内容保存到原文件的位置。因此，程序中定义了成员变量 fn，用于保存在打开文件时文件的路径和文件名。

在实现一个有 GUI 的程序，首先应该设计程序的用户界面，然后实现各功能模块，为各组件添加监听器，在相应的监听器中完成具体的业务逻辑。若业务逻辑比较复杂，也可考虑采用模块化的设计原则具体实现。

【例 8.17】简单的文本编辑器示例。

```
//Note.java
import java.io.*;
import javax.swing.*;
import java.awt.*;
import java.awt.event.*;
class NoteFrame extends JFrame implements ActionListener{
    private JTextArea ta;
    private String fn = null;
    NoteFrame(){
        setTitle("记事本");
        setBounds(0,0,600,500);
        setDefaultCloseOperation(EXIT_ON_CLOSE);
        ta = new JTextArea();
        JMenuBar menubar = new JMenuBar();
        JMenu fileMenu = new JMenu("文件");
        JMenu editMenu = new JMenu("编辑");
        JMenuItem newMenu = new JMenuItem("新建");
        JMenuItem openMenu = new JMenuItem("打开...");
        JMenuItem closeMenu = new JMenuItem("关闭");
        JMenuItem saveMenu = new JMenuItem("保存");
        JMenuItem savetoMenu = new JMenuItem("另存为...");
        JMenuItem exitMenu = new JMenuItem("退出");
        JMenuItem cutMenu = new JMenuItem("剪切");
        JMenuItem copyMenu = new JMenuItem("复制");
        JMenuItem pasteMenu = new JMenuItem("粘贴");
        newMenu.addActionListener(this);          //为菜单项添加监听器
        openMenu.addActionListener(this);
        closeMenu.addActionListener(this);
        saveMenu.addActionListener(this);
        savetoMenu.addActionListener(this);
        exitMenu.addActionListener(this);
        cutMenu.addActionListener(this);
        copyMenu.addActionListener(this);
        pasteMenu.addActionListener(this);
        setJMenuBar(menubar);                     //添加菜单项
        fileMenu.add(newMenu);
        fileMenu.add(openMenu);
        fileMenu.add(closeMenu);
        fileMenu.addSeparator();                  //添加分割条
        fileMenu.add(saveMenu);
        fileMenu.add(savetoMenu);
        fileMenu.addSeparator();
        fileMenu.add(exitMenu);
        editMenu.add(cutMenu);
        editMenu.add(copyMenu);
        editMenu.add(pasteMenu);
        menubar.add(fileMenu);
        menubar.add(editMenu);
```

```
        add(new JScrollPane (ta,
            ScrollPaneConstants.VERTICAL_SCROLLBAR_AS_NEEDED,
            ScrollPaneConstants.HORIZONTAL_SCROLLBAR_AS_NEEDED));
                                //文本域放置在滚动窗格中
    }
    public void actionPerformed(ActionEvent e){
        String s = e.getActionCommand();
        if(s.equals("关闭"))
            System.exit(0);
        if(s.equals("打开...")){
            try{
                JFrame f = new JFrame();
                FileDialog fd = new FileDialog(f,"打开文件",FileDialog.LOAD);
                fd.setVisible(true);
                String path = fd.getDirectory();    // 取得打开文件的路径
                String fileName = fd.getFile();     //取得文件名
                BufferedReader br = new BufferedReader(
                             new FileReader(path + filename));
                fn = path + fileName;
                ta.setText("");
                String str = br.readLine();
                while(str != null){
                    ta.append(str + "\n");
                    str = br.readLine();
                }
                br.close();
            }catch(IOException ex){
                //open file error
            }
            return;
        }
        if(s.equals("保存")){
            try{
                if(fn == null){
                    JFrame f = new JFrame("存为");
                    FileDialog fd = new FileDialog(f,"文件保存为",FileDialog.SAVE);
                    fd.setFile("*.txt");
                    fd.setVisible(true);
                    String path = fd.getDirectory();
                    String fileName = fd.getFile();
                    if(fileName == null)
                        return;
                    fn = path + fileName;
                }
                PrintWriter pw = new PrintWriter(new FileWriter(fn));
                String content = ta.getText().replaceAll("\n", "\r\n");
                pw.write(content,0,content.length());
                pw.flush();
                pw.close();
            }catch(IOException ex){
                //save file failed
                System.out.println(e.toString());
            }
            return;
        }
```

```
        if(s.equals("新建")){
            ta.setText("");
            fn = null;
            return;
        }
        if(s.equals("另存为...")){
            JFrame f = new JFrame("另存为");
            FileDialog fd = new FileDialog(f,"文件另存为",FileDialog.SAVE);
                                                //文件对话框
            fd.setFile("*.txt");                //设置保存类型为txt文件
            fd.setVisible(true);
            String path = fd.getDirectory();    //取得文件保存路径
            String fileName = fd.getFile();     //保存的文件名
            if(fileName == null)                //用户放弃保存操作
                return;
            try{
                PrintWriter pw = new PrintWriter(new FileWriter(path+fileName));
                fn = path + fileName;
                String content = ta.getText().replaceAll("\n", "\r\n");
                pw.write(content,0,content.length());
                pw.flush();
                pw.close();
            }catch(IOException ex){
                System.out.println(e.toString());
            }
            return;
        }
        if(s.equals("关闭")){
            ta.setText("");
            fn = null;
            return;
        }
        if(s.equals("剪切")){
            ta.cut();
            return;
        }
        if(s.equals("复制")){
            ta.copy();
            return;
        }
        if(s.equals("粘贴")){
            ta.paste();
            return;
        }
    }
}
class Note{
    public static void main(String[] args){
        NoteFrame frm = new NoteFrame();
        frm.setVisible(true);
    }
}
```

程序运行结果如图 8-24 所示。

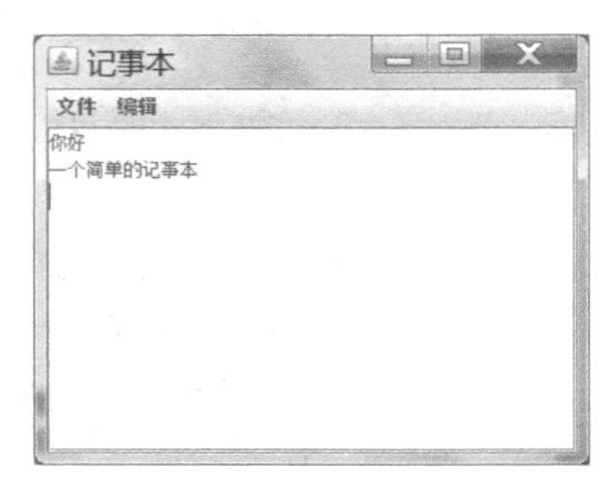

图 8-24 例 8.17 运行结果

程序分析说明：

例 8.17 实现了一个简单的文本编辑器，具有新建、打开、关闭、保存、另存为和退出等文件操作功能，还具有剪切、复制和粘贴等文本编辑功能。

类 NoteFrame 是一个框架。该类定义了一个构造方法 NoteFrame()和一个事件处理方法 actionPerformed()。构造方法 NoteFrame()定义了文本编辑器的界面与布局，以及为各菜单项注册监听器。此处监听器由类 NoteFrame 实现，在为菜单项添加监听器时，使用 this 即可。事件处理方法 actionPerformed()定义了各个菜单项的具体操作，其中方法 getActionCommand()可取得消息源的文本内容，通过文本内容响应各个不同菜单项事件。

打开、保存和另存为三个文件操作中使用了类 FileDialog。FileDialog 类的构造方法如下：FileDialog（Dialog parent， String title， int mode）。第一个参数表示父窗体、第二个参数表示对话框的标题，第三个参数确定对话框的类型。创建 FileDialog 对象时，根据第 3 个参数来确定对话框的类型，是打开文件或是保存文件。这里需要注意，创建了对话框的对象后，必须使用 setVisible（true）使其显示。这个对话框上有 “打开”（或者 “保存”）和 “取消” 两个按钮，若用户单击 “取消” 按钮表示放弃本次操作，获取的文件名为 null。当用户单击了另一个按钮时，程序可以获取文件路径和文件名。

复制、剪切、粘贴这三个文本编辑功能由 JTextArea 类提供的方法完成。

小　结

Java 提供了两个用于用户图形界面编程的包：java.awt 和 javax.swing。后者是前者的扩展。编写图形用户界面程序首先必须创建一个顶层容器，然后根据设计选择适合的布局器，最后在容器中根据需求设计添加需要的控件。布局器用于管理容器的界面布局。

Java 语言的事件处理机制采用委托事件模型。委托事件模型由事件源、事件对象、监听器对象组成。当事件产生时，事件源会将与该事件相关的信息封装在一个事件对象中，并将它发送给所有的注册监听器对象，随后监听器对象可根据事件对象中的信息来决定适当的处理方式。

可使用 Java2D 在容器等组件上可绘制图形，如直线、矩形、椭圆、多边形等，方法是：使用 java.awt.geom 包中相应的类创建所需要的图形，然后使用方法 draw()或 fill()进行绘制。还可以设置字体、颜色。

习　题

8–1 填空题

（1）Java 语言提供了两个用于开发图形用户界面的包，分别是________和________。

（2）Java 语言提供了多种布局管理器，如________、________和________，面板的默认布局器是________。

8–2 选择题

（1）下列哪个布局器在向容器中添加组件时要求指定添加的区域？（　　）

A. FlowLayout

B. GridLayout

C. BorderLayout

D. GridBagLayout

（2）当按 Tab 键离开某组件时，将产生（　　）事件。

A. ActionEvent

B. KeyEvent

C. FocusEvent

D. TabEvent

8–3 简答题

（1）试描述 Java 语言的事件处理模型，并举例。

（2）在 Java 中，实现监听器的形式有哪几种？分别描述优缺点。

8–4 上机题

（1）编写一程序，有 2 个文本框，在第一个文本框中输入一个整数，当焦点从第一个文本框离开时，第二个文本框将显示这个数的绝对值（使用 FocusListener）。

（2）仿照 Windows 的计算器，编写一个简易的计算器程序，实现加、减、乘、除等运算。

（3）编写一程序，有 3 个文本框、1 个下拉框和 1 个按钮，文本框分别用于输入半径、圆心 x，y 轴坐标，下拉框用于输入颜色，当用户单击按钮时，用指定的半径、圆心位置和颜色绘制一个圆形。

第9章 applet

【学习目标】

- 了解 applet 小程序与应用程序的区别。
- 了解 applet 小程序的生命周期。
- 掌握 applet 相关的常用 HTML 标记及属性。

【学习要求】

了解 applet 小程序和它的生命周期，掌握与其相关的 HTML 标记及属性，可以编写简单的 applet 小程序。

Java applet 是用 Java 语言编写的小应用程序，可以直接嵌入到网页或者其他特定的容器中，并能够产生特殊的效果，如动画、图形等，增加网页的互动性。

9.1 applet 小程序

9.1.1 简单的 applet 小程序

我们从一个 Hello World 的 applet 小程序开始。所有的 applet 小程序都必须继承类 java.awt.Applet，这个类是 AWT 组件。在本章中将使用 Swing 来实现 applet，因此采用 JApplet 类，这个类是 Applet 的直接子类。

【例 9.1】 HelloWorld 的 applet 小程序。

```
//HelloWorldApplet.java
import javax.swing.*;
public class HelloWorldApplet extends JApplet{
    public void init(){
        JLabel lbl=new JLabel("Hello world!", SwingConstants.CENTER);
        add(lbl);
    }
}
```

为了运行这个 applet 小程序，还需要执行两步操作：

（1）将 Java 源文件编译成字节码文件。

（2）创建一个 HTML 文件，用于告诉浏览器装载指定的字节码文件以及 applet 小程序的运行界面大小等。

【例 9.2】嵌入了例 9.1 中 applet 小程序的网页文件。

```
<!-- HelloWorldApplet.html -->
<html>
<title>Hello world Applet</title>
<body>
<applet code="HelloWorldApplet.class" width = "300" height = "200">
</applet>
</body>
</html>
```

程序运行结果：

使用支持 Java2 的浏览器打开 HelloWorldApplet.html 文件即可查看到 applet 小程序，如图 9-1 所示。

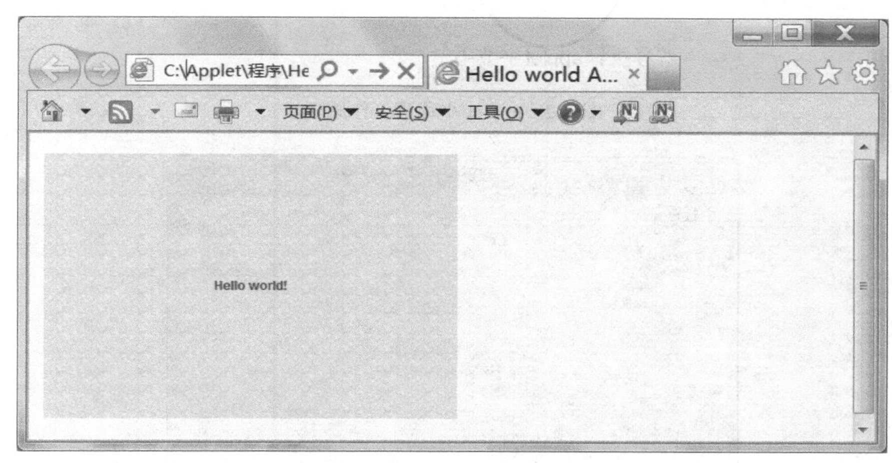

图 9-1 例 9.1 运行结果

程序分析说明：

为了方便描述，上述的示例中 applet 的字节码文件和相应的 HTML 文件保存在同一个文件目录中。而在实际应用中，两个文件一般存放在不同的目录下，这时需要在 HTML 文件中使用参数 codebase 来设置字节码文件的位置。

applet 小程序无须 main()方法，浏览器从指定位置获取字节码文件，然后使用外部 Java 运行环境或内置的 Java 虚拟机自动执行 applet 小程序。applet 小程序不会影响网页中其他部分的内容。与应用程序（application）相比较， application 的程序中必须包含一个 main()方法，这个方法是整个应用程序的入口，而 applet 小程序无需 main 方法，虚拟机会根据小程序的状态调用适当的方法。

当用户访问嵌有 applet 的网页时，applet 小程序会被下载到本地计算机上执行，但前提是用户使用的是支持 Java 的浏览器。由于 applet 是在本地执行，所以它的执行速度不受网络带宽或者 Modem 存取速度的限制，用户可以较好地欣赏网页上 applet 产生的多媒体效果。applet 小程序工作原理如图 9-2 所示。

Java SDK 中还提供了另一种 applet 小程序的测试方法：applet 查看器。在命令行中使用命令 appletviewer 测试上面的例子，命令行如下：

```
appletviewer HelloWorldApplet.html
```

程序运行结果如图 9-3 所示。

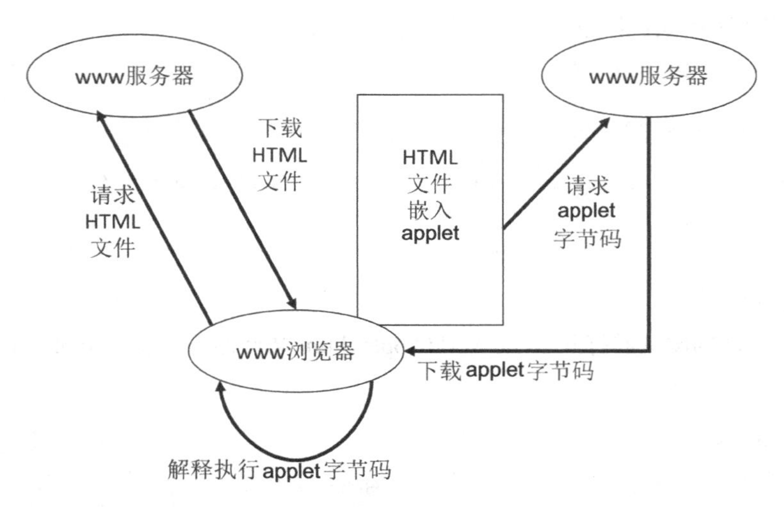

图 9-2　applet 小程序工作原理

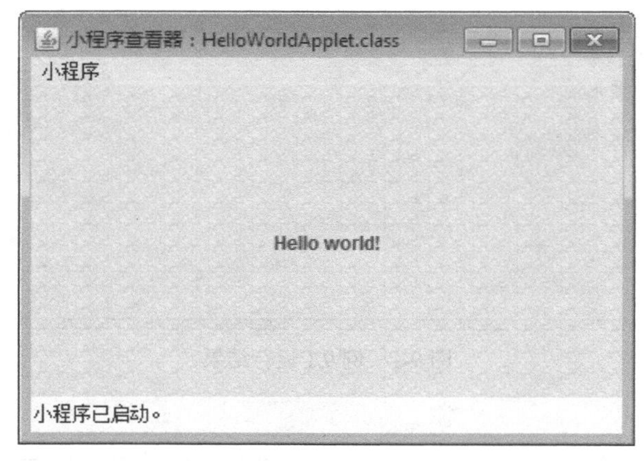

图 9-3　在小程序查看器中运行例 9.1

9.1.2　applet 的生命周期

applet 类提供了 4 个基本方法用于控制其运行状态：init、start、stop 和 destroy。这 4 个方法构建了 applet 小应用程序的框架，分别用于小程序的初始化、启动、停止和销毁。下面对这些方法进行简单的描述。

1. init

在第一次装载或重新载入一个 applet 时，系统会自动调用该方法，进行 applet 的初始化，如设置字体、装载图片。一般可以通过这个方法完成从网页向 applet 传递参数，添加 applet 用户界面的基本组件等操作。

2. start

在 init()方法结束后，Java 会自动调用这个方法，或当用户从其他页面返回到包含该 applet 的页面时，系统也会再执行一次这个方法。换言之，start()方法可能被多次执行，而 init 方法仅被执行一次。因此，我们可以把只希望执行一次的代码放在 init()方法中，其他的放在 start()方法中，如启动动画、播放音频文件等。

3. stop

当用户离开 applet 所在页面时或调用 destroy()方法前，这个方法被自动执行。因此，它和 start()方法是对应的，也可被多次调用。这个方法可以在用户不关注 applet 所在页面的时候，停止一些耗用系统资源的工作以免影响系统的运行速度，如暂停动画、暂停音频文件播放。若 applet 中不包含动画、音频等程序，通常不必实现该方法。

4. destroy

这个方法只在浏览器正常退出时调用。applet 是嵌在 HTML 文件中的，当用户不再需要浏览 applet 所在页面时，应该将 applet 所占的系统资源释放，可通过重写 destroy()方法回收这些资源。

图 9-4 描述了运行 applet 时的状态转移情况和如何自动调用这些方法。

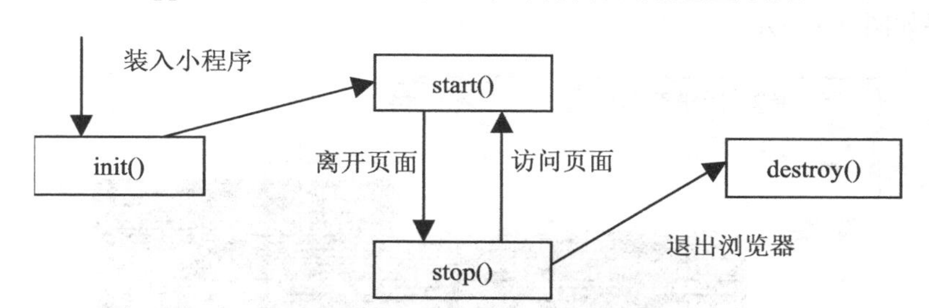

图 9-4　applet 主要时间及状态转移

5.绘制

applet 类还提供了方法 paint()和 repaint()。paint()方法用于在小程序中绘制文本、线条、背景或图像等，在小程序的生命周期内会多次被调用，如小程序初始化后、小程序所在的浏览器窗口移动到屏幕上的不同位置、浏览器窗口大小发生变化。paint()方法形式如下：

```
public void paint(Graphics g);
```

参数 g 表示绘制的区域，由浏览器创建直接传递给小程序。

repaint()方法用于用户界面的重新绘制。当程序需要刷新某界面组件，可调用此方法，系统会再次执行 paint()方法进行组件的绘制。需要注意，程序中最好不要直接调用 paint()方法来完成重绘的工作。

【例 9.3】applet 小程序运行周期。

```
// AppletLife.java
import java.swing.*;
public class AppletLife extends JApplet{
    public void init(){
        System.out.println("Now init");
    }
    public void start(){
        System.out.println("Now start");
    }
    public void stop(){
        System.out.println("Now stop");
    }
    public void paint(Graphics g){
        System.out.println("Now paint");
        g.drawString("hello",30,30);
    }
    public void destroy(){
        System.out.println("Now destroy");
```

```
        }
    }

    <!-- adder.html -->
    <html>
    <head></head>
    <body>
    <applet code= "AppletLife.class"  width= "500" height= "300">
    </applet>
    </body>
    </html>
```

程序运行结果：

运行结果如图 9-5 所示。

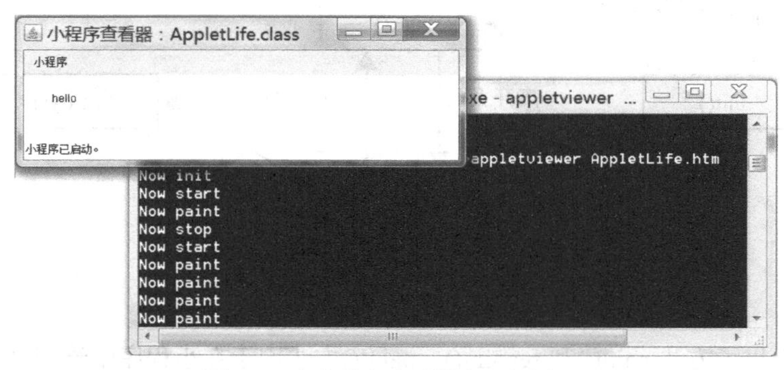

图 9-5　在小程序查看器中运行例 9.3

9.1.3 安全问题

由于 applet 是在本地运行的（从服务器端下载），因此安全问题非常重要。Java 为此对 applet 小程序做了一些限制。当 applet 小程序违反了限制时，applet 安全管理器会抛出 SecurityException 类型的异常。具体限制如下：

（1）applet 不能运行任何本地的可执行程序。

（2）除了 applet 的下载服务器外，applet 不能与其他主机通信。

（3）applet 不能对本地文件系统进行读/写操作。

（4）applet 的弹出式窗体都必须带有一个警告信息。

这些限制对于有些情况过于严格，限制了 applet 的功能，这时可通过签名技术解决。签名 applet 可以针对不同的情况给予不同级别的安全等级。简言之，applet 通过签名技术来表明其来源，如果用户信任 applet 的来源，可以告诉浏览器赋予该 applet 更多的权限。

9.1.4 applet 的 HTML 标记及属性

在例 9.2 中已经见过了 HTML 标记<applet>的最简单形式，如：

```
<applet code="HelloWorldApplet.class" width = "300" height = "200">
</applet>
```

<applet>和</applet>用于指定嵌入的 applet，其中 code 属性用于标明 applet 字节码文件的文件名，这个文件名必须包含扩展名.class；width 和 height 属性用于标明 applet 窗口的尺寸（以像素为单位）。

在这两个标记间可以添加一段文字：

```
<applet code = "HelloWorldApplet.class" width = "300" height = "200">
这个程序需要支持 Java 的浏览器才能打开
</applet>
```

文字“这个程序需要支持 Java 的浏览器才能打开”在浏览器不支持 applet 时会被显示在 applet 运行的位置。下面介绍标记<applet>的一些常用属性。

1．标记 applet 的一些常用属性

（1）align。

属性 align 用于指定 applet 的对齐方式，即 applet 窗口显示在 HTML 文档窗口的位置，如设置 applet 在一行文字内浮动或被文字环绕。

【例 9.4】属性 align 的应用。

```
<!-- AlignDemo.html -->
<html>
<title>Hello world Applet</title>
<body>
<applet code="HelloWorldApplet.class" width = "100" height = "20" align = LEFT>
</applet>
小程序与其之后的文本左对齐<br clear=ALL><br>
<applet code="HelloWorldApplet.class" width = "100" height = "20" align = RIGHT>
</applet>
小程序与其之后的文本右对齐<br><br>
<applet code="HelloWorldApplet.class" width = "100" height = "20" align = TEXTTIOP>
</applet>
小程序的顶部与本行中最高的文本的顶部对齐<br><br>
<applet code="HelloWorldApplet.class" width = "100" height = "20" align = TOP>
</applet>
小程序与行中最高的项目对齐<br><br>
<applet code="HelloWorldApplet.class" width = "100" height = "20" align = MIDDLE>
</applet>
小程序的中部与文本基准线的中部对齐<br><br>
<applet code="HelloWorldApplet.class" width = "100" height = "20" align = BASELINE>
</applet>
小程序的底部与文本基准线对齐<br>
</body>
</html>
```

程序运行结果：

用支持 Java 的浏览器打开 HTML 文件 AlignDemo 后的效果如图 9-6 所示。

（2）codebase。

属性 codebase 用于指定 applet 的 URL 地址，告诉 Web 浏览器在哪个目录下查找字节码文件。例如，网页 HelloWorldApplet.html 存放在目录 dirc 下，字节码文件 HelloWorldApplet.class 存放在目录 dirc/applets 下，则使用

```
<applet code = "HelloWorldApplet.class" codebase = "applets" width = "300" height =
"200">
</applet>
```

如果字节码文件和相应的 HTML 文件保存在当地的同一目录下，无须指定 codebase 属性。

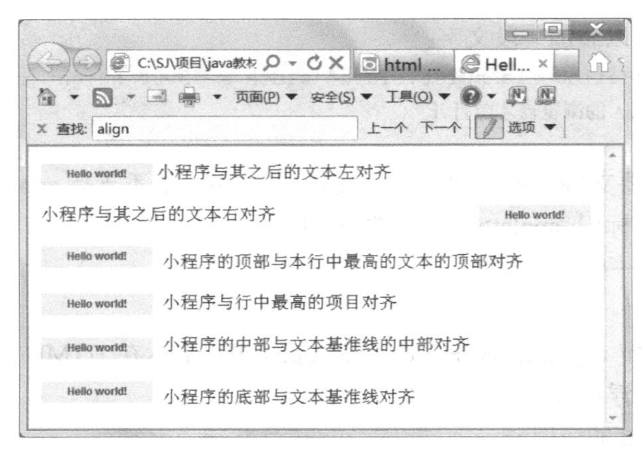

图 9-6　例 9.4 运行效果

（3）archive。

属性 archive 用于列出 Java 压缩文件，压缩文件中一般包含字节码文件或 applet 需要的其他资源文件，如图片。

当 applet 小程序包含多个字节码文件或资源文件时，可将所有文件打包成 JAR 文件，这样只需通过一个 HTTP 请求就可加载所有的文件，大大提高了小程序的加载速度。若 applet 小程序 MyApplet 的所有字节码文件打包成 myAppletClasses.jar，则使用：

```
<applet code = "MyApplet.class"archive = "myAppletClasses.jar"width = "300"height = "200">
</applet>
```

2. 向 applet 传递参数

如果需要从 HTML 文件向 applet 传递参数，可使用标记<param>，格式如下：

```
<param name = "parameterName" value="parameterValue">
```

这个标记必须嵌在<applet>标记中使用。例如，想通过网页设置 applet 的背景色，可通过以下 HTML 标记：

```
<applet code = "MyApplet.class" width = "300" height = "200">
<param name = "background" value ="#443322"/>
</applet>
```

在 Java Applet 中通过 getParameter()方法获取 HTML 文件里设置的参数值，该方法形式如下：

```
public String getParameter(String name);
```

该方法的参数 name 必须和相应的<param>标记中的参数名 parameterName 完全一致，方法返回字符串类型的参数值，若需要的参数值是其他数据类型，则可在 applet 代码中进行转换，如：

```
public class MyApplet extends JApplet{
    public void init(){
        String value = getParameter("background");
        Color bg = Color.decode(value);
        …       //其他代码
    }
}
```

【例 9.5】标记 param。

```
//Adder.java
import javax.swing.*;
import java.awt.*;
public class Adder extends JApplet{
    private double opd1,opd2,sum;
```

```
    public void init(){
        try{
            opd1 = Double.parseDouble(getParameter("D1"));
            //取得 D1 参数的值，将其转换为 double 类型的实数
            opd2 = Double.parseDouble(getParameter("D2"));
        }catch(NumberFormatException e){
            //若类型转换(字符串类型转换为 double 类型)失败时，系统抛出异常
            System.out.println(e.toString());
        }
        sum = opd1 + opd2;     //将两参数加和
    }
    public void paint(Graphics g){
        Graphics2D comp = (Graphics2D)g;
        String content = opd1 + " + " + opd2 + " = " + sum;
        comp.drawString(content, 80,80);
                                //在坐标(80,80)的位置绘制字符串 content 的内容
    }
}
```

```
<!-- adder.html -->
<html>
<head>
<title>向 applet 传递参数</title>
</head>
<body>
<applet code="Adder.class" width = "300" height = "200">
<param name="D1" value="3.30">
<param name="D2" value="4.24">
</applet>
</body>
</html>
```

程序运行结果如图 9-7 所示。

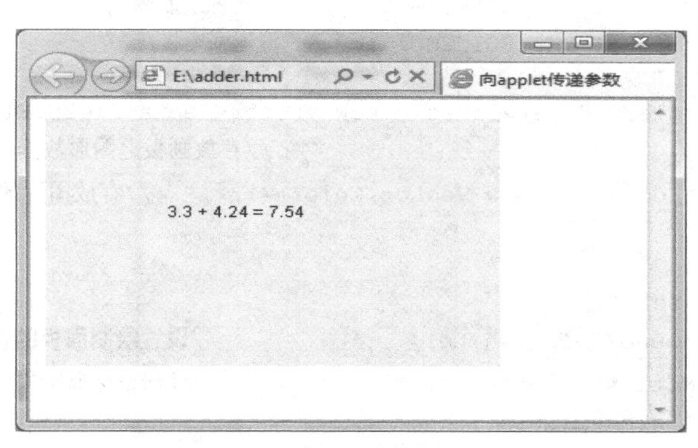

图 9-7　例 9.5 运行结果

9.2　applet 案例——简易画板

本节将编写一个具有简单绘图功能的 applet 小程序：简易画板。applet 组件是容器，在其中

也可以进行二维图形的绘制。第 8 章介绍的二维图形的绘制在 applet 小程序中也适用。

用户可以在画板中选择绘制的模式：点或直线，还可选择绘制时画笔的颜色，程序将根据鼠标的动作与设置信息绘制画板。当用户在画板上单击、拖曳、释放鼠标时，程序还需要不断地对画板进行实时的绘制。这样除了当前绘制的内容，之前绘制过的记录也需要重新绘制。

设计用两个 Vector 对象保存之前绘制过的图形数据，一个是向量 lines，用于保存绘制图形位置与大小，另一个是向量 colors，用于保存绘制图形的颜色信息。

【例 9.6】 简易画板。

```
// DrawTest.java
import java.awt.event.*;
import java.awt.geom.*;
import java.awt.*;
import javax.swing.*;
import java.util.Vector;
public class DrawTest extends JApplet{
    DrawPanel panel;                              //绘制面板，在此面板上进行简单绘制
    DrawControls controls;                      //控制面板，可以设置颜色和绘制模式
    public void init(){
        setLayout(new BorderLayout());            //applet 小程序采用边界布局器
        panel = new DrawPanel();
        controls = new DrawControls(panel);
        add("Center", panel);                   //绘制面板放置在“中”区域
        add("South", controls);                   //控制面板放置在“南”区域
    }
    public void destroy(){
        remove(panel);
        remove(controls);
    }
}
class DrawPanel extends Panel implements MouseListener, MouseMotionListener {
    public static final int LINES = 0;      //两种绘制模式 LINES 与 POINTS
    public static final int POINTS = 1;
    int  mode = LINES;
    Vector<Rectangle2D.Float>lines = new Vector<Rectangle2D.Float>();
                                              //存放画板上图形数据
    Vector<Color> colors = new Vector<Color>();      //存放图形的颜色信息
    float x1,y1;
    float x2,y2;
    public DrawPanel(){
        setBackground(Color.white);               //设置绘制面板的背景色
        addMouseMotionListener(this);             //注册鼠标监听器
        addMouseListener(this);
    }
    public void setDrawMode(int mode){            //设置绘制模式：LINES 或 POINTS
        switch (mode){
            case LINES:
            case POINTS:
                this.mode = mode;
                break;
            default:
                throw new IllegalArgumentException();
```

```
        }
    }
    public void mouseDragged(MouseEvent e){   //鼠标拖曳
        switch (mode){
            //LINES模式下，只在释放鼠标时才表示一条线段的绘制结束
            //所以此时鼠标位置不记录在向量lines中，只用(x2,y2)保存当前鼠标位置
            case LINES:
                x2 = e.getX();   //取鼠标x轴坐标位置
                y2 = e.getY();   //取鼠标y轴坐标位置
                break;
            case POINTS:
            default:
                colors.addElement(getForeground());
                //将当前图形绘制的颜色信息保存在colors中
                lines.addElement(new Rectangle2D.Float(x1, y1, e.getX(), e.getY()));
                /*将图形数据以矩形对象数据(左上角坐标、宽度、高度)的形式
                保存在向量lines中*/
                x1 = e.getX();
                y1 = e.getY();
                break;
        }
        repaint();
    }
    public void mousePressed(MouseEvent e){ //单击鼠标，新的一次绘制开始
        switch (mode){
            case LINES:
                x1 = e.getX();                    //记录新绘制直线的起点坐标
                y1 = e.getY();
                x2 = -1;
                break;
          case POINTS:
          default:
              colors.addElement(getForeground());
              lines.addElement(new Rectangle2D.Float(e.getX(), e.getY(), -1.F, -1.F));
               //单击鼠标时，点模式下矩形的宽度和高度设为-1.0,表示此处绘制点
              x1 = e.getX();
              y1 = e.getY();
              repaint();
              break;
        }
    }
    public void mouseReleased(MouseEvent e){  //释放鼠标
        switch (mode){
            //LINES模式下，用户释放鼠标表示一条线段绘制结束，
            //因此这时鼠标位置可作为线段终点，将一组完整的线段数据保存在lines中
            case LINES:
                colors.addElement(getForeground());
                lines.addElement(new Rectangle2D.Float(x1, y1, e.getX(), e.getY()));
                x2 = -1;
                break;
            case POINTS:
            default:
```

```
                    break;
            }
            repaint();
    }
    public void mouseMoved(MouseEvent e){ }
        public void mouseEntered(MouseEvent e){ }
        public void mouseExited(MouseEvent e){ }
        public void mouseClicked(MouseEvent e){ }
        public void paint(Graphics g){
            int np = lines.size();     //向量中绘制图形的个数
            Graphics2D g2D = (Graphics2D)g;
            // 绘制图形
            g2D.setColor(getForeground());
            //for 循环中实现向量 lines 中的图形绘制
            for (int i=0; i < np; i++){
                Rectangle2D.Float p = (Rectangle2D.Float)lines.elementAt(i);
               //从向量 lines 中取得图形数据
                g2D.setColor((Color)colors.elementAt(i));  //取得相应的颜色数据
                if (p.width != -1)
                    g2D.draw(new Line2D.Float(p.x, p.y, p.width, p.height));
                else
                    g2D.draw(new Line2D.Float(p.x, p.y, p.x, p.y));
                    //p.width 为-1,表示绘制点
            }
            //绘制鼠标当前正在绘制的图形
            //因此绘制时使用数据(x1,y1)和(x2,y2),分别作为线段的起点和重点
            if (mode == LINES){
                g2D.setColor(getForeground());
                if (x2 != -1)
                    g2D.draw(new Line2D.Float(x1, y1, x2, y2));
            }
        }
}
class DrawControls extends Panel implements ItemListener {   //控制面板
    DrawPanel target;       //绘制面板，当单击控制面板的控件时，需要设置绘制面板的
                            //属性：绘制颜色 foreground 和绘制模式(LINES 或 POINTS)
    public DrawControls(DrawPanel target){
        this.target = target;
        setLayout(new FlowLayout());
        target.setForeground(Color.red);
        ButtonGroup group = new ButtonGroup();
        //group 用于管理一组设置颜色的单选按钮
        JRadioButton b = new JRadioButton("红", false); //设置颜色的单选按钮
        b.addItemListener(this);
        b.setForeground(Color.red);      //使用红色绘制这个单选按钮的标签文字
        add(b);                          //在控制面板上添加此单选按钮
        group.add(b);                    //在 group 中添加此单选按钮
        b = new JRadioButton("绿", false);
        b.addItemListener(this);
        b.setForeground(Color.green);
        add(b);
        group.add(b);
        b = new JRadioButton("蓝", false);
        b.addItemListener(this);
```

```
        b.setForeground(Color.blue);
        add(b);
        group.add(b);
        b = new JRadioButton("粉", false);
        b.addItemListener(this);
        b.setForeground(Color.pink);
        add(b);
        group.add(b);
        b = new JRadioButton("橙", false);
        b.addItemListener(this);
        b.setForeground(Color.orange);
        add(b);
        group.add(b);
        b = new JRadioButton("黑", true);
        b.addItemListener(this);
        b.setForeground(Color.black);
        add(b);
        group.add(b);
        target.setForeground(b.getForeground());
        JComboBox shapes = new JComboBox();          //设置绘制模式的下拉框
        shapes.addItemListener(this);
        shapes.addItem("Lines");
        shapes.addItem("Points");
        shapes.setBackground(Color.lightGray);
        add(shapes);
        this.setVisible(true);
    }
    public void itemStateChanged(ItemEvent e){      //被选项发生改变
        if (e.getSource()instanceof JRadioButton)   //检查消息源是否是单选按钮
            target.setForeground(((Component)e.getSource()).getForeground());
        if (e.getSource()instanceof JComboBox){     //检查消息源是否是下拉框
            String choice = (String)e.getItem();  //取得下拉框的选中项
        if (choice.equals("Lines"))                 //设置绘制模式
            target.setDrawMode(DrawPanel.LINES);
        else. if (choice.equals("Points"))
            target.setDrawMode(DrawPanel.POINTS);
        }
    }
}
```

程序运行结果如图 9-8 所示。

程序分析说明：

程序中定义了 3 个类：简易画板类 DrawTest（一个 applet 小程序类）、绘图面板类 DrawPanel 和控制面板类 ControlPanel。applet 小程序 DrawTest 由一个绘图面板与一个控制面板组成。

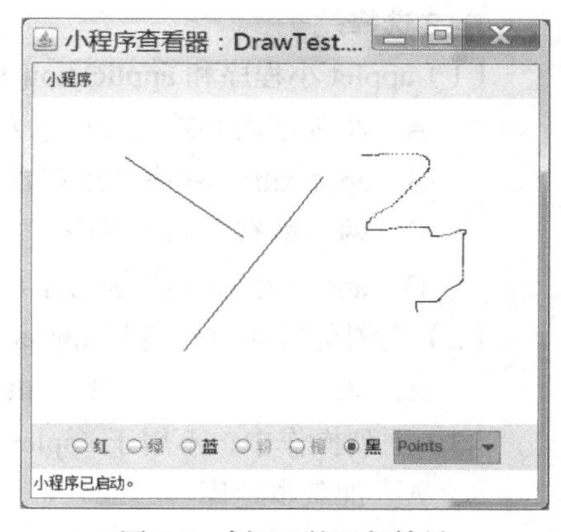

图 9-8　例 9.6 的运行结果

绘图面板上的图形是根据鼠标移动、单击、释放等事件来绘制的，因此需要实现 MouseListener 和 MouseMotionListener 这两个接口。消息源就是绘图面板。当用户在绘图面板上操作鼠标时，监听器将需要绘制的信息和颜色分别保存在向量 lines 和 colors 中，然后调用 repaint()，在面板上进行一次绘制。

这里需要注意的是，当模式选择不同（点或直线），对于监听鼠标的动作也略有不同，但绘制数据都保存在向量 lines 中，使用矩形 Rectangle2D.Float 对象来保存。如果是“点”，矩形的宽度属性 width 设置为-1，如果是“直线”，将直线的两端点坐标分别保存矩形的 4 个参数中：一个端点的坐标值对应矩形的左上角 x 轴、y 轴坐标值，另一个端点的坐标值对应矩形的宽度、高度值。在绘制时先读取这 4 个值，然后根据 width 的值判断是绘制点或者直线，分别对它们进行绘制。

另外，在“点”模式下，程序绘制的图形是点，鼠标单击、拖曳时坐标位置都需要保存在 lines 中。而在“直线”模式下，鼠标单击时表示直线绘制开始，鼠标释放时表示直线绘制结束。因此只需要在鼠标释放时将直线的起点终点记录在 lines 中。在鼠标拖曳时，需将鼠标位置记录在 x2、y2 中，这是为了实时绘制的需要。

DrawControls 类是一个控制台面板，面板上包含了一组单选按钮和下拉框，用于画笔颜色和模式的选择。当这些控件的值发生改变时，就将画板中的相应属性（颜色或模式）作修改。

小　　结

applet 是能够嵌入在网页中执行和显示的小程序。制作一个 applet 程序需要创建 javax.swing.JApplet 的子类作为顶层容器。applet 小程序主要有 5 个方法：init()、start()、stop()、destroy()和 paint()，它们定义了小程序运行时所执行的活动。嵌入在网页中需要使用标签 <applet></applet>，对这组标签的一些常用属性需要掌握。

习　　题

9–1 填空题

（1）如果需要在程序中使用 Swing，小程序应该从________类继承。

（2）当小程序的窗口需要重新绘制时，调用方法________________。

9–2 选择题

（1）applet 小程序和 application 程序的主要区别是（　　）。

A. 小程序内必须有 main()方法

B. application 程序必须包含 main()方法，而 applet 小程序一定是类 applet 的子类

C. 两者都有 main()方法

D. applet 小程序必须包含 main()方法，而 application 程序一定是类 applet 的子类

（2）当浏览器的用户离开 applet 所在的 HTML 页时调用（　　）方法。

A. start　　B. init　　C. stop　　D. destroy

（3）下列操作中，不属于 applet 安全限制的是（　　）。

A. 加载本地库　　B. 读/写本地文件系统

C. 运行本地可执行程序　　D. 与同一个页面中的 applet 通信

9-3 简答题

（1）简述 applet 小程序的生命周期。

（2）简述 applet 在浏览器中执行的基本原理。

9-4 上机题

（1）编写一个 applet 小程序，具有两个文本框和一个按钮，一个可以接收键盘输入的字符串，单击按钮，将字符串逆置并显示在另一个文本框内。

（2）将第 8 章的计算器程序改写成 applet 小程序。

（3）改写例 9.6，增加绘制矩形的功能。

第 10 章 多线程编程

【学习目标】

- 了解线程及其相关的基本概念。
- 掌握 Java 多线程的两种实现方式及区别。
- 了解线程的生命周期。
- 掌握多线程的基本调度方法。
- 熟悉同步与死锁的概念。

【学习要求】

学习 Java 中线程的使用，掌握线程的调度和控制方法，清楚地理解多线程的互斥和同步的实现原理，以及多线程的应用。

多线程机制是指在同一应用程序中能够在同一时间内同时执行多个操作。Java 语言对多线程的支持，使得编程人员可以很方便地开发出具有多线程功能、能同时处理多个任务的功能强大的应用程序。

10.1 线 程 简 介

10.1.1 引入线程

Java 程序大多是单线程的，即一个程序从头至尾只有一条执行线索，当程序执行过程中因为等待某个 I/O 操作而受阻时，其他部分的程序同样无法执行。然而现实世界中很多过程都具有多条线索同时工作，如服务器可能需要同时处理多个客户机的请求等，这就需要编写的程序也要支持多线程的工作。

多线程就好像日常生活中同时做几件事一样，例如早上起床，要烧水洗脸，在烧水时就可以刷牙，还可以边刷牙边看早间新闻，这样就同时做着烧水、刷牙、看电视三件事。多线程也是一样的，同时有可能在执行多个线程，提高程序的执行效率。

在实际开发中很多地方使用多线程。例如，有一个交互式程序，程序中包含一些复杂费时的运算，同时有一个“退出”按钮。我们并不希望在程序的每一部分代码中都反复轮询这个按钮，同时又希望该按钮能及时地做出响应（使程序看起来似乎经常都在轮询它）。Java 内置的多线程机制能很好解决这个问题，将一个程序划分为多个独立的子线程，不同的线程并发执行不同的操作，不仅增强了用户体验，也提高了 CPU 的利用率。

10.1.2　多进程和多线程

程序是指能完成预定功能的一段静态的指令序列。为提高操作系统的并行性和资源利用率，提出了进程（Process）的概念。进程是程序的一次动态的执行过程，它对应了从代码加载、执行到执行完毕的一个完整过程，这个过程也是进程从产生、发展到消亡的过程。多进程是计算机操作系统同时运行几个程序或任务的能力。严格来说，一个单 CPU 计算机在任何给定时刻只能执行一个任务，然而操作系统可以很快在各个程序之间进行切换，这样看起来就像计算机在同时执行多个程序。

根据这个思想，把这种并发执行多个任务的想法向前推一步，为什么不能让一个程序具有同时执行不同任务的能力？这种能力就叫做多线程。线程（Thread）是比进程更小的执行单位。一个进程在其执行过程中，可以产生多个更小的程序单元，这些更小的单元称为线程。线程并不是程序，它自己本身并不能运行，必须在程序中运行。多线程是在同一应用程序中，有多个顺序流同时执行，完成不同的功能。如图 10-1 所示即为线程与进程。

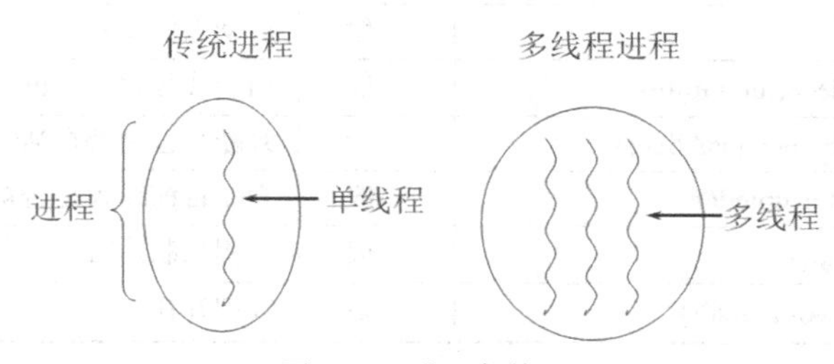

图 10-1　进程与线程

多线程的程序能更好地表述和解决现实世界的具体问题，是计算机应用开发和程序设计的一个必然发展趋势。Java 提供的多线程功能使得在一个程序里可同时执行多个小任务，CPU 在线程间的切换非常迅速，使人们感觉到所有线程好像是同时进行似的。多线程带来的更大的好处是更好的交互性能和实时控制性能，当然，实时控制性能还取决于操作系统本身。

提示：多线程和多进程的区别。

① 两者粒度不同，是两个不同层次上的概念。进程是由操作系统来管理的，而线程则是在一个程序（进程）内。

② 每个进程是操作系统分配资源和处理器调度的基本单位，拥有独立的代码、内部数据和状态（进程上下文），而一个进程（程序）内的多线程只是处理器调度的基本单位，共享该进程的资源，所以线程又被称为轻量级进程。线程间有可能互相影响。

③ 线程本身的数据通常只有寄存器数据，以及一个程序执行时使用的堆栈，所以线程的切换比进程切换的负担要小。

10.1.3　Thread 类

Java 的线程是通过 java.lang.Thread 类来实现，一个 Thread 类的对象代表一个线程。通过 Thread 类和它定义的对象，我们可以获得当前线程对象、获取某一线程的名称，可以实现控制线程暂停一段时间等功能。Thread 类的常用方法见表 10-1，其基本的线程控制操作见 10.4 节。

表 10-1　　Thread 类的常用方法

序号	方法名称	类型	含义
1	public Thread()	构造	创建线程对象
2	public Thread(Runnable target)	构造	创建线程对象，使该对象可执行对象 target 中的 run 方法
3	public Thread(String name)	构造	创建线程对象，设其名字为 name
4	public Thread(ThreadGroup group, Runnable target,String name)	构造	创建线程对象，并设置线程组 ThreadGroup
5	public static Thread currentThread()	一般	返回目前正在执行的线程
6	public void destroy()	一般	消灭当前线程
7	public final String getName()	一般	返回当前线程名称
8	public final int getPriority()	一般	返回当前线程优先级
9	public final void setPriority(int newPriority)	一般	定义当前线程优先级
10	public void interrupt()	一般	中断当前线程
11	public void run()	一般	执行当前线程
12	public void start()	一般	启动当前线程
13	public static void sleep(long millis)	一般	当前线程睡眠 millis 毫秒
14	public final native boolean isAlive()	一般	判断线程是否在活动
15	public boolean isInterrupted()	一般	判断目前线程是否被中断
16	public final void join()	一般	线程强制执行
17	public static native void yield()	一般	线程礼让

10.1.4　Runnable 接口

Runnable 接口只有一个方法 run(),所有实现 Runnable 接口的用户类都必须具体实现这个 run()方法。Runnable 接口中的这个 run()方法是一个较特殊的方法,它可以被运行系统自动识别和执行,即当线程被调度并转入运行状态时，它所执行的就是 run()方法中定义的操作。所以，一个实现 Runnable 接口的类实际上是定义一个新线程的操作，而定义新线程的操作和执行流程，是实现多线程应用的最主要和最基本的工作之一。Thread 类实现了 Runnable 接口。

Runnable 接口定义如下：

```
public interface  Runnable{
    public abstract void run();
}
```

10.2　线程的实现

Java 编程实现多线程有两种途径：一种是通过继承 Thread 类构造线程，一种是实现 Runnable 接口构造线程。

10.2.1　继承 Thread 类

一个类只要继承了 Thread 类，就可作为多线程操作类。在 Thread 子类中必须覆写 Thread 类中的 run()方法，run()方法中定义了线程要执行的代码。

定义语法：

```
class 类名称 extends Thread{    //继承 Thread 类
    属性;
    方法;
    //覆写 Thread 类中 run 方法
    public void run(){
        线程主体;
    }
}
```

【例 10.1】继承 Thread 类实现多线程。

```
//ThreadDemo01.java
class CountingThread extends Thread{                          //①继承 Thread 类
    private String name;                                      //表示线程的名称
    public CountingThread(String name){                       //构造方法设置线程的名称
        this.name = name;
    }
    public void run(){                                        //②覆写 Thread 类中的 run()方法
        System.out.println("线程启动: "+this.name);           //当前线程体启动
        for(int i=0;i<9;i++)                                  //循环输出 1~9 数字
            System.out.println(name+"运行: i = "+(i+1)+"\t");
        System.out.println("线程结束: "+this.name);           //当前线程体结束
    }
}
class ThreadDemo01{
    public static void main(String args[]){
        CountingThread thread1=new CountingThread("线程 A");   //③实例化对象
        CountingThread thread2=new CountingThread("线程 B");   //实例化对象
        thread1.start();                                       //④启动多线程
        thread2.start();                                       //启动多线程
    }
}
```

程序运行结果（可能的一种结果）：

```
线程启动: 线程 B
线程 B 运行: i = 1
线程启动: 线程 A
线程 B 运行: i = 2
线程 A 运行: i = 1
线程 B 运行: i = 3
线程 B 运行: i = 4
线程 B 运行: i = 5
线程 B 运行: i = 6
线程 B 运行: i = 7
线程 B 运行: i = 8
线程 A 运行: i = 2
线程 B 运行: i = 9
```

```
线程A运行：i = 3
线程结束：线程B
线程A运行：i = 4
线程A运行：i = 5
线程A运行：i = 6
线程A运行：i = 7
线程A运行：i = 8
线程A运行：i = 9
线程结束：线程A
```

程序分析说明：

例 10.1 创建一个扩展 Thread 类的类 CountingThread，然后在 Thread Demo01 类中建立这个 Thread 类的 A 和 B 两个线程对象，显示 1～9 之内的数字。而且每次执行程序，执行结果有可能不同，无法准确知道线程在什么时间开始执行，这些由系统来确定。

继承 Thread 类创建和执行多线程完成下列 4 个步骤：

（1）定义一个类扩展 Thread。

（2）覆盖 run()方法，这个方法中实现线程要执行的操作。

（3）创建一个这个线程类的对象。

（4）调用 start()方法启动线程对象。

注意：为什么不能直接调用 run()方法呢？

当调用 start()方法时，系统启动线程，并分配虚拟 CPU 开始执行这个线程的 run()方法后，立即返回。如例 10.1 中，执行 thread1.start()语句，启动 thread1 并分配虚拟 CPU 执行 thread1 的 run()方法后，立即返回执行后续的语句 thread2.start()，而不是等到 thread1 的 run()方法执行结束后返回。

10.2.2 实现 Runnable 接口

Runnable 接口只有一个方法 run()，实现这个接口并把线程对象所要执行的操作代码写到这个方法中，然后再把实现了整个接口的类的实例传给 Thread 类的构造方法即可实现多线程操作。

【例 10.2】 Runnable 接口实现多线程。

```
//RunnableDemo01.java
class CountingThread implements Runnable{    //①实现 Runnable 接口
    private String name ;                    // 表示线程的名称
    public CountingThread(String name){      //构造方法设置线程的名称
        this.name = name ;
    }
    public void run(){                       //②覆写 Runnable 接口中的 run()方法
        System.out.println("线程启动："+this.name);       //当前线程体启动
        for(int i=0;i<10;i++){                         //循环输出 1～9 数字
            System.out.println(name + "运行：i = " + i);
        }
        System.out.println("线程结束："+this.name);       //当前线程体结束
```

```
    }
}
public class RunnableDemo01{
    public static void main(String args[]){
        // ③实例化 Runnable 子类对象
        CountingThread ct1 = new CountingThread("线程 A ");
        CountingThread ct2 = new CountingThread("线程 B ");
        Thread thread1 = new Thread(ct1);    // ④实例化 Thread 类对象
        Thread thread2 = new Thread(ct2);    // 实例化 Thread 类对象
        thread1.start();                     // ⑤启动多线程
        thread2.start();                     // 启动多线程
    }
}
```

程序运行结果（可能的一种结果）：

```
线程启动：线程 A
线程启动：线程 B
线程 A 运行：i = 0
线程 A 运行：i = 1
线程 A 运行：i = 2
线程 A 运行：i = 3
线程 A 运行：i = 4
线程 A 运行：i = 5
线程 A 运行：i = 6
线程 A 运行：i = 7
线程 A 运行：i = 8
线程 A 运行：i = 9
线程 B 运行：i = 0
线程结束：线程 A
线程 B 运行：i = 1
线程 B 运行：i = 2
线程 B 运行：i = 3
线程 B 运行：i = 4
线程 B 运行：i = 5
线程 B 运行：i = 6
线程 B 运行：i = 7
线程 B 运行：i = 8
线程 B 运行：i = 9
线程结束：线程 B
```

程序分析说明：

例 10.2 实现了和例 10.1 相同的功能，但是多线程是通过 Runnable 接口实现。

实现 Runnable 接口创建和执行多线程完成下列五个步骤：

（1）定义一个类实现 Runnable 接口：implements Runnable。

（2）覆写其中的 run()方法。

（3）创建 Runnable 接口实现类的对象。

（4）创建 Thread 类的对象（以 Runnable 子类对象为构造方法参数）。

（5）用 start()方法启动线程。

10.2.3 两种实现方式对比

既然直接继承 Thread 类和实现 Runnable 接口都能实现多线程，那么这两种实现多线程的方式在应用上有什么区别呢？到底该用哪一个比较好呢？

通过编写两个应用程序，来进行比较分析。

1. 第一个应用程序

功能要求：创建一个 applet 小程序，完成每秒显示当前时间。

根据功能要求，首先要显示时间，需要使用 java.util 包中 Date 类，实例化得到当前时间，每秒显示当前时间，则要多线程编程，每秒唤醒一次线程，并且在这一瞬间显示出时间；再者 applet 小程序已继承 applet 类，Java 不支持多继承，就不能继承 Thread 类，只能使用 Runnable 接口。

【例 10.3】创建一个 applet 小程序，实现 Runnable 接口完成每秒显示当前时间。

```
//Clock.java
import java.applet.Applet;
import java.awt.Graphics;
import java.util.Date;
public class Clock extends Applet implements Runnable{
    Thread clockThread;
    public void start(){                        //Applet 的 start()方法
        if(clockThread == null){
            clockThread = new Thread(this);
            clockThread.start();                //线程启动
        }
    }
    public void run(){                          //覆盖 run()方法，实现多线程
        while (clockThread != null){
            repaint();
            try{
                clockThread.sleep(1000);        //每隔 1 秒刷新一次时间
            }catch (InterruptedException e){}
        }
    }
    public void paint(Graphics g){              //Applet 的 paint()方法
        Date now = new Date();
        g.drawString("当前时间: "+now.getHours()+ ":" + now.getMinutes()
                        + ":" + now.getSeconds(), 25, 30);
    }
    public void stop(){                         //Applet 的 stop()方法
        clockThread.stop();
        clockThread = null;
    }
}
```

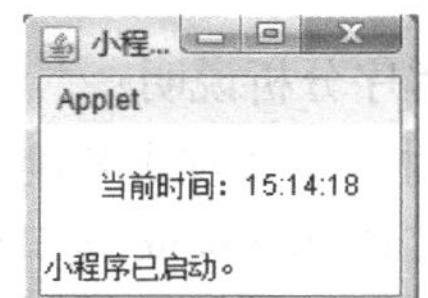

图 10-2　例 10.3 运行结果

程序运行结果如图 10-2 所示。

程序分析说明：

该程序代码中，定义了一个 applet 的子类 Clock，Clock 类

又实现了 Runnable 接口实现多线程，子线程的 run()函数用来完成时间的模拟，线程每休眠 1 秒就用 repaint()方法刷新 applet 窗体，显示当前系统时间。线程的休眠方法 sleep()见 10.4.1 小节介绍。

☞ **结论：使用 Runnable 接口，可以避免由于 Java 的单继承带来的局限。**

用户经常碰到这样一种情况，即当要将已经继承了某一个类的子类放入多线程中，由于 Java 不支持多继承，所以不能再继承 Thread 类，这个类可采用实现 Runnable 接口的方式。

2. 第二个应用程序

功能要求：用程序来模拟一个电影院售票系统，实现通过三个窗口同时发售某场电影的 5 张电影票，一个窗口用一个线程来表示。

根据功能要求，三个窗口即为三个不同的线程，首先通过继承 Thread 类编写这个程序见例 10.4。

【例 10.4】继承 Thread 类实现多线程。

```
//ThreadDemo02.java
class SaleThread extends Thread{    // 继承 Thread 类，作为线程的实现类
    private int ticket = 5 ;        // 表示一共有 5 张票
    public void run(){                  // 覆写 run()方法，作为线程的操作主体
        for(int i=0;i<100;i++){
            if(this.ticket>0)
                System.out.println(Thread.currentThread().getName()
                                +"卖票：ticket = " + ticket--);  //卖出一张票
        }
    }
}
public class ThreadDemo02{
    public static void main(String args[]){
        SaleThread st1 = new SaleThread();  // 实例化对象
        SaleThread st2 = new SaleThread();  // 实例化对象
        SaleThread st3 = new SaleThread();  // 实例化对象
        st1.start();  // 调用线程主体
        st2.start();  // 调用线程主体
        st3.start();  // 调用线程主体
    }
}
```

程序运行结果：

```
Thread-0 卖票：ticket = 5
Thread-0 卖票：ticket = 4
Thread-2 卖票：ticket = 5
Thread-1 卖票：ticket = 5
Thread-2 卖票：ticket = 4
Thread-0 卖票：ticket = 3
Thread-2 卖票：ticket = 3
Thread-1 卖票：ticket = 4
Thread-2 卖票：ticket = 2
```

```
Thread-0 卖票：ticket = 2
Thread-2 卖票：ticket = 1
Thread-1 卖票：ticket = 3
Thread-0 卖票：ticket = 1
Thread-1 卖票：ticket = 2
Thread-1 卖票：ticket = 1
```

程序分析说明：

从上面结果可以看到，是三个线程各自卖各自的 5 张票，而不是去卖共同的 5 张票。这种情况是怎样造成的呢？多个线程去处理同一资源，一个资源只能对应一个对象，而在上面的程序中，我们创建了三个 SaleThread 对象，就等于创建了三个资源，每个 SaleThread 对象中都有 5 张票，每个线程在独立地处理各自的资源。

可以总结出，要实现多个窗口共同卖 5 张票，只能创建一个资源对象（该对象中包含要发售的那 5 张票），但要创建多个线程去处理这同一个资源对象，并且每个线程上所运行的是相同的程序代码。

特别说明，currentThread()是 Thread 类的一个静态方法，返回当前线程对象，getName()方法返回当前线程对象的名称。在线程操作过程中，如果没有为一个线程指定一个名称，则系统在使用时会为线程分配一个名称，名称的格式为 Thread-X，如结果中的 Thread-0、Thread-1 和 Thread-2。

接下来，改由使用 Runnable 接口来实现。

【例 10.5】实现 Runnable 接口实现多线程。

```
//RunnableDemo02.java
class SaleThread implements Runnable{         // 继承 Thread 类，作为线程的实现类
    private int ticket = 5;                   // 表示一共有 5 张票
    public void run(){                             // 覆写 run()方法，作为线程的操作主体
        for(int i=0;i<100;i++){
            if(this.ticket>0)
                System.out.println(Thread.currentThread().getName()
                          +"卖票：ticket = " + ticket--); //卖出一张票
        }
    }
}
public class RunnableDemo02{
    public static void main(String args[]){
        SaleThread st = new SaleThread();  // 实例化对象
        new Thread(st).start();                // 调用线程主体
        new Thread(st).start();                // 调用线程主体
        new Thread(st).start();                // 调用线程主体
    }
}
```

程序运行结果：

```
Thread-0 卖票：ticket = 5
Thread-2 卖票：ticket = 3
Thread-1 卖票：ticket = 4
Thread-2 卖票：ticket = 1
Thread-0 卖票：ticket = 2
```

程序分析说明：

在上面的程序中，创建了三个线程，每个线程调用的是同一个 SaleThread 对象中的 run()方法，访问的是同一个对象中的变量（ticket）的实例，这个程序满足了需求，三个窗口同时在卖共同的 5 张票。

☞ **结论：实现 Runnable 接口适合多个相同程序代码的线程去处理同一资源的情况。**

实现 Runnable 接口适合多个相同代码的线程去处理同一资源，能实现资源共享，继承 Thread 类不能资源共享。并且实现 Runnable 接口增强了程序的健壮性，代码能够被多个线程共享，代码与数据是独立的，较好地体现了面向对象的设计思想。

所以，在开发中建议读者使用 Runnable 接口实现多线程。

10.3　线程的调度

10.3.1　线程的生命周期

每个 Java 程序都有一个默认的主线程，对于 application，主线程是 main()方法执行的线索；对于 applet，主线程指挥浏览器加载并执行 Java 小程序。要想实现多线程，必须在主线程中创建新的线程对象。Java 语言使用 Thread 类及其子类对象来表示线程，新创建的线程在它的生命周期中只能处于下列五种状态之中。

1. 新建状态（new Thread）

当一个 Thread 类或其子类的对象被声明并创建时，即执行下列语句时，线程就处于新建状态：Thread myThread = new MyThreadClass()。当一个线程处于新建状态时，它仅仅是一个空的线程对象，系统不为它分配资源。

2. 就绪状态（Runnable）

就绪状态也称为可运行状态（Runnable）。处于新建状态的线程被启动后，将进入线程队列排队等待 CPU 时间片，此时它已经具备了运行的条件，一旦轮到它来享用 CPU 资源时，就可以脱离创建它的主线程独立开始自己的生命周期。另外，原来处于阻塞状态的线程被解除阻塞后也将进入可运行状态。

3. 运行状态（Running）

当就绪状态的线程被调度并获得处理器资源时，便进入运行状态。每一个 Thread 类及其子类的对象都有一个重要的 run()方法，当线程对象被调度执行时，它将自动调用本对象的 run()方法，从第一句开始顺序执行。run()方法定义了这一类线程的操作和功能。

4. 阻塞状态（Blocked）

阻塞状态也称为不可运行状态（Not Runnable）。一个正在执行的线程如果在某些特殊情况下，因为某种原因（输入/输出、等待消息或其他阻塞情况），系统不能执行线程的状态，将让出 CPU 并暂时中止自己的执行，进入阻塞状态。阻塞时它不能进入排队队列，只有当引起阻塞的原因被消除时，线程才可以转入可运行状态，重新进到线程队列中排队等待 CPU 资源，以便从原来终止处开始继续执行。

5. 死亡状态（Dead）

处于死亡状态的线程不具有继续运行的能力。线程死亡的原因有两个：一个是正常运行的线程完成了它的全部工作，即执行完了 run()方法的最后一个语句并退出；另一个是线程被提前强制性终止，如通过执行 stop()方法终止线程。

由于线程与进程一样是一个动态的概念，所以它也像进程一样有一个从产生到消亡的生命周期，如图 10-3 所示。

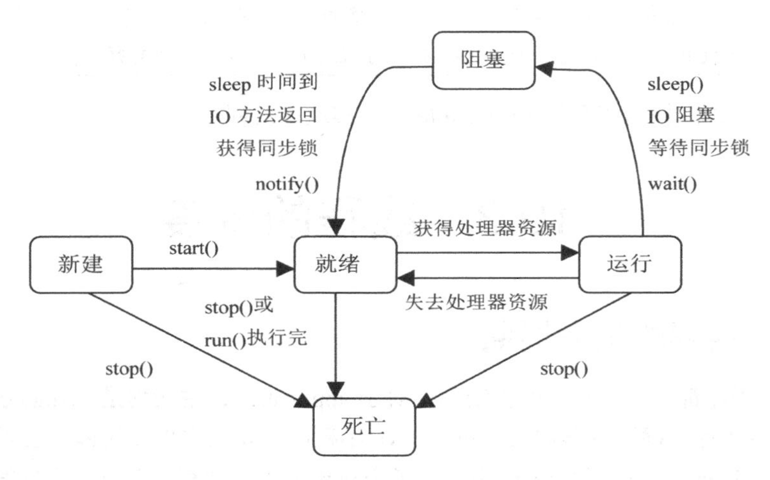

图 10-3　线程的状态及相互转化

10.3.2　线程的优先级

在 Java 的线程操作中，Java 定义了线程的优先级策略。Java 将线程的优先级分为 10 个等级，分别用 1～10 之间的数字表示，数字越大表明线程的级别越高。相应地，Thread 类也有三个有关线程优先级的静态常量，如表 10-2 所示。

表 10-2　线程优先级

序号	定义	描述	表示的常量
1	public static final int MIN_PRIORITY	最低优先级	1
2	public static final int NORM_PRIORITY	普通优先级，默认优先级	5
3	public static final int MAX_PRIORITY	最高优先级	10

线程被创建后，其默认的优先级是 Thread. NORM_PRIORITY。设置线程优先级的方法很简单，在创建完线程对象之后，调用线程对象的方法 setPriority（int p）改变线程的优先级，同时也可用方法 getPriority()获得线程的优先级。

【例 10.6】设置线程的优先级。

```
//ThreadPriorityDemo.java
class CountingThread implements Runnable{
    private String name;
    public CountingThread(String name){
        this.name = name;
    }
```

```
        public void run(){
            for(int i=0;i<5;i++){
                System.out.println(name +"运行: i = " + i);
            }
        }
    }
    public class ThreadPriorityDemo{
        public static void main(String args[]){
            Thread t1 = new Thread(new CountingThread("线程A"));
            Thread t2 = new Thread(new CountingThread("线程B"));
            t1.setPriority(Thread.MAX_PRIORITY);//设置线程A优先级最高
            t1.start();
            t2.start();
        }
    }
```

程序运行结果（可能的一种结果）:

```
线程A运行: i = 0
线程A运行: i = 1
线程A运行: i = 2          线程A相比线程B具有更高的优先级
线程A运行: i = 3
线程A运行: i = 4
线程B运行: i = 0
线程B运行: i = 1
线程B运行: i = 2
线程B运行: i = 3
线程B运行: i = 4
```

程序分析说明:

程序 10.4 设置线程 A 具有更高的优先级，程序在执行过程中，线程 A 获得执行的机会更多，但这并不是说，优先级高的线程就一定会先执行完，也有可能出现如下任意一种结果:

```
线程A运行: i = 0
线程B运行: i = 0
线程B运行: i = 1
线程A运行: i = 1
线程B运行: i = 2
线程A运行: i = 2
线程B运行: i = 3
线程A运行: i = 3
线程B运行: i = 4
线程A运行: i = 4
```

因此，哪个线程优先级高，哪个线程有可能会先被执行，让哪个先执行最终由 CPU 的调度决定。即优先级高的线程会获得较多的运行机会。

10.3.3　线程的调度

处于就绪状态的线程首先进入就绪队列排队等候处理器资源，同一时刻在就绪队列中的线程可能有多个，它们各自任务的轻重缓急程度不同。例如用于屏幕显示的线程需要尽快地被执行，而用来收集内存碎片的垃圾回收线程则不那么紧急，可以等到处理器较空闲时再执行。为了体现上述差别，使得工作更加合理，Java 提供一个线程调度器来监控程序中启动后进入可运行状态的所有线程，会给每个线程自动分配一个线程的优先级，任务较紧急重要的线程，其优先级就较高；相反则较低。在线程排队时，优先级高的线程可以排在较前的位置，能优先享用到处理器资源；而优先级较低的线程则只能等到排在它前面的高优先级线程执行完毕之后才能获得处理器资源。对于优先极相同的线程，则遵循队列的“先进先出”的原则，即先进入就绪状态排队的线程被优先分配到处理器资源，随后才为后进入队列的线程服务。

当一个在就绪队列中排队的线程被分配到处理器资源而进入运行状态之后，这个线程就称为是被“调度”或线程调度管理器选中了。线程调度管理器负责线程排队和处理器在线程间的分配，一般都有一个精心设计的线程调度算法。在 Java 系统中，线程调度采用优先级基础上的“先到先服务”原则。

10.4 线程的基本控制

10.4.1 线程睡眠

程序运行过程中让一个线程进入指定时间的暂时睡眠状态，可以直接使用 Thread 对象的 sleep()方法。

sleep()方法定义如下：

```
public static void sleep(long millis)throws InterruptedException
```

当前线程将睡眠（停止执行）millis 毫秒，线程由运行中状态进入不可运行状态，停止执行时间到后，线程重新再进入可运行状态。sleep（long millis）可使优先级低的线程得到执行的机会，当然也可以让同优先级和高优先级的线程有执行的机会。注意该方法要捕获 InterruptedException 异常。

【例 10.7】创建一个 applet 小程序，实现滚动字幕。

```
//ThreadSleepDemo.java
import java.applet.*;
import java.awt.*;
public class ThreadSleepDemo extends Applet implements Runnable{
    int x=0;
    Thread Scrollwords=null;
    public void init(){
        setBackground(Color.cyan);
        setForeground(Color.red);
        setFont(new Font("TimesRoman",Font.BOLD,18));
    }
    public void start(){
        if(Scrollwords==null){
            Scrollwords=new Thread(this);
            Scrollwords.start();
        }
    }
    public void run(){
        while (Scrollwords!=null){
            x=x+5;
            if(x>500)x=0;
```

```
            repaint();
            try{
                Scrollwords.sleep(80);      //睡眠 80 毫秒
            }catch(InterruptedException e){}
        }
    }
    public void paint(Graphics g){
        g.drawString("欢迎学习 Java 多线程！ ",x ,80);
    }
    public void stop(){
        Scrollwords.yield();
        Scrollwords=null;
    }
}
```

程序运行结果如图 10-4 所示。

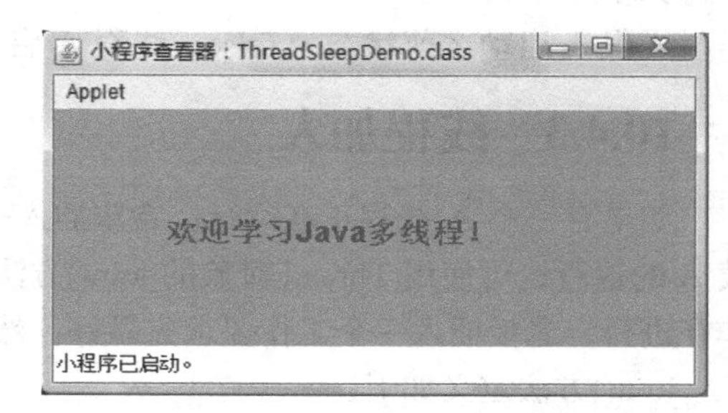

图 10-4 例 10.7 运行结果

程序分析说明：

该程序包含一个滚动的字符串，字符串从左到右运动，当所有的字符都从屏幕的右边消失后，字符串重新从左边出现并继续向右移动。程序的关键是线程对象的 sleep()方法，每睡眠 80 毫秒后字符串位置更新，而且实现字符串从左到右运动。

sleep()方法是学习线程的关键，对程序员来说，在编程时要注意给每个线程运行的时间和机会，主要通过睡眠方法使当前线程暂停运行，然后为其他线程提供争夺运行的机会。

10.4.2 线程状态测试

线程由 start()方法启动后，直到其被终止之间的任何时刻，都处于活动状态。可以通过 Thread 中的 isAlive()方法来获取线程是否处于活动状态。

isAlive()方法定义如下：

```
public final boolean isAlive()
```

【例 10.8】 创建一个 Applet 小程序，实现 Runnable 接口完成每秒显示当前时间。

```
//IsAliveDemo.java
class CountingThread implements Runnable{
    private String name ;
    public CountingThread(String name){
        this.name = name ;
    }
    public void run(){
        for(int i=0;i<5;i++){
            System.out.println(name + "运行: i = " + i);
        }
    }
}
public class IsAliveDemo{
    public static void main(String args[]){
        CountingThread ct = new CountingThread("线程 A ");
        Thread t = new Thread(ct);
        System.out.println("线程 A 启动之前: "+t.isAlive());//启动前，测试状态
        t.start();
```

```
            System.out.println("线程A启动之后: "+t.isAlive());//启动后，测试状态
        }
    }
```

程序运行结果：

```
线程A启动之前: false
线程A启动之后: true
线程A运行: i = 0
线程A运行: i = 1
线程A运行: i = 2
线程A运行: i = 3
线程A运行: i = 4
```

程序分析说明：

线程 A 启动之前状态为 false，线程 A 启动之后状态改为 true。

10.4.3 线程加入

如果有一个 A 线程正在运行，希望插入一个 B 线程，并要求 B 线程先执行完毕，然后再继续 A 的执行，可使用 Thread 对象的 join()方法来完成这个需求，这就好比读者手头上正有一个工作在进行，老板插入一个工作要求先做好，然后再进行原先正进行的工作。

join()方法定义如下：

```
public final void join() throws InterruptedException
```

【例 10.9】线程的加入。

```
//ThreadJoinDemo.java
class CountingThread implements Runnable{
    private String name ;
    public CountingThread(String name){
        this.name = name ;
    }
    public void run(){
        for(int i=0;i<5;i++){
            System.out.println(name +"运行: i = " + i);
        }
    }
}
public class ThreadJoinDemo{
    public static void main(String args[]){
        Thread t1 = new Thread(new CountingThread("线程A"));
        t1.start();
        for(int k=0;k<5;k++){
            if(k>=2){
                try{
                    t1.join();                // 线程强制运行
                }catch(InterruptedException e){}
            }
            System.out.println("主线程运行: k = " + k);
        }
    }
}
```

程序运行结果：

```
主线程运行：k = 0
线程 A 运行：i = 0
主线程运行：k = 1
线程 A 运行：i = 1        ←—— 线程 A 强制执行
线程 A 运行：i = 2
线程 A 运行：i = 3
线程 A 运行：i = 4
主线程运行：k = 2        ←—— 线程 A 执行完，主线程重新开始执行
主线程运行：k = 3
主线程运行：k = 4
```

程序分析说明：

当 k>=2 后，线程 A 强制执行，当线程 A 全部执行完后，主线程才重新开始继续执行。注意，该方法也要捕获 InterruptedException 异常。

10.4.4 线程礼让

Thread.yield()与 Thread.sleep（long）类似，只是不能由用户指定暂停多长时间。yield()先检测当前是否有相同优先级的线程处于可运行状态，如有，则把 CPU 的占有权交给此线程，否则继续运行原来的线程。所以 yield()方法称为“礼让”，它把运行机会让给了同等优先级的其他线程，并且 yield()方法只能让同优先级的线程有执行的机会。

yield()的定义如下：

```
public static void yield()
```

【例 10.10】线程的礼让。

```
//ThreadYieldDemo.java
class CountingThread implements Runnable{
    private String name ;
    public CountingThread(String name){
        this.name = name ;
    }
    public void run(){
        for(int i=0;i<5;i++){
            try{
                Thread.sleep(500);
            }catch(Exception e){}
            System.out.println(name +"运行：i = " + i);
            if(i==2){
                System.out.print("线程礼让：");
                Thread.currentThread().yield();// 线程礼让
            }
        }
    }
}
public class ThreadYieldDemo{
    public static void main(String args[]){
        Thread t1 = new Thread(new CountingThread("线程 A"));
        Thread t2 = new Thread(new CountingThread("线程 B"));
        t1.start();
        t2.start();
```

```
        }
    }
```

程序运行结果：

```
线程A运行：i = 0
线程B运行：i = 0
线程A运行：i = 1
线程B运行：i = 1
线程B运行：i = 2
线程礼让：线程A运行：i = 2
线程礼让：线程B运行：i = 3
线程A运行：i = 3
线程A运行：i = 4
线程B运行：i = 4
```

程序分析说明：

每当线程满足条件 i 为 2，本线程将暂停，而让其他线程先执行。

注意：yield()方法和 sleep()方法区别。

①sleep()方法使当前运行中的线程睡眠一段时间，进入不可运行状态，这段时间的长短是由程序设定的，yield()方法使当前线程让出 CPU 占有权，但让出的时间是不可设定的。

②sleep()方法允许较低优先级的线程获得运行机会，yield()只能使同优先级的线程有执行的机会。yield()方法执行时，当前线程仍处在可运行状态，所以不可能让较低优先级的线程获得 CPU 占有权。

10.4.5 守护线程

守护线程是一类特殊的线程，它和普通线程的区别在于它并不是应用程序的核心部分，当一个应用程序的所有非守护线程终止运行时，即使仍然有守护线程在运行，应用程序也将终止，反之，只要有一个非守护线程在运行，应用程序就不会终止。守护线程一般被用于在后台为其他线程提供服务。调用方法 isDaemon()来判断一个线程是否是守护线程，调用方法 setDaemon()将一个线程设为守护线程。

isDaemon()的定义如下：

```
public final boolean isDaemon()
```

setDaemon()的定义如下：

```
public final void setDaemon(boolean on)
```

【例 10.11】线程的守护。

```
//ThreadDaemonDemo.java
class CountingThread implements Runnable{
    private String name ;
    public CountingThread(String name){
        this.name = name ;
    }
    public void run(){
        int i = 0;
        while(true){
            i++;
```

```
            System.out.println(name + "运行: i = " + i);
        }
    }
}
public class ThreadDaemonDemo{
    public static void main(String args[]){
        CountingThread ct = new CountingThread("线程 A ");
        Thread t = new Thread(ct);
        t.setDaemon(true);        //设置为守护线程
        t.start();
    }
}
```

程序分析说明：

在线程类 CountingThread 中，尽管 run()方法是一个无限循环的方式，但是程序依然可以执行完，因为方法中无限循环的线程操作已经设置为守护线程而在后台运行了。

10.5　多线程的同步与死锁

在多线程的程序中还要注意线程的同步问题。由于线程是共享内存资源的，所以可能会产生共享资源的争夺问题。保证线程的同步，这样才可以保证多线程的程序不会出问题。

10.5.1　共享资源同步

通常，一些同时运行的线程需要共享数据。在这种时候，每个线程就必须要考虑其他与它一起共享数据的线程的状态与行为，否则的话就不能保证共享数据的一致性，引起数据混乱，从而不能保证程序的正确性，如例 10.12。

【例 10.12】线程间的共享资源不同步。

```
//SyncDemo1.java
class Account{                                    //用户的账户类
    private double balance;                       //账户当前金额
    Account(double balance){
        this.balance = balance;
    }
    void deposit(double i){                       //存钱
        balance = balance + i;
    }
    double withdraw (double i){                   //取钱
        if(balance>i)
            balance = balance - i;
        else{                                     //账户金额不够时，取走全部所余金额
            i = balance;
            balance = 0;
        }
        return i;
    }
    double getBalance(){                          //查看账户余额
        return balance;
```

```
    }
}
class WithdrawThread implements Runnable{            //取款线程
    private Account myAccount;
    private double amount;
    public WithdrawThread(Account a,double amount){
        this.myAccount = a ;
        this.amount = amount;
    }
    public void run(){
        double myBalance = myAccount.getBalance();
        System.out.println(Thread.currentThread().getName()
                    +"开始取钱，当前账户余额："+myBalance);
        try{
            Thread.sleep(1);                        //花费时间
        }
        catch(InterruptedException e){
            System.out.println(e);
        }
        System.out.println("原有账户金额"+myBalance+"，取走"+
            myAccount.withdraw(amount)+ "，余额"+myAccount.getBalance());
    }
}
public class SyncDemo1{
    public static void main (String args[]){
        Account a = new Account(200);                     //账户初始金额为 200 元
        WithdrawThread WT = new WithdrawThread(a,100);  //每次取钱数为 100 元
        Thread t1 = new Thread(WT,"取钱线程 A");
        Thread t2 = new Thread(WT,"取钱线程 B");
        Thread t3 = new Thread(WT,"取钱线程 C");
        t1.start();
        t2.start();
        t3.start();
    }
}
```

程序运行结果：

```
取钱线程 A 开始取钱，当前账户余额：200.0
取钱线程 C 开始取钱，当前账户余额：200.0
取钱线程 B 开始取钱，当前账户余额：200.0
原有账户金额 200.0，取走 100.0，余额 100.0
原有账户金额 200.0，取走 100.0，余额 100.0
原有账户金额 200.0，取走 100.0，余额 0.0
```

程序分析说明：

例 10.12 设计了两个类，银行账户类 Account 和取款线程类 WithdrawThread，模拟了三个取款线程对同一账户 a 操作，a 账户初始金额为 200 元，每次取款金额 100 元，发现第一、二个取款线程分别取款 100 元后，第三个线程仍能取款 100 元成功，如果这样，将透支，给银行带来损失。

产生这种问题的原因是对共享资源访问的不完整。为了解决这种问题，需要寻找一种机制来保证对共享数据操作的完整性，这种完整性称为共享数据操作的同步。在 Java 语言中，引入了“对象互斥锁”的概念，来实现不同线程对共享数据操作的同步，“对象互斥锁”能阻止多个线程同时访问同一个条件变量。在 Java 语言中，用关键字 synchronized 来声明一个操作共享数据的一段代码块或一个方法，可以实现“对象互斥锁”。根据关键字 synchronized 修饰的对象不同，有同步代码块和同步类两种，以下分别说明。

1. 同步代码块

所谓代码块就是用{}括起来的一段代码，在代码块上加上 synchronized 修饰，则此代码块就称为同步代码块。这段代码就成为一个临界区，表明任何时刻只能有一个线程能获得访问权。当一个线程要执行这段代码时，它只有获取到特定对象的锁才能执行。在特定对象锁未释放的情况下，线程必须等待。

同步代码块的声明格式如下：

```
synchronized(<同步对象名>){
    <需要同步的代码>
}
```

使用同步代码块必须指定一个需要同步的对象，一般将当前对象 this 设置成同步对象。

【例 10.13】使用同步代码块解决共享资源同步问题。

```
//SyncDemo2.java
class Account{                                      //用户的账户类
    private double balance;                         //账户当前金额
    Account(double balance){
        this.balance = balance;
    }
    void deposit(double i){                         //存钱
        balance = balance + i;
    }
    double withdraw (double i){                     //取钱
        if (balance>i)
            balance = balance - i;
        else{                                       //账户金额不够时，取走全部所余金额
            i = balance;
            balance = 0;
        }
        return i;
    }
    double getBalance(){                            //查看账户余额
        return balance;
    }
}
class WithdrawThread implements Runnable{           //取款线程
    private Account myAccount;
    private double amount;
    public WithdrawThread(Account a,double amount){
        this.myAccount = a ;
        this.amount = amount;
    }
    public void run(){
```

```
        synchronized (this){                              //设置同步，代码块同步
            double myBalance = myAccount.getBalance();
            System.out.println(Thread.currentThread().getName()+
                                    "开始取钱，当前账户余额："+myBalance);
            try{
                Thread.sleep(1);                          //花费时间
            }
            catch(InterruptedException e){
                System.out.println(e);
        }
        System.out.println("现有"+myBalance+"，取走"+
            myAccount.withdraw(amount)+ "，余额"+myAccount.getBalance());
        }
    }
}
public class SyncDemo2{
    public static void main (String args[]){
        Account a = new Account(200);                     //账户初始金额为200元
        WithdrawThread WT = new WithdrawThread(a,100);    //每次取钱数为100元
        Thread t1 = new Thread(WT,"取钱线程A");
        Thread t2 = new Thread(WT,"取钱线程B");
        Thread t3 = new Thread(WT,"取钱线程C");
        t1.start();
        t2.start();
        t3.start();
    }
}
```

程序运行结果：

```
取钱线程A开始取钱，当前账户余额：200.0
现有200.0，取走100.0，余额100.0
取钱线程C开始取钱，当前账户余额：100.0
现有100.0，取走100.0，余额0.0
取钱线程B开始取钱，当前账户余额：0.0
现有0.0，取走0.0，余额0.0
```

程序分析说明：

在例 10.13 中，设置了同步代码块，就没有出现透支的现象了。

2. 同步方法

用 synchronized 修饰的方法称为同步方法，表明在任何时刻该方法只能被一个线程执行。同步方法格式如下：

```
synchronized  <方法返回值类型>  <方法名>(<参数列表>){
    <方法体>
}
```

当一个线程调用一个同步方法时，它首先判断该方法上的锁是否已锁定，如果未锁，则执行该方法，同时给这个方法上锁，以独占方法运行方法体，运行完后给这个方法释放锁。如果方法被锁定，则该线程必须等待，直至方法锁被占用线程释放。

【例 10.14】使用同步方法解决的共享资源同步问题。

```
//SyncDemo3.java
class Account{                                          //用户的账户类
    private double balance;                             //账户当前金额
    Account(double balance){
        this.balance = balance;
    }
    void deposit(double i){                             //存钱
        balance = balance + i;
    }
    double withdraw (double i){                         //取钱
        if (balance>i)
            balance = balance - i;
        else{                                           //账户金额不够时，取走全部所余金额
            i = balance;
            balance = 0;
        }
        return i;
    }
    double getBalance(){                                //查看账户余额
        return balance;
    }
}
class WithdrawThread implements Runnable{               //取款线程
    private Account myAccount;
    private double amount;
    public WithdrawThread(Account a,double amount){
        this.myAccount = a ;
        this.amount = amount;
    }
    public void run(){
        this.proccess();                                //调用同步方法
    }
    public synchronized void proccess(){                //设置同步，同步方法
        double myBalance = myAccount.getBalance();
        System.out.println(Thread.currentThread().getName()
                                    +"开始取钱，当前账户余额："+myBalance);
        try{
            Thread.sleep(1);                            //花费时间
        }
        catch(InterruptedException e){
            System.out.println(e);
        }
        System.out.println("现有"+myBalance+"，取走"+myAccount.withdraw(amount)+
                                              "，余额"+myAccount.getBalance());
    }
}
public class SyncDemo3{
    public static void main (String args[]){
        Account a = new Account(200);                           //账户初始金额为200元
        WithdrawThread WT = new WithdrawThread(a,100);   //每次取钱数为100元
```

```
        Thread t1 = new Thread(WT,"取钱线程A");
        Thread t2 = new Thread(WT,"取钱线程B");
        Thread t3 = new Thread(WT,"取钱线程C");
        t1.start();
        t2.start();
        t3.start();
    }
}
```

程序运行结果：

```
取钱线程A开始取钱，当前账户余额：200.0
现有200.0，取走100.0，余额100.0
取钱线程C开始取钱，当前账户余额：100.0
现有100.0，取走100.0，余额0.0
取钱线程B开始取钱，当前账户余额：0.0
现有0.0，取走0.0，余额0.0
```

程序分析说明：

在例 10.14 中，设置了同步方法 proccess()，同样实现了和例 10.13 相同的功能，没有发生透支。

10.5.2 线程间交互同步

除了要处理多线程间共享数据操作的同步问题之外，在进行多线程程序设计时，还会遇到另一类问题，这就是如何控制相互交互的线程之间的运行进度，即线程间交互同步。典型的模型是“生产者—消费者”问题，“生产者”不断生产产品并将其放在共享的产品队列中，而“消费者”则不断从产品队列中取出产品，如图 10-5 所示。

图 10-5 生产者—消费者问题模型

这里将用两个线程模拟“生产者”和“消费者”，一个共享数据对象模拟产品。生产者在一个循环中不断生产从 A—H 的共享数据，而消费者则不断地消费生产者生产的 A—H 的共享数据。在这一对关系中，必须先有生产者生产，才能有消费者消费。仅对“生产者”和“消费者”的共享资源定义同步方法，见例 10.15。

【例 10.15】仅定义同步方法的“生产者—消费者”问题。

```
//ProducerConsumerDemo1.java
class ShareData{                //共享数据
    private char c;
    public synchronized void putShareChar(char c){  //生产，同步方法
        this.c = c;
    }
    public synchronized char getShareChar(){        //消费，同步方法
        return this.c;
    }
}
class Producer implements Runnable{                 // 生产者线程
```

```
    private ShareData s;
    Producer(ShareData s){
        this.s = s;
    }
    public void run(){
        for (char ch = 'A'; ch <= 'H'; ch++){
            s.putShareChar(ch);                              //生产一个数据
            System.out.println("生产者生产:" + ch);
            try{
                Thread.sleep((int)Math.random()* 100);
            }catch(InterruptedException e){}
        }
    }
}
class Consumer  implements Runnable{                         // 消费者线程
    private ShareData s;
    Consumer(ShareData s){
        this.s = s;
    }
    public void run(){
        char ch;
        do{
            ch = s.getShareChar();                           //消费一个数据
            System.out.println("消费者消费:" + ch);
            try{
                Thread.sleep((int)Math.random()* 100);
            }catch(InterruptedException e){}
        }while (ch != 'H');
    }
}
public class ProducerConsumerDemo1{
    public static void main(String args[]){
        ShareData s=new ShareData();
        Producer producer = new Producer(s);                 //生产者线程
        Consumer consumer = new Consumer(s);                 //消费者线程
        Thread p = new Thread(producer);
        Thread c = new Thread(consumer);
        p.setPriority(Thread.MAX_PRIORITY);
        c.setPriority(Thread.MAX_PRIORITY);
        p.start();
        c.start();
    }
}
```

程序运行结果一：

```
生产者生产:A
消费者消费:A
生产者生产:B
消费者消费:B
消费者消费:B
生产者生产:C
消费者消费:C
生产者生产:D
消费者消费:D
```

```
生产者生产:E
生产者生产:F
生产者生产:G
生产者生产:H
消费者消费:E
消费者消费:H
```

程序运行结果二：

```
生产者生产:A
消费者消费:A
消费者消费:A
生产者生产:B
消费者消费:B
生产者生产:C
消费者消费:C
生产者生产:D
消费者消费:D
生产者生产:E
消费者消费:E
生产者生产:F
消费者消费:F
生产者生产:G
消费者消费:G
生产者生产:H
消费者消费:H
```

程序分析说明：

上述程序中，定义了 3 个类，共享数据类 ShareData 对一个共享数据读/写操作，生产者类 Producer 在一个循环中不断生产了从 A—H 的共享数据，而消费者类 Consumer 则不断地消费生产者生产的 A—H 的共享数据，其中共享数据类 ShareData 中对共享数据操作的方法 putShareChar() 和 get ShareChar()定义为同步方法。但是运行结果出现以下问题：

（1）生产者比消费者快时，消费者会漏掉一些数据没有取到（见 10.15 程序运行结果一）。

（2）消费者比生产者快时，消费者取相同的数据（见 10.15 程序运行结果二）。

为了解决这一问题，必须引入等待通知（wait/notify）机制：

（1）在生产者没有生产之前，通知消费者等待；生产者生产之后，马上通知消费者消费。

（2）在消费者消费了之后，通知生产者已经消费完，需要生产。

等待通知（wait/notify）机制，需要 Java 语言中 Object 类的支持，可以用 Object 类的 wait() 和 notify()/notifyAll()方法用来协调线程间的交互关系，如表 10-3 所示 Object 类对线程的支持。加入了等待通知（wait/notify）机制的“生产者—消费者”问题实现程序见例 10.16。

表 10-3　Object 类对线程的支持

序号	方法名称	类型	描述
1	public final void wait() throws InterruptedException	一般	释放已持有的锁，进入等待队列
2	public final void wait（long timeout） throws InterruptedException	一般	指定最长的等待时间，单位为毫秒

续表

序号	方法名称	类型	描述
3	public final void notify()	一般	唤醒第一个等待的线程并把它移入锁申请队列
4	public final void notifyAll()	一般	唤醒全部等待的线程并把它们移入锁申请队列

【例 10.16】共享一个数据的“生产者—消费者”问题。

```
//ProducerConsumerDemo2.java
class ShareData{
    private char c;
    private boolean putFlag = false;    // 通知变量，初值 false 表示未生产
    public synchronized void putShareChar(char c){
        if(putFlag == true){
            try{                                // 未消费，等待
                    wait();
            }catch(InterruptedException e){}
        }
        this.c = c;                             // 生产
        putFlag = true;                         // 标记已经生产
        notify();                               // 通知消费者已经生产，可以消费
    }
    public synchronized char getShareChar(){
        if(putFlag == false){
            try{                                // 未生产等待
                    wait();
            }catch(InterruptedException e){}
        }
        putFlag = false;                    // 标记已经消费
        notify();                               // 通知需要生产
        return this.c;                      //消费
    }
}
class Producer extends Thread{              // 生产者线程
    private ShareData s;
    Producer(ShareData s){
        this.s = s;
    }
    public void run(){
        for(char ch = 'A'; ch <= 'H'; ch++){
            s.putShareChar(ch);
            System.out.println("生产者生产:" + ch);
            try{
                Thread.sleep((int)Math.random()* 100);
            }catch(InterruptedException e){}
        }
    }
}
class Consumer extends Thread{              // 消费者线程
    private ShareData s;
```

```
    Consumer(ShareData s){
        this.s = s;
    }
    public void run(){
        char ch;
        do{
            h = s.getShareChar();
            System.out.println("消费者消费:" + ch);
            try{
                Thread.sleep((int)Math.random()* 100);
            }catch(InterruptedException e){}
        }while (ch != 'H');
    }
}
public class ProducerConsumerDemo2{
    public static void main(String args[]){
        ShareData s=new ShareData();
        Producer producer = new Producer(s);
        Consumer consumer = new Consumer(s);
        Thread p = new Thread(producer);
        Thread c = new Thread(consumer);
        p.setPriority(Thread.MAX_PRIORITY);
        c.setPriority(Thread.MAX_PRIORITY);
        p.start();
        c.start();
    }
}
```

程序运行结果：

```
生产者生产:A
消费者消费:A
生产者生产:B
消费者消费:B
生产者生产:C
消费者消费:C
生产者生产:D
消费者消费:D
生产者生产:E
消费者消费:E
生产者生产:F
消费者消费:F
生产者生产:G
消费者消费:G
生产者生产:H
消费者消费:H
```

程序分析说明：

例 10.16 中设置了一个通知变量 putFlag，每次在生产者生产和消费者消费之前，都测试通知变量，检查是否可以生产或消费。最开始设置通知变量为 false，表示还未生产，在这时，生产者生产出第一个产品，修改通知变量 putFlag 为 true，调用 notify()向消费者发出通知，这时由于消费者得到通知，消费第一个产品，修改通知变量 putFlag 为 false，向生产者发出通知。如果生产者想要继续生产，但检测到通知变量为 true，得知消费者还没有消费，所以调用 wait()进入等待状态。因此，最后的结果是生产者每生产一个，就通知消费者消费一个；消费者每消费一个，就通知生产者生产一个，所以不会出现未生产就消费或生产过剩的情况。

从程序结果看到，生产者每生产一个就要等待消费者拿走，消费者每取走一个就要等待生产者生产，这样就避免了重复生产和重复取走的情况发生。

注意：方法 wait()和 nofity/notifyAll()使用注意。

Wait()和 nofity/notifyAll()必须在已经持有锁的情况下执行，所以它们只能出现在 synchronized 作用的范围内，也就是出现在用 synchronized 修饰的方法、类或代码块中。

10.5.3　多线程死锁

死锁（DeadLock），是指两个或两个以上的线程在执行过程中，因争夺资源而造成的一种互相等待的现象。此时称系统处于死锁状态，这些永远在互相等待的线程称为死锁线程。死锁就好比两个人在写字（见图 10-6），甲拿到了一本笔记本，乙拿到了一支笔，他们都无法写字。于是，发生了下面的问题：

甲：“你先给我笔，我再给你笔记本！”

乙：“你先给我笔记本，我才给你笔”

......

结果可想而知，谁也写不了字。

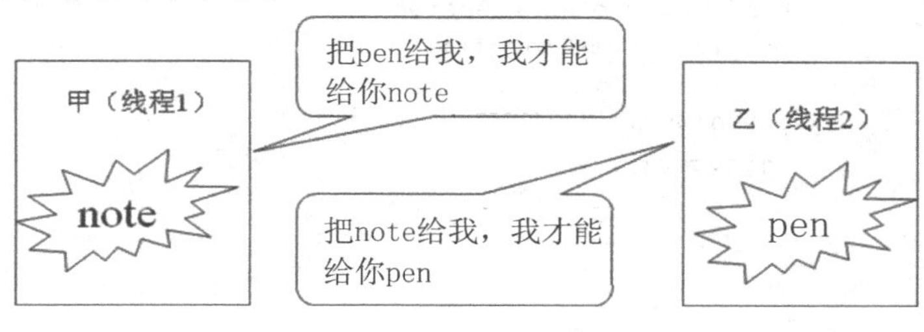

图 10-6　死锁示例

【例 10.17】死锁例子。

```
//DeadLock.java
class Jia{    // 定义甲类
    public void say(){
        System.out.println("甲对乙说：把 pen 给我，我才能给你 note");
    }
    public void get(){
        System.out.println("甲得到 pen 了。");
    }
}
class Yi{     // 定义乙类
    public void say(){
        System.out.println("乙对甲说：把 note 给我，我才能给你 pen");
    }
    public void get(){
        System.out.println("乙得到 note 了。");
    }
```

```
}
public class DeadLock implements Runnable{
    private static Jia jia = new Jia();            //实例化 static 型对象
    private static Yi yi = new Yi();               //实例化 static 型对象
    private boolean flag = false ;                 //声明标志位，判断哪个先说话
    public void run(){                             //覆写 run()方法
        if(flag){
            synchronized(jia){                     //同步甲
                jia.say();                         //代码段 1
                try{
                    Thread.sleep(500);
                }catch(InterruptedException e){
                    e.printStackTrace();
                }
                synchronized(yi){
                    yi.get();                      //代码段 2
                }
            }
        }else{
            synchronized(yi){                      //同步乙
                yi.say();                              //代码段 3
                try{
                    Thread.sleep(500);
                }catch(InterruptedException e){
                    e.printStackTrace();
                }
                synchronized(jia){
                    jia.get();                     //代码段 4
                }
            }
        }
    }
    public static void main(String args[]){
        DeadLock t1 = new DeadLock();              //控制甲
        DeadLock t2 = new DeadLock();              //控制乙
        t1.flag = true ;                           //设置甲先说话
        t2.flag = false ;                          //设置乙后说话
        Thread thA = new Thread(t1);
        Thread thB = new Thread(t2);
        thA.start();
        thB.start();
    }
}
```

程序运行结果：

```
甲对乙说：把 pen 给我，我才能给你 note
乙对甲说：把 note 给我，我才能给你 pen
```

程序分析说明：

例 10.17 中两个线程陷入无休止的等待。其原因是，设置了甲先说话乙后说话后，在 run()方法中，线程甲进入先代码段 1 后，锁定了 note，线程乙抢占 CPU，进入代码段 3，锁定了 pen，

而那么甲就无法运行代码段 2，没有释放 note，此时，乙也就不能运行代码段 4。即，甲对 note 的锁定又没有解除，造成乙无法运行下去，当然，由于乙锁定了 pen，甲也无法运行下去。

从以上死锁分析可知，产生死锁的四个必要条件如下。

（1）互斥条件：资源每次只能被一个线程使用。

（2）请求与保持条件：一个线程因请求资源而阻塞时，对已获得的资源保持不放。

（3）不剥夺条件：进程已获得的资源，在未使用完之前，无法强行剥夺。

（4）循环等待条件：若干进程之间形成一种头尾相接的循环等待资源关系。

这四个条件是死锁的必要条件，只要系统发生死锁，这些条件必然成立，而只要上述条件之一不满足，就不会发生死锁。

就语言本身来说，Java 未提供防止死锁的检测机制，需要程序员通过谨慎的设计来避免。一般情况下，主要是针对死锁产生的四个必要条件来进行避免和预防。在系统设计、线程开发等方面注意如何不让这四个必要条件成立，如何确定资源的合理分配算法，避免线程永久占据系统资源。

注意：关于死锁。

多个线程共享同一个资源时需要进行同步，以保证资源操作的完整性，单是过多的同步就有可能产生死锁。

小　　结

本章主要介绍了计算机中线程的概念，在 Java 程序中线程如何表示，在 Java 程序中如何来实现多线程，以及线程同步的概念。在 Java 中，通过提供的 Thread 类和 Runnable 接口来实现多线程。每一个 Java 程序，无论是 Java application 还是 Java applet 都是一个主线程，若用户还需要建立子线程，可以定义 Thread 的子类，并重载它的 run 方法。如果要在已经继承了某个类的子类中实现线程，则要用到第二种方法，实现 Runnable 接口，并实现里面的 run 方法，这同样可以实现多线程的程序。在多线程的程序中，同时还要注意线程的同步和死锁问题。

习　　题

10–1 填空题

（1）________是 Java 程序的并发机制，它能同步共享数据、处理不同的事件。

（2）Thread 类提供了一系列基本线程控制方法，如果需要让与当前进程具有相同优先级的线程也有运行的机会则可以调用________方法。

10–2 选择题

（1）哪个关键字可以对对象加互斥锁？（　　）

A. transient　　B. serialize

C. synchronized　　D. static

（2）当一个处于阻塞状态的线程解除阻塞后，它将回到哪个状态？（　　）

A. 运行中状态　　B. 结束状态

C. 新建状态　　D. 可运行状态

（3）现有：

```
class ThreadDemo implements Runnable{
    void run(){
        System.out.print ("go");
    }
    public static void main(String[] args){
        ThreadDemo td=new ThreadDemo();
        Thread t=new Thread(td);
        t.start();
    }
}
```

结果为（　　）。

A. go　　B. 运行时异常被抛出

C. 代码运行，无输出结果　　D. 编译失败

10–3 简答题

（1）什么是进程？什么是线程？进程与线程的关系是怎样的？

（2）Java 为什么要支持多线程？Java 提供了哪些接口和类实现多线程机制？

10–4 上机题

（1）编写图形界面程序，实现一个红色反弹球程序，当该球撞击边框时，球从边框弹回并以相反方向 45° 运动。

（2）编写程序实现如下功能：一个线程进行如下运算 1*2+2*3+3*4+…+19*20，而另一个线程则每隔一段时间读取前一个线程的运算结果。

第 11 章 Java 网络编程

【学习目标】

- 掌握 IP 地址与 InetAddress 类的关系。
- 掌握使用 URL 定位网络资源。
- 掌握基于 TCP 和 UDP 协议的客户端与服务器端的通信编程。

【学习要求】

通过理解 TCP/IP 协议的通信模型，以 JDK 提供的 java.net 包为工具，掌握各种基于 Java 的网络通信实现方法。

图 11-1 实现了分别位于服务器和客户端的两个人的对话过程，客户端能够发信息给服务器端，服务器端接收到客户端信息后回复客户端，类似于 QQ 和 MSN 的聊天效果。要编程实现这种对话功能，需要开发基于 TCP/IP 协议的 Sockt 网络通信应用程序，这就是本章将要介绍的内容。

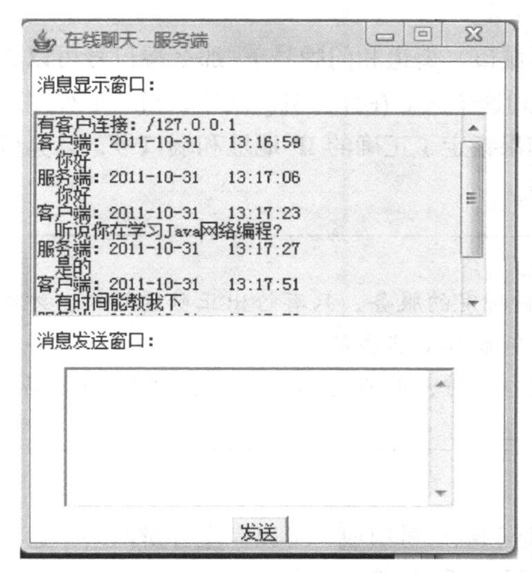

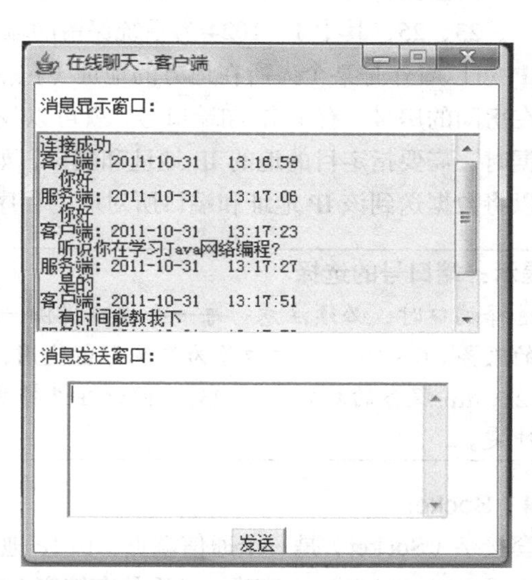

图 11-1　服务器端和客户端的对话

网络编程一般指利用不同层次的通信协议提供的接口实现网络通信的编程。Java 中基本的网络功能是由 java.net 包定义，利用这个包中封装的类，便可实现网络上不同计算机之间的数据通信。

11.1 网络编程基础知识

11.1.1 相关术语

Java 网络编程的学习，首先需要了解一些网络相关的基础概念，其中包括 IP 地址、主机名、端口号和网络服务类型等术语，下面作具体介绍。

1. IP 地址

IP 地址用于标识计算机等网络设备的网络地址，网络中的设备可以是一台主机，也可以是一台打印机，或者是路由器的某个端口；另外，基于 IP 协议的在网络中传输的数据包，都必须使用 IP 地址来进行标识。

IP 地址使用 32 位长度二进制数表示，即四个 8 位的二进制数组成，中间以小数点分隔。如：166.111.136.3、166.111.52.80。其中，127.0.0.1 是 TCP/IP 协议中默认的本机地址。

2. 主机名

主机名（Hostname）是网络地址的助记名，按照域名进行分级管理，网上邻居就是根据主机名来识别的。这个名字可以随时更改，从“我的电脑”属性的计算机名就可更改。主机名有时称为域名，主机名映射到 IP 地址，但是主机名和 IP 地址之间没有一对一关系。常见主机名如：www.sina.com.cn、www.google.com。

3. 端口号

端口号（Port Number）是网络通信时同一机器上的不同进程的标识。不同的应用程序处理不同端口上的数据，同一台机器上不能有两个程序使用同一个端口。端口号可以从 0 到 65535，如：80、21、23、25，其中 1～1024 为系统保留的端口号。

IP 可以看作是某个人所在地方的地址（包括城市、街道和门牌号），那么端口号可以看作是他所在房间的房号，有了 IP 和端口号，就可以找到这个人。在计算机网络中，当一个程序需要发送数据时，需要指定目的地的 IP 地址和端口，如果指定了正确的 IP 地址和端口号，计算机网络就可以将数据送到该 IP 地址和端口所对应的程序。

提示：端口号的选择。

选择端口时，必须注意：每一个端口提供一种特定的服务，只有给出正确的端口，才能获得相应的服务。0～1023 的端口号为系统保留使用，例如 http 服务的端口号为 80，telnet 服务的端口号为 21，ftp 服务的端口号为 23， 因此在选择端口号时，最好选择一个大于 1023 的数据以防止发生冲突。

---

4. Socket

套接字（Socket）是一个通信端点，由 IP 地址和端口号组成，可以完全分辨网络中运行的程序，它是 TCP 和 UDP 的基础。可用的套接字有以下两种类型：流式套接字和数据报套接字。

（1）流式套接字。

流式的套接字可以提供可靠的、面向连接的通信流。如果你通过流式套接字发送了顺序的数据“1”、“2”，那么数据到达远程时候的顺序也是“1”、“2”。Java 中基于 TCP 协议的网络编程使用的就是流式套接字。

（2）数据报套接字。

数据报套接字定义了一种无连接的服务，数据通过相互独立的报文进行传输，是无序的，并且不保证可靠、无差错。Java 中基于 UDP 协议的网络编程使用的就是数据报套接字。

11.1.2 TCP/IP 协议

TCP/IP（Transmission Control Protocol/Internet Protocol，传输控制协议/互联网络协议）协议是 Internet 最基本的协议，TCP/IP 协议的开发工作始于 20 世纪 70 年代，是用于互联网的第一套协议。确切地说，TCP/IP 协议是一组包括 TCP（Transport Control Protocol，传输控制协议）和 UDP（User Datagram Protocol，用户数据报协议）等其他一些协议的协议组。

1. TCP/IP 体系构架概述

TCP/IP 协议并不完全符合 OSI 的七层参考模型。传统的开放式系统互连参考模型，是一种通信协议的七层抽象的参考模型，其中每一层执行某一特定任务。该模型的目的是使各种硬件在相同的层次上相互通信。这七层是：物理层、数据链路层、网路层、传输层、话路层、表示层和应用层。而 TCP/IP 通信协议采用了四层的层级结构，每一层都呼叫它的下一层所提供的网络来完成自己的需求。这四层分别为应用层、传输层、网路层和网络接口层，如图 11-2 所示。

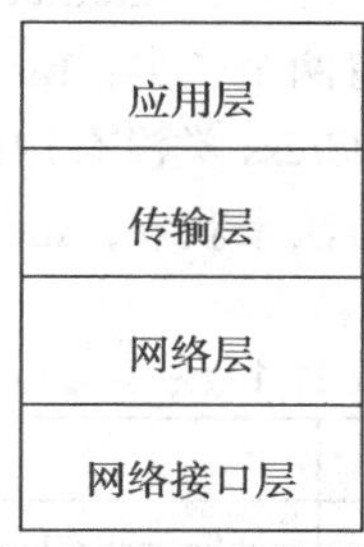

图 11-2 TCP/IP 体系架构

应用层：应用程序间沟通的层，如简单电子邮件传输（SMTP）、文件传输协议（FTP）、网络远程访问协议（Telnet）等。几乎所有的应用程序都有自己的协议。

传输层：在此层中，它提供了节点间的数据传送服务，如 TCP 和 UDP 等，TCP 和 UDP 给数据包加入传输数据并把它传输到下一层中，这一层负责传送数据，并且确定数据已被送达并接收。

网络层：负责提供基本的数据封包传送功能，让每一块数据包都能够到达目的主机（但不检查是否被正确接收），如网际协议（IP）。

网络接口层：对实际的网络媒体的管理，定义如何使用实际网络（如 Ethernet、Serial Line 等）来传送数据，是为网络层服务的。

2. TCP（传输控制协议）

TCP 是一种面向连接的可靠的传输协议，在端点与端点之间建立持续的连接而进行通信。建立连接后，发送端将发送的数据印记了序列号和错误检测代码，并以字节流的方式发送出去；接收端则对数据进行错误检查并按序列顺序将数据整理好，数据在需要时可以重新发送，因此整个字节流到达接收端时完好无缺。这与两个人打电话的情形是相似的，两方先建立连接，先输出的话先到达。TCP 协议具有可靠性和有序性，并且以字节流的方式发送数据，它通常被称为流通信协议。

3. UDP（用户数据报协议）

UDP 是一种无连接的传输协议。进行数据传输时，首先需要将要传输的数据定义成数据报（Datagram），在数据报中指明数据所要达到的 Socket（主机地址和端口号），然后再将数据报发送出去。这种传输方式是无序的，也不能确保绝对的安全可靠，但它很简单也具有比较高的效率，与通过邮局发送邮件的情形非常相似。

11.1.3 Java 中的网络支持

针对网络通信的不同层次，Java 提供的网络功能有四大类：InetAddress、URLs、Sockets 和 Datagrams。

InetAddress 面向 IP 层，用于标识网络上的硬件资源。

URLs 面向应用层，通过 URL，Java 程序可以直接送出或读入网络上的数据。

Sockets 和 Datagrams 面向的则是传输层。Sockets 使用的是 TCP 协议，这是传统网络程序最常用的方式，可以想象为两个不同的程序通过网络的通信信道进行通信。Datagrams 则使用 UDP 协议，是另一种网络传输方式，它把数据的目的地记录在数据包中，然后直接放在网络上。

11.2 InetAddress 类

类 InetAddress 可用于标识网络上的硬件资源，它提供了一系列方法以描述、获取及使用网络资源。它表示 Internet 上的主机地址，一个 InetAddress 的一个实例是由主机名和 IP 地址组成。这个类有两个子类：Inent4Address 和 Inet6Address，一个用于表示 IPv4，另一个用于表示 IPv6。InetAddress 类没有构造方法，因此不能用 new 来构造一个 InetAddress 实例，通常是用它提供的静态方法来获取，InetAddress 类的常用方法见表 11-1。

表 11-1 InetAddress 类的常用方法

序号	方法	类型	含义
1	public static InetAddress getByName (String host) throws UnknownHostException	一般	通过主机名或 IP 地址等到 InetAddress 对象
2	public static InetAddress getLocalHost() throws Unknown HostException	一般	得到本机的 InetAddress 对象
3	public byte[] getAddress()	一般	获得本对象的 IP 地址（存放在字节数组中）
4	public String getHostAddress()	一般	获得本对象的 IP 地址
5	public String getHostName()	一般	获得本对象的主机名

【例 11.1】使用 InetAddress 类。

```
// InetAddressDemo.java
import java.net.InetAddress;
import java.net.UnknownHostException;
public class InetAddressDemo{
    public static void main(String args[]){
        InetAddress localIP = null;
        InetAddress zstuIP = null;
        try{
            localIP = InetAddress.getLocalHost();          //取得本机 InetAdress 对象
            System.out.println("本机的 IP 地址: "+localIP);
            zstuIP = InetAddress.getByName("www.zstu.edu.cn");//取得远程 InetAdress 对象
            System.out.println("ZSTU 的 IP 地址: "+zstuIP);
        }catch(UnknownHostException e){                   //主机没有找到异常
            System.out.println("主机未找到"+e);
        }
    }
}
```

程序运行结果：

```
本机的 IP 地址：lenovo-282d43b3/10.11.153.45
ZSTU 的 IP 地址：www.zstu.edu.cn/10.11.246.7
```

程序分析说明：

例 11.1 通过 InetAddress 的 getLocalHost()和 getByName()方法分别得到了本机的 IP 地址和 ZSTU 的 IP 地址。

11.3 URL 和 URLConnection

11.3.1 URL

URL（Uniform Resource Locator）是统一资源定位器的简称，它表示 Internet 上某一资源的地址。通过 URL 可以访问 Internet 上的各种网络资源，Internet 上的资源包括 HTML 文件、图像文件、声音文件、动画文件以及其他任何内容（并不完全是文件，也可以是一个对数据库的查询等）。浏览器或其他程序通过解析给定的 URL 就可以在网络上查找相应的文件或其他资源。

一个 URL 有两部分内容，包括协议名称和资源名称，格式如下：

```
协议名称://资源名称
```

如：http://www.zstu.edu.cn。

协议名称指的是获取资源时所使用的应用层协议，如 http、ftp 和 file 等，资源名称则是资源的完整地址，包括主机名、端口号、文件名或文件内部的一个应用。当然，并不是所有的 URL 都必须包含这些内容。例如：

http://www.zstu.edu.cn

http://jw.zstu.edu.cn/javaCourse/index.html

ftp://jw.zsfu.edu.cn/javaCourse/Techdoc/ch1.ppt

http://www.abc.com:8080/java/network.html

Java 中 URL 类的常用方法见表 11-2。

表 11-2　URL 类的常用方法

序号	方法	类型	含义
1	public URL (String spec)throws MalformedURLException	构造	根据地址构造 URL 对象
2	public URL(String protocol, String host, int port, String file) throws MalformedURLException	构造	根据指定协议、主机、端口号和资源文件构造 URL 对象
3	public URL(URL context, String spec) throws Malformed-URLException	构造	根据基 URL 和相对 URL 构造 URL 对象
4	public final InputStream openStream() throws IOException	一般	获得输入流
5	public URLConnection openConnection() throws IOException	一般	获得一个 URLConnection 对象

下面通过一个例子来看 URL 的各个组成部分。

【例 11.2】解析一个 URL。

```
// URLDemo.java
import java.net.URL;
import java.net.MalformedURLException;
class URLDemo{
    public static void main(String args[]){
        try{
            URL url = new URL("http://lib.zstu.edu.cn/software.htm");
            System.out.println(url.getProtocol());  //获取该 URL 的协议名
            System.out.println(url.getHost());      //获取该 URL 的主机名
            System.out.println(url.getPort());      //获取该 URL 的端口号
            System.out.println(url.getPath());      //获取该 URL 的文件路径
            System.out.println(url.getFile());      //获取该 URL 的文件名
            System.out.println(url.getRef());       //获取该 URL 在文件中的相对位置
            System.out.println(url.getQuery());     //获取该 URL 的查询信息
        }catch(MalformedURLException e){
            System.err.println(e);
        }
    }
}
```

程序运行结果：

```
http
lib.zstu.edu.cn
-1
/software.htm
/software.htm
null
null
```

程序分析说明：

由例 11.2 可知，一个 URL 对象生成后，其属性是不能被改变的，并可以通过它给定的方法来获取这些属性。

另外，通过 URL 类提供的方法 openStream()，可以读取一个 URL 对象所指定的资源。例 11.3 使用 URL 找到 software.htm 页面资源，直接显示在屏幕上，显示的内容是 HTML 代码。

【例 11.3】通过 URL 读取 www 信息。

```
// URLReader.java
import java.net.URL;
import java.io.InputStreamReader;
import java.io.BufferedReader;
import java.io.IOException;
public class URLReader{
    public static void main (String args[]){
        try{
            URL url = new URL("http://lib.zstu.edu.cn/software.htm");
            BufferedReader in = new BufferedReader(
                new InputStreamReader(url.openStream()));  //读取资源，构造输入流
            String line;
            while((line = in.readLine())!= null ){
                System.out.println(line);
            }
            in.close();
        }catch(Exception e){ System.out.println(e); }
    }
}
```

11.3.2　URLConnection

通过 URL 的方法 openStream()，只能从网络上读取资源中的数据。通过 URLConnection 类，可以在应用程序和 URL 资源之间进行交互，既可以从 URL 中读取数据，也可以向 URL 中发送数据。URLConnection 类表示了应用程序和 URL 资源之间的通信连接。URLConnection 类的常用方法见表 11-3。

表 11-3　　URLConnection 类的常用方法

序号	方法	类型	含义
1	public InputStream getInputStream() throws IOException	一般	取得连接的输入流
2	public OutputStream getOutputStream() throws IOException	一般	取得连接的输出流

getInputStream()和 getOutputStream()是 URLConnection 中最常用的两个方法。通过 getInputStream()方法，应用程序就可以读取资源中的数据。事实上，类 URL 的方法 openStream()就是通过 URLConnection 类来实现的，它等价于：

```
openConnection().getInputStream()
```

【例 11.4】通过 URLConnection 连接 www。

```
// URLConnectionReader,java
import java.net.URL;
import java.net.URLConnection;
import java.io.InputStreamReader;
import java.io.BufferedReader;
public class URLConnectionReader{
    public static void main (String args[])throws Exception{
        URL url = new URL("http://lib.zstu.edu.cn/software.htm");
        URLConnection uc = url.openConnection();                //构建 URL 连接
        BufferedReader in = new BufferedReader(
            new InputStreamReader(uc.getInputStream()));        //构造输入流
        String line;
        while((line = in.readLine())!= null){
            System.out.println(line);
        }
        in.close();
    }
}
```

程序分析说明：

例 11.4 中，URLConnection 对象通过 URL 的方法 openStream()取得，和例 11.3 实现同样功能，找到 software.htm 页面资源，直接显示在屏幕上。

11.4　基于 TCP 的 Socket 网络编程

11.4.1　Socket 通信

在 Java 环境下，Socket 编程是指基于 TCP/IP 协议的网络编程。基于 TCP/IP 协议的网络编程，就是利用 TCP 协议在客户和服务器之间建立一个专门的点到点的通信连接来实现数据交换。

Socket 通信就是利用 TCP 协议进行通信，需要编写服务器端和客户端两个程序，一般的通信过程如下：首先服务器端和客户端都创建各自的 Socket 类，然后服务器端开始监听某个端口是否有连接请求，客户端向服务器端发出连接请求，服务器端向客户端发回接收消息，一个 Socket 连接就建立起来了；服务器端和客户端都可以打开连接到 Socket 的输入/输出流，按照一定的协议对 Socket 进行读/写操作与对方通信；通信结束，Socket 完毕。Socket 通信的一般过程如图 11-3 所示。

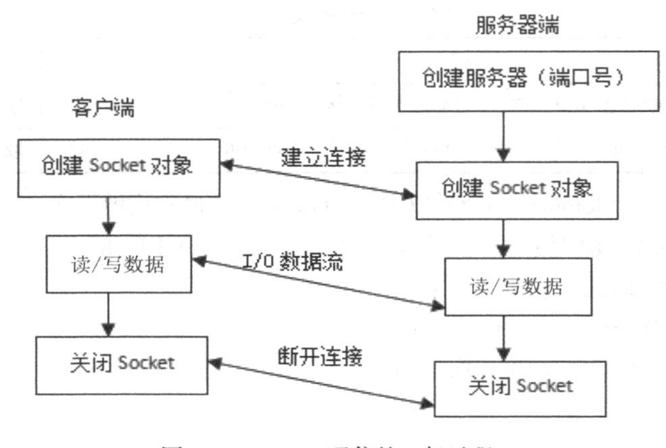

图 11-3　Socket 通信的一般过程

对于一个功能齐全的 Socket 通信，其工作过程包含以下四个基本步骤：

（1）创建 Socket。

（2）打开连接到 Socket 的输入/输出流。

（3）按照一定的协议对 Socket 进行读/写操作。

（4）关闭 Socket。

注意：第三步为关键步骤。

第三步是用来调用 Socket 和实现程序功能的关键步骤，其他三步在各种程序中基本相同，只有第三步随着应用的不同而不同。

11.4.2　创建 Socket

Java 在包 java.net 中提供了两个类 Socket 和 ServerSocket，分别用来表示双向连接的客户端和服务端。服务器端使用 ServerSocket 等待客户端的连接，每一个客户端使用一个 Socket 对象表示。Socket 类和 ServerSocket 类的常用方法分别如表 11-4 和表 11-5 所示。

表 11-4　Socket 类的常用方法

序号	方法	类型	含义
1	public Socket(String host,int port) throws UnknownHostException,IOException	构造	对于指定的服务器的主机名和端口号构造 Socket 对象
2	public Socket(InetAddress address,int port) throws IOException	构造	对于指定的服务器的 InetAddress 对象和端口号构造 Socket 对象

续表

序号	方法	类型	含义
3	public InputStream getInputStream() throws IOException	一般	获得套接字的输入流
4	public OutputStream getOutputStream() throws IOException	一般	获得套接字的输出流
5	public void close() throws IOException	一般	关闭 Socket

表 11-5　　ServerSocket 类的常用方法

序号	方法	类型	含义
1	public ServerSocket (int port) throws IOException	构造	构造一个绑定在 port 端口上的服务器端 Socket 对象
2	public ServerSocket (int port, int backlog) throws IOException	构造	构造一个绑定在 port 端口上的服务器端 Socket 对象，backlog 则表示服务端所能支持的最大连接数
3	public Socket accept () throws IOException	一般	等待客户端连接，直到有一个客户启动并请求连接到相同的端口
4	public void close () throws IOException	一般	关闭 ServerSocket

11.4.3　Socket 通信案例

1. 简单通信案例

首先来看一个简单的基于 TCP 的简单通信案例，客户端发送一个数据到服务器端，服务器端接收数据后，对数据执行加 1，并又返回到客户端。即若客户端发送数据 1，则服务器端加 1 后为 2，返回到客户端。服务器端程序见例 11.5，客户端程序见例 11.6。

【例 11.5】简单通信的 Socket 通信服务器端程序。

```
// ServerDemo1.java
import java.net.*;
import java.io.*;
public class ServerDemo1{
    public static void main(String[] args)throws Exception {
        ServerSocket serverSocket = null;
        Socket clientSocket = null;
        String  str = null;
        serverSocket = new ServerSocket(5555); //服务器在端口 5555 上等待客户端的访问
        System.out.println("服务器开始运行，等待客户端连接!");
        clientSocket = serverSocket.accept(); //程序将在此等候客户端的连接
        System.out.println("连接成功，开始接收数据!");
        //从客户端发送过来的输入流
        DataInputStream in = new DataInputStream(clientSocket.getInputStream());
        //服务器端向客户端发送的输出流
        DataOutputStream out = new DataOutputStream(clientSocket.getOutputStream());
        System.out.print("客户端");
        str = in.readUTF();                          //接收从客户端发送过来的数据
        System.out.println(": " + str);
        str= String.valueOf(Integer.parseInt(str)+1); //数据加 1
```

```
        System.out.println("服务器: "+str);
        out.writeUTF(str);                              //向客户器端输出数据
        System.out.println("数据传输结束!" );
        out.close();                                    //输入/输出流关闭
        in.close();
        clientSocket.close();                           //服务器端 Socket 关闭
        serverSocket.close();
    }
}
```

服务器端程序运行结果：

```
服务器开始运行，等待客户端连接!
连接成功，开始接收数据!
客户端: 1
服务器: 2
数据传输结束!
```

程序分析说明：

accept()是 ServerSocket 提供的一个方法，用来等待客户端的连接，是一个阻塞函数。等待客户的请求，直到有一个客户端启动并请求连接到相同的端口，然后返回一个对应客户端的 Socket 对象，通过这个对象，服务器端与客户端开始进行通信，由各个 Socket 分别打开各自的输入/输出流。

【例 11.6】简单通信的 Socket 通信客户端程序。

```
//ClientDemo1.java
import java.io.*;
import java.net.*;
public class ClientDemo1{
    public static void main(String[] args)throws Exception {
        Socket client = null;
        String fromServer = null;
        String fromUser = null;
        //指定服务器为本机，通过端口号 5555 与本机通信
        client = new Socket("127.0.0.1", 5555);
        DataOutputStream out = new DataOutputStream(client.getOutputStream());
        DataInputStream in = new DataInputStream(client.getInputStream());
        BufferedReader stdIn = new BufferedReader(new InputStreamReader(System.in));
        System.out.print("客户端: ");
        fromUser = stdIn.readLine();                    //从标准输入流(键盘)中获取信息
        out.writeUTF(fromUser);                         //向服务器端输出数据
        System.out.print("服务器");
        fromServer = in.readUTF();                      //接收服务器端发送过来的数据
        System.out.println(": " + fromServer);
        System.out.println("数据传输结束!" );
        out.close();                                    //输入/输出流关闭
        in.close();
        stdIn.close();
        client.close();                                 //客户端 Socket 关闭
    }
}
```

客户端程序运行结果：

```
客户端：1
服务器：2
数据传输结束！
```

程序分析说明：

注意，在程序运行时要先运行服务器端程序，后运行客户端程序，否则先运行客户端的话，会找不到服务器，出现如下异常：

```
Exception in thread "main" java.net.ConnectException: Connection refused: connect
```

由以上案例可知，开发一个完整的包括数据传输的基于 TCP 协议的 Socket 网络通信应用程序，需要由服务器端和客户端两个程序组成。客户端和服务器端的程序结构相似，但是客户端只需要创建一个 Socket 对象，服务器端需要创建两个 Socket 对象。

客户端的程序结构为：

（1）创建一个指向固定主机的固定端口的 Socket 对象。

（2）建立与 Socket 对象绑定的输入/输出对象流。

（3）利用输入/输出流进行读/写，即与服务器进行通信。

（4）要结束通信时，关闭各个流对象，结束程序。

服务器端的程序结构为：

（1）创建一个等待接收连接的 ServerSocket 对象。

（2）使用 ServerSocket 对象的方法 accept 等待接收客户端的连接请求。当接收到一个连接请求时，创建一个用于通信的 Socket 对象。

（3）创建与 Socket 对象绑定的输入/输出流。

（4）利用输入/输出流进行读/写，即与客户端进行通信。

（5）当客户端离去时，关闭各个流对象，结束程序。

2. 循环通信案例

例 11.5、例 11.6 实现了服务器端和客户端的一次通信过程，在实际应用中，更多的是服务器端和客户端的多次循环通信，例 11.7 和例 11.8 实现的是一对一聊天的程序。

【例 11.7】简单通信的 Socket 通信服务端程序。

```
//ServerDemo2.java
import java.net.*;
import java.io.*;
public class ServerDemo2{
    public static void main(String[] args)throws Exception {
    ServerSocket serverSocket = null;
    Socket clientSocket = null;
    try {
        serverSocket = new ServerSocket(5555);
        System.out.println("等待对话");
        clientSocket = serverSocket.accept();  //程序将在此等候客户端的连接
        System.out.println("连接成功，对话开始!");
        System.out.println();
        //打开输入/输出流
        PrintWriter out = new PrintWriter(clientSocket.getOutputStream(), true);
        BufferedReader in =
            new BufferedReader(new InputStreamReader(clientSocket.getInputStream()));
```

```
        //从标准输入流(键盘)中获取信息
        BufferedReader sin = new BufferedReader(new InputStreamReader(System.in ));
        boolean  sinbye = false;                             //客户端是否请求结束会话
        boolean  inbye = false;                              //服务器端是否请求结束会话
        String   sinputLine = null;
        String   inputLine = null;
        //循环对话
        while(true ){
            if(inbye == false ){                             //等待客户端说话
                System.out.print("客户端");
                inputLine = in.readLine();                   //获取从客户过来的信息
                System.out.println(": " + inputLine);
                //若客户端过来的信息为再见，则服务器端信号置为 true
                if (inputLine.compareToIgnoreCase("再见")== 0){
                   inbye = true;
                }
            }
            if(sinbye == false ){                            //等待服务器说话
                System.out.print("服务器: ");
                sinputLine = sin.readLine();                 //服务器端从屏幕输入数据
            }
                if(sinbye == true && inbye == true ){        //退出对话循环
                break;
            }
            if(sinbye == false ){                            //把信息发送给客户端
                out.println(sinputLine);
                out.flush();
                //若服务器过来的信息为再见，则客户端信号置为 true
                if (sinputLine.compareToIgnoreCase("再见")== 0){
                    sinbye = true;
                }
            }
        }
        out.close();
        in.close();
        sin.close();
        clientSocket.close();
        serverSocket.close();
        }catch(Exception e){}
    }
}
```

【例 11.8】一对一对话的 Socket 通信客户端程序。

```
//ClientDemo2.java
import java.io.*;
import java.net.*;
public class ClientDemo2{
    public static void main(String[] args)throws Exception {
    Socket client = null;
    PrintWriter out = null;
    BufferedReader in = null;
    try {
```

```
            client = new Socket("127.0.0.1", 5555);
            //打开输入/输出流
            out = new PrintWriter(client.getOutputStream(), true);
            in = new BufferedReader(new InputStreamReader(client.getInputStream()));
            //从标准输入流(键盘)中获取信息
            BufferedReader stdIn = new BufferedReader(new InputStreamReader(System.in));
            String  fromServer, fromUser;
            boolean sbye = false;                          //服务器端是否请求结束会话
            boolean ubye = false;                          //客户端是否请求结束会话
            System.out.print("客户端: ");
            fromUser = stdIn.readLine();
            //循环对话
            while(true ){
                //若客户端没有说“再见”，则向服务器端发送数据
                if(ubye == false ){
                    out.println(fromUser);
                    out.flush();
                    //若客户端说“再见”，则置客户端再见信号为真
                    if (fromUser.compareToIgnoreCase("再见")== 0){
                        ubye = true;
                    }
                }
                //若服务器端没有说“再见”，从服务器端接收数据
                if(sbye == false ){
                    System.out.print("服务器");
                    fromServer = in.readLine();
                    System.out.println(": " + fromServer);
                    //若服务器端说“再见”，则置服务器再见信号为真
                    if (fromServer.compareToIgnoreCase("再见")== 0){
                        sbye = true;
                    }
                }
                //若客户端没有说“再见”，则从键盘读入下一行信息
                if(ubye == false ){
                    System.out.print("客户端: ");
                    fromUser = stdIn.readLine();
                }
                //若服务器端和客户端都说“再见”，则退出对话
                if(ubye == true && sbye == true ){
                    break; //退出会话循环
                }
            }
            out.close();
            in.close();
            stdIn.close();
            client.close();
            }catch(Exception e){}
        }
    }
```

程序分析说明：

例 11.7 和例 11.8 实现的一对一对话过程是一个基于 TCP 的客户端/服务器端交互的典型 C/S 结构网络通信应用程序。它典型的一个特点是信息在服务器和客户端来回多次通信，要实现这个功能，就需要在服务器和客户端同时反复利用输入和输出流进行读/写，程序结构如下：

```
while(true){
    //读/写输入/输出数据流
    if(客户端和服务器都为中断对话信号)
        break;
}
```

11.5 基于 UDP 的 Socket 网络编程

11.5.1 Datagram 通信

UDP 协议是 TCP/IP 协议传输层的另外一个协议，相比而言 UDP 的应用不如 TCP 广泛，几个标准的应用层协议 HTTP、FTP、SMTP 使用的都是 TCP 协议。但是 UDP 协议具有自己的特点，如网络游戏、视频会议等需要很强的实时交互性场合，应用 UDP 是非常合适的。

UDP 协议是面向无连接的协议，它以数据报（Datagram）作为数据传输的载体。数据报是一个在网络上发送的独立信息，它的到达、到达时间以及内容本身等都不能得到保证，就跟日常生活中的邮件系统一样，是无法保证可靠寄到的。数据报的大小受限制，每个数据报的大小限定在 64KB 以内。

Datagram 通信一般的过程如下：首先构造一个绑定在本机端口的数据报 Socket 对象，再建立一个用于接收报文的数据报 Packet 对象，然后利用数据报 Socket 对象的接收方法，等待接收外面发来的数据包，若要发送数据，首先知道对方的 IP 地址和端口号，然后将地址信息以及发送的报文打成一个发送的数据包，再利用数据报 Socket 对象的发送方法进行发送，具体过程如图 11-4 所示。

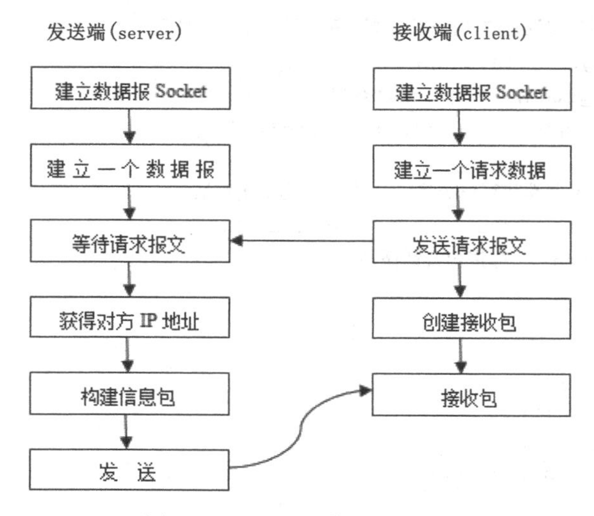

图 11-4 Socket 通信的一般过程

11.5.2　创建 Datagram

java.net 中提供了两个类，数据报 Socket 类 DatagramSocket 和数据包类 DatagramPacket，利用这两个类，可编写基于 UDP 协议的网络通信程序。在基于 UDP 的通信程序开发过程中，DatagramSocket 用于在程序之间建立传送数据报的通信连接并执行发送与接收数据的任务，DatagramPacket 则用来表示一个数据包，包含了所要传送的数据。DatagramSocket 类和 DatagramPacket 类的常用方法分别见表 11-6 和表 11-7。

表 11-6　DatagramSocket 类的常用方法

序号	方法	类型	含义
1	public DatagramSocket(int port) throws SocketException	构造	构造一个绑定到端口 port 的数据报 Socket 对象
2	public void send(DatagramPacket p) throws IOException	一般	发送数据报
3	public void receive(DatagramPacket p) throws IOException	一般	接收数据报
4	public void close()	一般	关闭数据报

表 11-7　DatagramPacket 类的常用方法

序号	方法	类型	含义
1	public DatagramPacket(byte[] buf,int length)	构造	构造一个用于接收报文的数据包对象
2	public DatagramPacket(byte[] buf,int offset,int length, InetAddress address,int port)	构造	构造一个用于发送报文的数据包对象
3	public InetAddress getAddress()	一般	获取发送方的地址
4	public int getPort()	一般	获取发送方的端口号
5	public byte[] getData()	一般	获取接收的数据
6	public void setAddress(InetAddress iaddr)	一般	设置接收方的地址
7	public void setPort(int iport)	一般	设置接收方的端口号
8	public void setData(byte[] buf)	一般	设置待发送数据

11.5.3　Datagram 通信案例

开发基于 UDP 协议的 Datagram 通信应用程序，同样需要编写两个端点的程序，一个是服务器端，一个是客户端。服务器端的程序先等待接收客户的数据包，后发送回应信息的数据包，而客户端，先发送数据包，后等待接收服务器端回应的数据包。两者的程序结构完全相似，即为：

（1）建立一个数据报 Socket 对象。

（2）构造用于接收数据或发送数据的数据包。

（3）利用数据报套接口对象的 receive 方法或 send 方法接收或发送数据包。

【例 11.9】基于 UDP 通信的服务器端程序。

```
//UDPServerDemo.java
import java.net.*;
```

```
import java.io.*;
public class UDPServerDemo{
    public static void main(String[] args)throws Exception {
        DatagramSocket socket = null;        //数据报 Socket 对象
        DatagramPacket rPacket = null;       //接收报文的数据包对象
        DatagramPacket sPacket = null;       //发送报文的数据包对象
        byte[] buf = new byte[256];
        //服务器端在端口 5555 监听
        socket = new DatagramSocket(5555);
        System.out.println("等待接收数据包!");
        System.out.println("以下为服务器端的对话显示:");
        //构造一个用于接收报文的数据包对象
        rPacket = new DatagramPacket(buf, buf.length);
        socket.receive(rPacket);    //接收数据
        String  strFromClient = new String(buf,0,rPacket.getLength());
        System.out.println("客户端:"+strFromClient);
        System.out.print("服务器端:");
        //标准输入
        BufferedReader sin = new BufferedReader(new InputStreamReader(System.in));
        String strToClient = sin.readLine();
        buf =strToClient.getBytes();
        InetAddress address = rPacket.getAddress(); //获取发送方的地址
        int port = rPacket.getPort();     //获取发送方的端口号
        //构造一个用于发送报文的数据包对象
        sPacket = new DatagramPacket(buf, buf.length, address, port);
        socket.send(sPacket); //发送数据
        socket.close();
    }
}
```

服务器端程序运行结果：

```
等待接受数据包!
以下为服务器端的对话显示:
客户端:你是谁
服务器端:我是小明
```

【例 11.10】基于 UDP 通信的客户端程序。

```
//UDPClientDemo.java
import java.net.*;
import java.io.*;
public class UDPClientDemo{
    public static void main(String[] args)throws Exception {
        DatagramSocket socket  = null;            //数据报 Socket 对象
        DatagramPacket rPacket = null;            //接收报文的数据包对象
        DatagramPacket sPacket = null;            //发送报文的数据包对象
        byte[] buf = new byte[256];
        socket = new DatagramSocket();            //构造 DatagramSocket 对象
        System.out.println("以下为客户端的对话显示:");
        System.out.print("客户端:");
            //标准输入
```

```
            BufferedReader cin = new BufferedReader(new InputStreamReader(System.in));
            String strToServer = cin.readLine();
            buf =strToServer.getBytes();
            InetAddress address = InetAddress.getLocalHost(); //获取本机地址
            //构造一个用于发送到服务器端 5555 端口并且长度为 256 的报文的数据包对象
            sPacket = new DatagramPacket(buf, buf.length, address, 5555);
            socket.send(sPacket); //发送信息
            //构造一个用于接收报文的数据包对象
            rPacket = new DatagramPacket(buf, buf.length);
            socket.receive(rPacket); //接收信息
            String strFromServer = new String(rPacket.getData());//获取数据
            System.out.println("服务器端: " + strFromServer);
            socket.close();
        }
    }
```

客户端程序运行结果：

```
以下为客户端的对话显示：
客户端：你是谁
服务器端：我是小明
```

程序分析说明：

例 11.9 和例 11.10 实现一个基于 UDP 协议的客户端/服务器端一次简短的通信程序，例 11.9 为服务器端程序，例 11.10 为客户端程序，客户端输入“你是谁”，服务器端也同样显示“你是谁”，服务器端又回复“我是小明”，同样也显示在客户端。

特别注意，服务器接收数据前，receive()方法会阻塞当前系统的报文，直到有一个报文到达 socket。基于 UDP 和基于 TCP 的通信程序一个比较明显的区别是，UDP 的 Socket 编程是不提供监听功能的，也就是说通信双方更为平等，面对的接口是完全一样的。但是为了用 UDP 实现服务器端和客户端的程序结构，在使用 UDP 时可以使用 DatagramSocket.receive()来实现类似于监听的功能，这跟 accept()很相似。

小　结

Java 的网络功能是非常强大的，它提供了一整套完善的 API 支持在网络环境下的通信。本章首先介绍了网络基础知识，然后重点从两方面介绍了 Java 的网络编程方法：基于 TCP 的 Socket 网络编程和基于 UDP 的 Socket 网络编程。本章中提供的案例功能虽然简单，但都比较有代表性，并且从服务器和客户端两方面进行说明，相信大家能举一反三，写出适合自己应用流程的网络通信程序。

习　题

11-1 填空题

（1）基于 TCP 协议的 Socket 编程，需要使用 java.net 中的________和________两个类，分别

适用于________端和________端的程序。

（2）________类代表了 UDP 中的数据报，________类完成数据报的发送与接收。

11-2 选择题

（1）下面（　　）方法实现了能够正确建立一个侦听端口为 3355，最大连接数为 8 的服务器端的 Socket 对象。

A. Socket socket = new Socket(3355,8)

B. Socket socket = new Socket(8,3355)

C. ServerSocket socket = new ServerSocket(3355,8)

D. ServerSocket socket = new ServerSocket(8,3355)

（2）下面（　　）方法实现了能够正确构造一个用于发送到地址为 201.111.8.9 的 3355 端口的并且长度为 256 的报文的数据包对象。

A. byte[] buf = new byte[256]
DatagramPacket packet = new DatagramPacket(buf, buf.length, 201.111.8.9, 3355)

B. byte[] buf = new byte[256]
DatagramPacket packet = new DatagramPacket(buf, buf.length, 3355,201.111.8.9)

C. byte[] buf = new byte[256]
DatagramPacket packet = new DatagramPacket(201.111.8.9, 3355, buf, buf.length,)

D. byte[] buf = new byte[256]
DatagramPacket packet = new DatagramPacket(buf, buf.length)

11-3 简答题

（1）什么叫 Socket？试述怎样进行一个 Socket 通信？

（2）什么叫数据报？试述怎样进行一个数据报 Socket 通信？

（3）试述服务器怎样可将数据发送到客户端？

11-4 上机题

（1）编写一个程序，实现访问一个网站并将指定的一个页面保存到本地。

（2）基于 TCP 的 Socket 网络编程，允许客户器指定一个文件名，并让服务器发回文件的内容，或者指出文件不存在。

（3）基于 UDP 的 Socket 网络编程，客户端和服务器端程序可以进行多次对话。

第 12 章 数据库编程

【学习目标】

- 了解 JDBC 的概念和驱动方式。
- 了解 MySQL 的基本操作。
- 掌握 java.sql 包中的数据库操作类。
- 掌握 JDBC 对于 MySQL 的简单数据库开发。

【学习要求】

通过理解 JDBC 模型，以 JDK 提供的 java.sql 包为工具，掌握各种基于 JDBC 的数据库连接和操作方法。

许多项目中都需要对数据库操作，如学籍管理系统、企业信息化平台，因此掌握 JDBC 技术是非常重要的，这样应用程序可通过 JDBC 访问数据库。本章将介绍 JDBC 技术的基本原理、JDBC 技术体系中的常用接口和类，并以 MySQL 数据库为例，通过案例说明 JDBC 操作数据库的过程。本章需要读者具有一定的 SQL 语言基础。

12.1 JDBC 简介

12.1.1 JDBC

JDBC，全称为 Java DataBase Connectivity（Java 数据库连接），是一种用于执行 SQL 语句的 Java API，由一组用 Java 编程语言编写的类和接口组成。

JDBC 为数据库开发人员提供了一组标准的 API，使他们能够用纯 Java API 来编写数据库应用程序，无须对特定的数据库系统有过多的了解，从而大大简化和加快了开发过程。通过 JDBC，数据库开发人员可以很方便地将 SQL 语句传送给几乎任何一种数据库。JDBC 也是 Java 核心类库的组成部分。JDBC 可做三件事：与数据库建立连接、发送 SQL 语句以及处理结果。应用程序通过 JDBC 访问数据库的过程如图 12-1 所示。

12.1.2 JDBC 驱动程序

JDBC 本身提供的是一套数据库操作标准，而这些标准又需要各个数据库厂家实现，所以针对每一个数据库厂家都会提供一个 JDBC 的驱动程序。JDBC 驱动程序是用于特定数据库的一套实现了 JDBC 接口的类集。目前，主流的数据库系统如 Oracle、SQLServer、MySQL 及 Sybase 等都为客户提供了相应的驱动程序。从驱动程序工作原理分析，通常有以下四种类型。

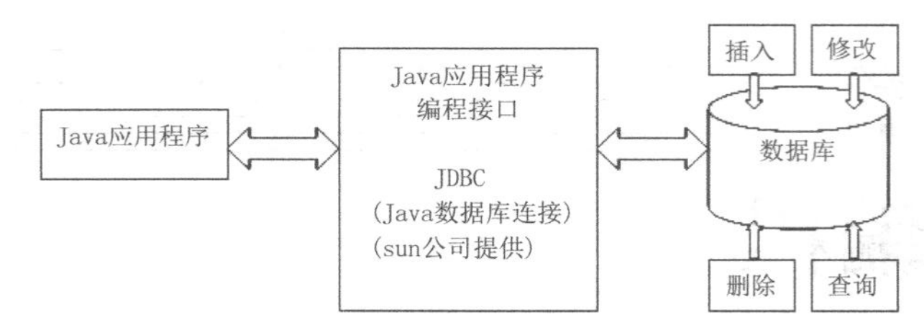

图 12-1　JDBC 访问数据库过程

1. JDBC–ODBC 桥驱动

JDBC-ODBC 桥驱动即“JDBC-ODBC bridge driver”。由于历史原因，ODBC 技术比 JDBC 更早或更成熟，所以通过该种方式访问一个 ODBC 数据库，是一个不错的选择。这种方法的主要原理是：提供了一种把 JDBC 调用映射为 ODBC 调用的方法，因此需要在客户机安装一个 ODBC 驱动。这种方式由于需要中间的转换过程导致执行效率低，目前比较少用。微软公司的数据库系统（如 SQLServer 和 Access）仍然保留了对该种技术的支持。

2. JDBC 本地驱动

JDBC 本地驱动程序即“native-API，partly Java driver”。这一类型的驱动程序是直接将 JDBC 调用转换为特定的数据库调用，而不经过 ODBC 了，执行效率比第一种高。这种类型只能应用在特定的数据库上，会丧失程序的可移植性。

3. JDBC 网络驱动

第三种类型即“JDBC-Net pure Java driver”。它的原理是将 JDBC 的调用转换为独立于数据库的网络协议，并完全通过 Java 驱动。这种类型的驱动程序不需要客户端的安装和管理，所以特别适合于具有中间件（middle tier）的分布式应用，但目前这类驱动程序的产品不多。

4. 本地协议纯 JDBC 驱动

第四种类型即“native protocol，pure Java driver”。它能将 JDBC 调用转换为特定数据库直接使用的网络协议，不需要安装客户端软件，是百分之百的 Java 程序。这种方式的本质是使用 Java Sockets 来连接数据库，所以它特别适合于通过网络使用后台数据库的 applet 及 Web 应用。目前，大部分数据库厂商提供了该类驱动程序的支持，通过数据库厂商提供的 jar 包来完成的。

第 4 种驱动类型是最常用的，本章 JDBC 应用程序使用该类型的驱动程序。

12.2　JDBC 的主要类及接口

JDBC 的核心是提供了一个 Java API。Java API 是定义在 java.sql 包中，包括了所有的 JDBC 的类、接口和方法。其主要的类和接口如表 12-1 所示。

表 12-1　JDBC 的主要类及接口

序号	主要类及接口	含义
1	java.sql.Driver	定义一个数据库驱动程序接口
2	java.sql.DriverManager	驱动程序管理器类

续表

序号	主要类及接口	含义
3	java.sql.Connection	连接接口类
4	java.sql.Statement	静态的数据库操作类
5	java.sql.PreparedStatement	Statement 子接口，动态的数据库操作类
6	java.sql.CallableStatement	PreparedStatement 子接口，执行 SQL 存储过程
7	java.sql.ResultSet	查询返回的结果集类
8	java.sql.SQLException	数据库操作的异常类

接下来对其中的主要类及接口分别作介绍。

12.2.1　Driver 接口

Driver 接口定义在 java.sql 包中，每种数据库的驱动程序都提供一个实现该接口的类，简称 Driver 类，应用程序必须首先加载它。加载的目的就是创建自己的实例并向 java.sql.DriverManager 类注册该实例，以便驱动程序管理类（DriverManager）对数据库驱动程序的管理。

通常情况下，通过 java.lang.Class 类的静态方法 forName（String className）加载欲连接的数据库驱动程序类，该方法的 className 参数为欲加载的数据库驱动程序完整类名。对于每种驱动程序，其完整类名的定义也不一样。

如果使用第一种类型驱动程序（JDBC-ODBC），其加载方法：

```
Class.forName("sun.jdbc.odbc.jdbcOdbcDriver")
```

如果使用第四种类型驱动程序，加载 MySQL 数据库驱动程序方法：

```
Class.forName("org.gjt.mm.mysql.Driver")
```

这是 MySQL 的驱动程序加载方法，且如果版本不一样，驱动程序名也会不同。同样，其他数据库（如 SQLServer、Oracle）的驱动程序加载方法也类同，这里不再说明。

若加载成功，系统会将驱动程序注册到 DriverManager 类中。如果加载失败，将抛出 ClassNotFoundException 异常。加载驱动程序的代码如下：

```
try{
    Class.forName(driverName);          //加载 JDBC 驱动器
}catch (ClassNotFoundException ex){
    ex.printStackTrace();
}
```

需要注意的是，加载驱动程序行为属于单例模式，也就是说，整个数据库应用中，只加载一次即可。

12.2.2　DriverManager 类

DriverManager 类是 Java.sql 包中用于数据库驱动程序管理的类，作用于用户和驱动程序之间。它跟踪可用的驱动程序，并在数据库和相应驱动程序之间建立连接，也处理诸如驱动程序登录时间限制及登录和跟踪消息的显示等事务，管理用户程序与特定数据库（驱动程序）的连接。DriverManager 类直接继承自 java.lang.Object，其常用的方法如表 12-2 所示。

表 12-2　　　　　　　　　　DriverManager 类的常用方法

序号	方法名称	类型	含义
1	public static Connection getConnection(String url) throws SQLException	一般	通过指定的 url 建立数据库连接
2	public static Connection getConnection(Stringurl, Properties info) throws SQLException	一般	通过指定的 url 和属性信息建立数据库连接
3	public static Connection getConnection(Stringurl, String user, String password) throws SQLException	一般	通过指定的 url、用户名和密码建立数据库连接

表 12-2 中，参数 url 标识数据库地址，由三部分组成，用“:”分隔。url 格式为：

```
jdbc:子协议名:子名称
```

jdbc 协议是唯一的，JDBC 只有这种协议；子协议名主要用于识别数据库驱动程序，不同的数据库有不同的子协议名，如 MySQL 为“mysql”、SQLServer 2005 为“sqlserver”；子名称为一种标志数据库的方法，必须遵循“//主机名: 端口/子协议”的标准命名约定。对于 MySQL，一个子名称如：“//localhost:3306/student”，localhost 表示为主机名，指定的数据库为 student、服务端口号为 3306。

DriverManager 建立程序与 MySQL 数据库的连接，如：

```
public static final String DBURL = "jdbc:mysql: //localhost:3306/student" ;
                                                // MySQL 数据库 url
public static final String DBUSER = "root" ;    // MySQL 数据库用户名
public static final String DBPASS = "root" ;    // MySQL 数据库的连接密码
try{
    conn = DriverManager.getConnection(DBURL,DBUSER,DBPASS); //连接数据库
}catch(SQLException e){
    e.printStackTrace();
}
```

12.2.3 Connection 接口

Connection 接口表示数据库连接的对象，对数据库的一切操作都是在这个连接的基础上进行。Connection 对象由 DriverManager 类的 getConnection()方法建立，一般形式如下：

```
Connection con=DriverManager.getConnection(url);
```

Connection 接口的主要方法如表 12-3 所示。

表 12-3　　　　　　　　　　Connection 的常用方法

序号	方法名称	类型	含义
1	Statement createStatement() throws SQLException	一般	创建一个 statement 对象
2	boolean isClosed() throws SQLException	一般	判断连接是否已关闭
3	void close() throws SQLException	一般	关闭数据库连接

12.2.4 Statement 接口

Statement 用于在已经建立的连接基础上向数据库发送 SQL 语句，实现对数据库的操作。它只是一个接口的定义，其中包括了执行 SQL 语句和获取返回结果的方法，常用方法如表 12-4 所示。实际应用中有三种 Statement 对象：Statement、PreparedStatement（继承自 Statement）和 CallableStatement（继承自 PreparedStatement）。它们都为给定连接上执行 SQL 语句的容器，每个

都专用于发送特定类型的 SQL 语句：Statement 对象用于执行不带参数的简单 SQL 语句；PreparedStatement 对象用于执行带或不带参数的预编译 SQL 语句；CallableStatement 对象用于执行对数据库存储过程。

表 12-4　　Statement 接口的常用方法

序号	方法名称	类型	含义
1	int executeUpdate(String sql) throws SQLException	一般	执行数据库更新的 SQL 语句，如 INSERT、UPDATE、DELETE 等，返回更新的记录个数
2	ResultSet executeQuery(String sql) throws SQLException	一般	执行数据库查询语句，返回一个结果集合对象
3	boolean execute(String sql) throws SQLException	一般	执行 SQL 语句
4	void close() throws SQLException	一般	关闭数据库操作

创建一个 Statement 对象必须通过 Connection 接口提供的 createStatement()方法进行创建，形式如下：

```
Statement stmt=con.createStatement();
```

Statement 接口提供了 3 种执行 SQL 语句的方法：executeUpdate()、executeQuery()和 execute()，使用哪一个方法由 SQL 语句决定。executeUpdate()方法执行对于表中记录进行修改、插入和删除等数据库操作，参数是一个 String 对象，即一个更新数据表记录的 SQL 语句，如 SQL 的 UPDATE、INSERT 和 DELETE 语句等。executeUpdate()方法的返回值为一个整型数据，这个整型数据代表所操作的记录数。但是，CREATE 和 DROP 是不返回值的 SQL 语句，executeUpdate()方法的返回值是 0。executeQuery()方法用于产生单个结果集的 SQL 语句，如 SELECT 语句。execute()方法用于执行返回多个结果集或多个更新计数的语句。

其中 executeUpdate()方法的使用，如：

```
Statement stmt=con.createStatement();                //创建 Statement 对象
stmt.executeUpdate("UPDATE stuimfo SET math=80 WHERE id='9901' ");    //执行 SQL 语句
```

以上通过 executeUpdate()实现了修改数据库中的 stuimfo 表，使得表中编号为 9901 的学生的数学成绩更新为 80。executeQuery()和 execute()使用方法类同，后面将结合例子介绍。

12.2.5　PreparedStatement 接口

PreparedStatement 接口继承了 Statement 接口，但 PreparedStatement 执行的 SQL 语句中包含了经过预编译的 SQL 语句，因此可以获得更高的执行效率。在 PreparedStatement 语句中可以包含多个用“?”代表的字段，在程序中可以利用 setXXX 方法设置该字段的内容，从而增强了程序设计的动态性。PreparedStatement 对象的创建方法如下：

```
PreparedStatement pstmt = con.prepareStatement(sql);
```

PreparedStatement 接口的常用方法及其含义如表 12-5 所示。

表 12-5　　PreparedStatement 接口的常用方法

序号	方法名称	类型	含义
1	int executeUpdate(String sql) throws SQLException	一般	执行数据库更新的 SQL 语句，如 INSERT、UPDATE、DELETE 等，返回更新的记录个数
2	ResultSet executeQuery(String sql) throws SQLException	一般	执行数据库查询语句，返回一个结果集合对象

续表

序号	方法名称	类型	含义
3	boolean execute(String sql) throws SQLException	一般	执行 SQL 语句
4	void setInt(int parameterIndex, int x) throws SQLException	一般	指定编号位置为整型数据
5	void setFloat(int parameterIndex, float x) throws SQLException	一般	指定编号位置为浮点型数据
6	void setString(int parameterIndex, String x) throws SQLException	一般	指定编号位置为字符串数据

提示：PreparedStatement 与 Statement 的区别。

PreparedStatement 与 Statement 的区别在于它构造的 SQL 语句不是完整的语句，而需要在程序中进行动态设置。这一方面增强了程序设计的灵活性；另一方面，由于 PreparedStatement 语句是经过预编译的，因此它构造的 SQL 语句的执行效率比较高。所以对于某些使用频繁的 SQL 语句，用 PreparedStatement 语句比用 Statement 具有更明显的优势。

12.2.6 ResultSet 接口

Statement 执行一条查询 SQL 语句后，会得到一个 ResultSet 对象，称为结果集，它是存放每行数据记录的集合。有了这个结果集，用户程序就可以从这个对象中检索出所需的数据并进行处理。ResultSet 的形式类似于数据库中的表，包含符合查询要求的所有行。由于一个结果集可能包含多行数据，为读取方便，使用游标（cursor）来标记当前行，游标的初始位置指向第一行之前。

ResultSet 接口定义中包括的常用方法如表 12-6 所示。

表 12-6 ResultSet 接口的常用方法

序号	方法名称	类型	含义
1	boolean next() throws SQLException	一般	将指针移动到当前行的下一行
2	boolean previous() throws SQLException	一般	将指针移动到当前行的前一行
3	int getInt(int columnIndex) throws SQLException	一般	获取当前行中某一列的值，返回一个整型值
4	String getString(int columnIndex) throws SQLException	一般	获取当前行中某一列的值，返回一个字符串
5	void close() throws SQLException	一般	关闭结果集

从表 12-6 中可以看出，ResultSet 类包含了符合 SQL 语句中条件的所有行，不仅提供了一套用于访问数据的 get 方法，还提供了移动游标的方法。cursor 是 ResultSet 维护的指向当前数据行的游标。最初它位于第一行之前，因此第一次访问结果集时通常调用 next()方法将游标置于第一行上，使它成为当前行，随后每次调用 next()游标向下移动一行。

结果集 ResultSet 用来暂时存放数据库查询操作获得的结果，一般形式如下：

```
ResultSet rs = stmt.executeQuery(query Sql);
while(rs.next()){
    //处理每一结果行
}
```

12.3 MySQL 概述

MySQL 是瑞典 MySQL AB 公司开发的小型关系型数据库管理系统。这种系统被中小型企业广泛采用。虽然这种数据库属于小型数据库，但是其总体性能表现十分出色：体积小、速度快、运行成本低。它的最突出特点就是开放源码，用户可以轻松地从网络上获取到 MySQL 的安装程序。本章数据库采用 MySQL 数据库，下面简单介绍 MySQL 的安装和使用。

12.3.1 MySQL 的安装

MySQL 的官方网站是 www.mysql.com，本书使用的 MySQL 版本是 6.0，以下是安装和配置过程：

（1）下载 MySQL 6.0 后，双击可执行文件 mysql-6.0.11-alpha-win32.msi，进行 MySQL 的安装，如图 12-2 所示。

（2）在图 12-2 中单击 Next 按钮进入下一步，选择安装类型。如图 12-3 所示。安装类型分为 Typical（典型）、Complete（完全）和 Custom（自定义）。Typical 安装用于安装 MySQL 最常用的功能。Complete 安装可以安装 MySQL 的全部功能。如果用户需要更改安装路径，或选择自己需要的功能，可以使用 Custom 安装。一般情况下选择 Typical 安装。

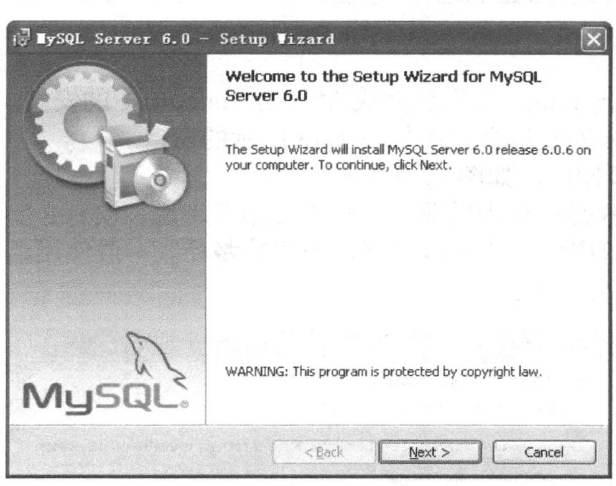

图 12-2 MySQL 6.0 安装窗口

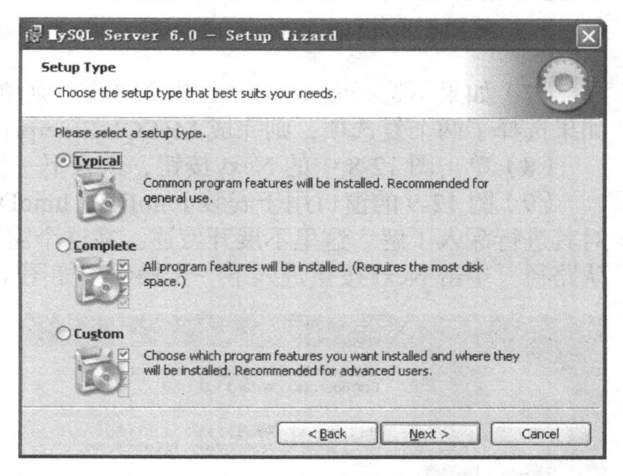

图 12-3 MySQL 6.0 安装类型选择窗口

（3）在图 12-3 中单击 Next 按钮进入下一步，如图 12-4 所示。在这个窗口中显示的是安装的信息，如安装类型、安装路径和数据库的存放路径等。

（4）在图 12-4 中单击 Install 按钮，进行 MySQL 6.0 的安装，如图 12-5 所示。

（5）安装完 MySQL 6.0 后，要进行 MySQL Enterprise 的安装，如图 12-6 所示。

（6）单击图 12-6 中的 Next 按钮，进入下一步操作，如图 12-7 所示。这个窗口的两个选项的含义分别是“配置 MySQL 服务器”和 “注册 MySQL 服务器”。

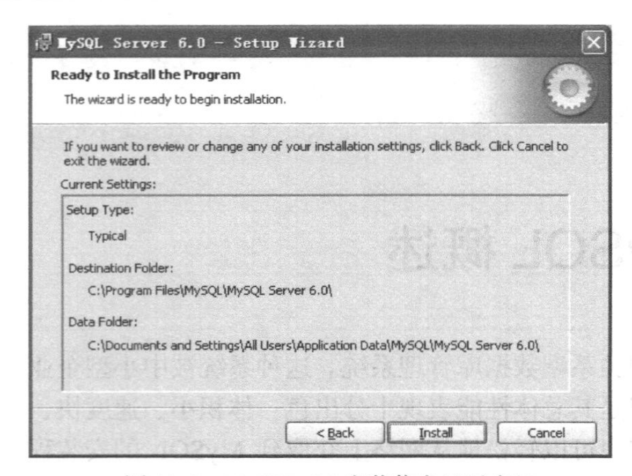

图 12-4　MySQL 6.0 安装信息显示窗口

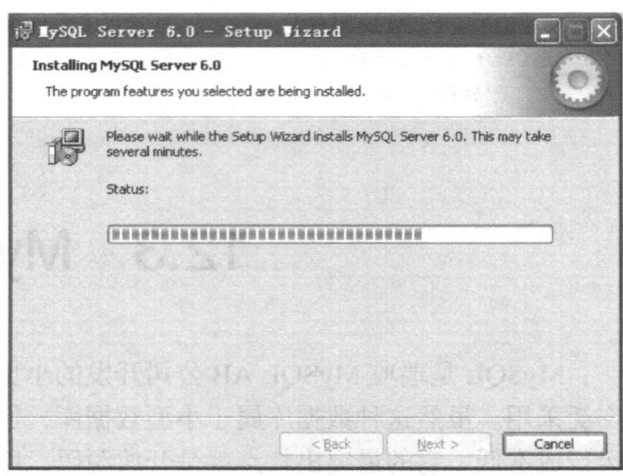

图 12-5　MySQL 6.0 安装界面

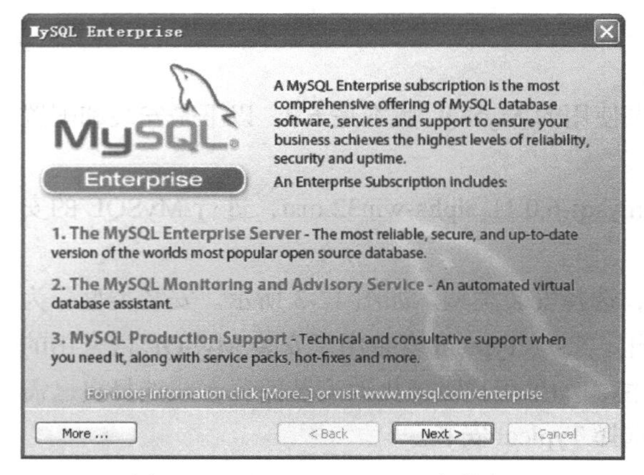

图 12-6　MySQL Enterprise 安装窗口

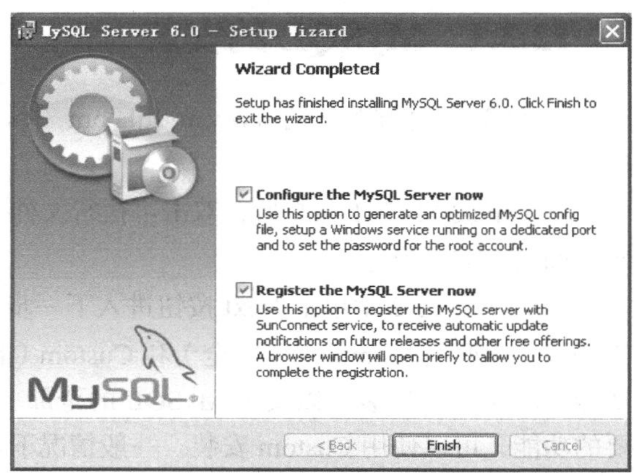

图 12-7　MySQL Enterprise 安装窗口

（7）如果不选择图 12-7 中的两个选项，则单击 Finish 按钮后完成 MySQL Enterprise 的安装。如果选择了两个复选项，则完成 MySQL Enterprise 安装后会弹出如图 12-8 所示的窗口。

（8）单击图 12-8 中的 Next 按钮，进入下一步操作，如图 12-9 所示。

（9）图 12-9 的窗口用于安装 InnoDB。InnoDB 是一种表的驱动，对于使用者来说，没有必要对其进行深入了解。这里不展开叙述。在这个窗口中可以选择这个驱动的安装路径。一般使用默认路径。单击 Next 按钮进入下一步操作，如图 12-10 所示。

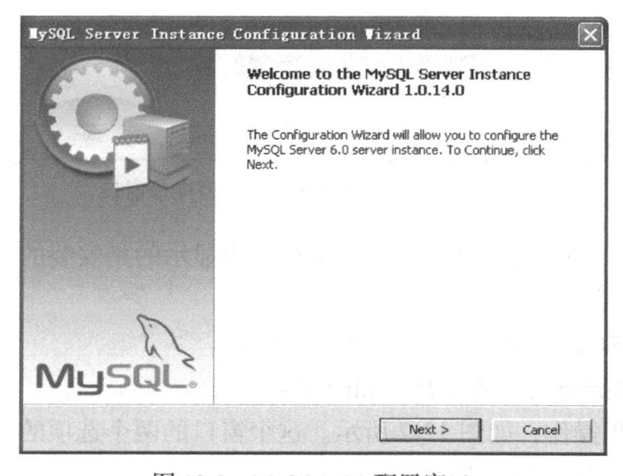

图 12-8　MySQL 6.0 配置窗口

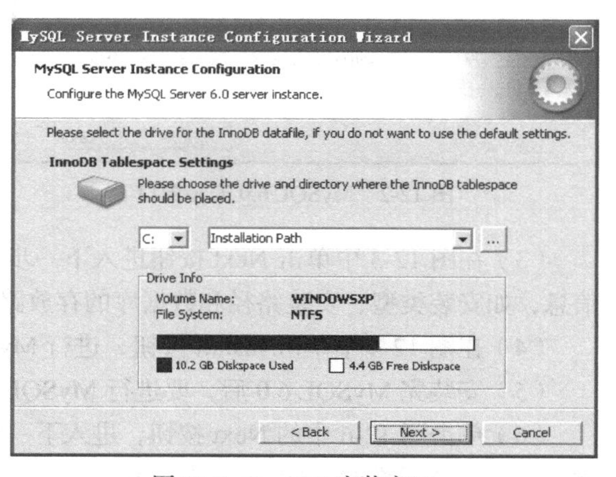

图 12-9　InnoDB 安装窗口

（10）图 12-10 的窗口用于选择 MySQL 的端口号。所谓端口号就是系统为应用软件分配的出入通道。MySQL 的默认端口号是 3306。用户也可以根据实际需要更改端口号，但是，要避免端口号冲突。

（11）单击图 12-10 中的 Next 按钮后，进入下一步操作，如图 12-11 所示。在这个窗口中，Modify Security Settings 选项用于密码的重新设置。

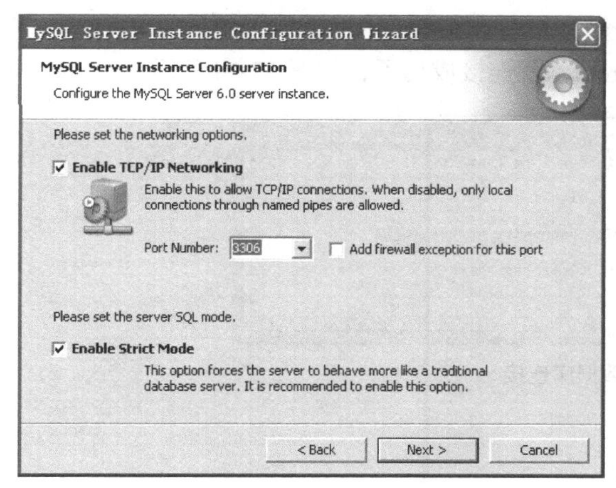

图 12-10 MySQL 端口号设置

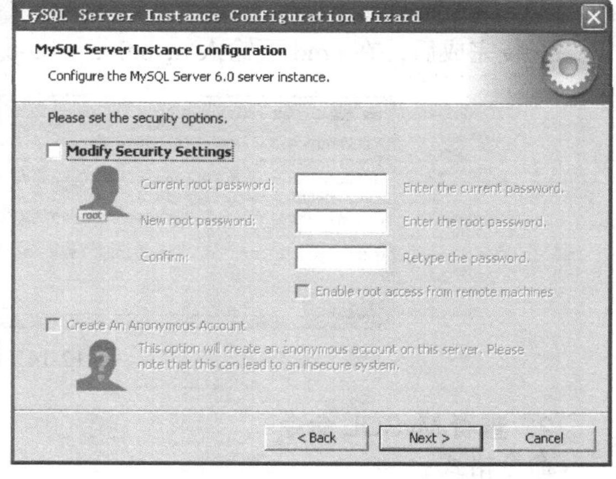

图 12-11 MySQL 密码更改

（12）在图 12-11 中选择第一个复选项，将密码更改为 root，单击 Next 按钮进入下一窗口，如图 12-12 所示。单击 Execute 按钮进行 MySQL 服务器设置。完成后，进入如图 12-13 所示窗口。单击 Finish 按钮完成 MySQL 服务器的设置。

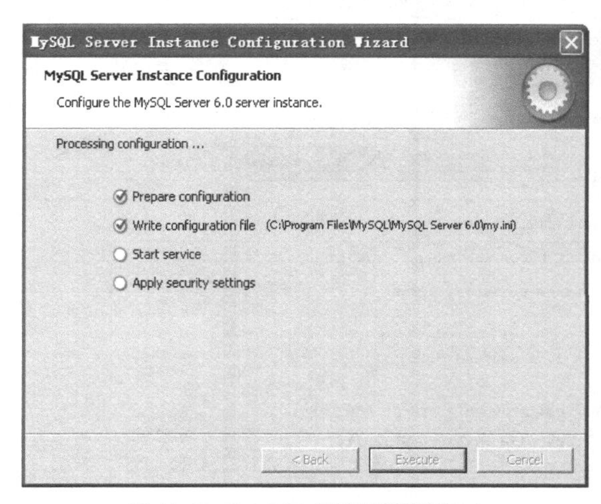

图 12-12 MySQL 服务器设置窗口

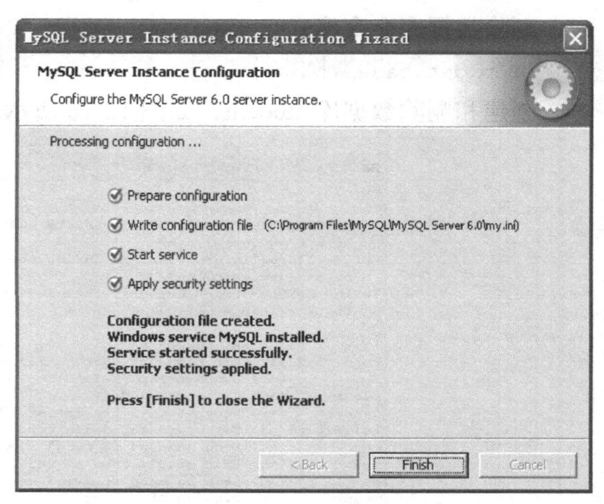

图 12-13 MySQL 服务器设置完成窗口

MySQL 6.0 的安装和配置过程并不复杂，按照指定的步骤操作，就不会出现错误。有一点需要提醒读者，任何数据库的服务器都有默认的用户名和密码。MySQL 默认的用户名是 root，密码为空。在本实例中，将 MySQL 默认密码更改为 root。

12.3.2 MySQL 常用操作

MySQL 安装完后就可以在命令行方式下进行数据库的连接操作了，打开 MySQL 的系统服务，之后按照命令格式输入。

1. 连接 MySQL 数据库

命令格式：

```
mysql-u 用户名 -p 密码
```

安装完成后，在 cmd 下输入 mysql–u root–p root，就连接成功了，如图 12-14 所示。

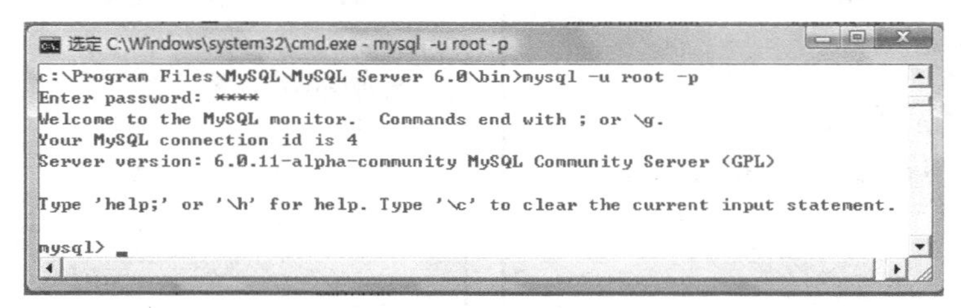

图 12-14 数据库连接

2. 查看 MySQL 命令

命令格式：

```
?
```

如果想知道 MySQL 中有哪些命令，可以输入“？”查看，如图 12-15 所示。

3. 创建和删除数据库

创建数据库命令格式：

```
Create database 数据库名;
```

删除数据库命令格式：

```
Drop database 数据库名;
```

创建和删除数据库 student，如图 12-16 所示。

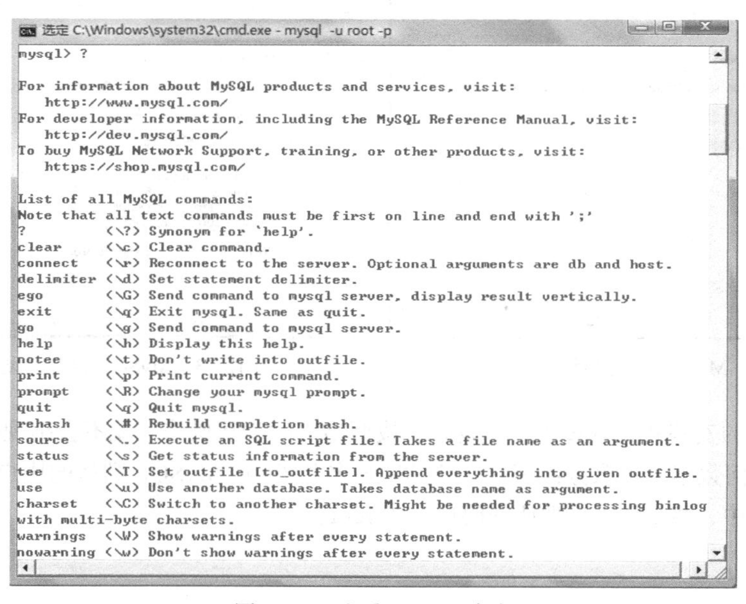

图 12-15 查看 MySQL 命令

4. 使用数据库

使用的据库命令格式：

```
use 数据库名称;
```

必须使用一个数据库才能进行一系列的表的操作。使用数据库 student，如图 12-17 所示。

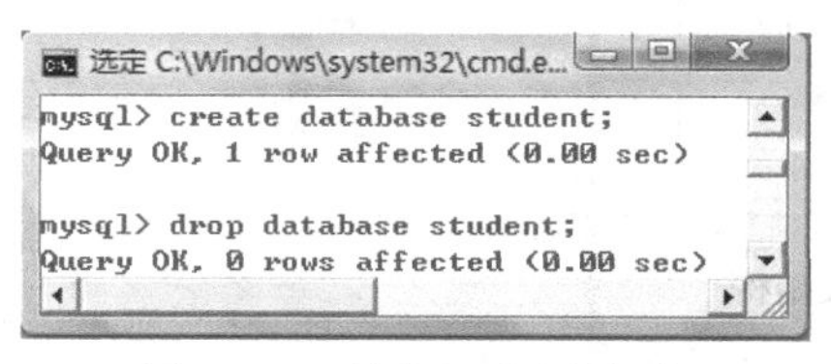

图 12-16 创建和删除数据库

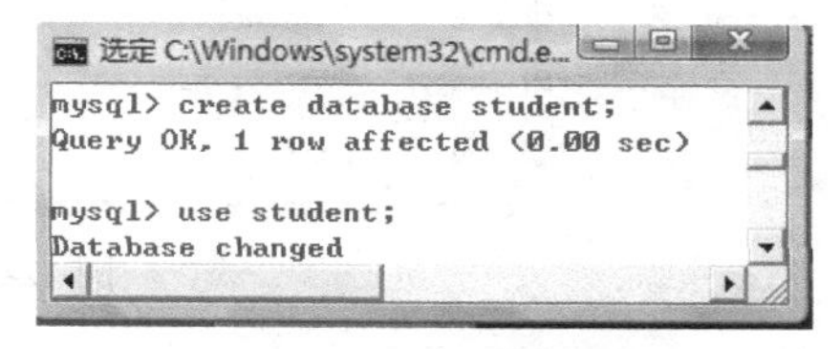

图 12-17 使用数据库

5. 创建数据库表

命令格式：

```
create table 表名称(
    字段名称 1        字段类型    [default 默认值][约束] ,
    字段名称 2        字段类型    [default 默认值][约束] ,
    …
    字段名称 n        字段类型    [default 默认值][约束]
);
```

创建数据库表 stuimfo，包括 id、name、sex、department、tel、math、english 和 remark 共 8 个字段，如图 12-18 所示。

6. 删除数据库表

命令格式：

```
drop table 表名称;
```

删除表 stuimfo，如图 12-19 所示。

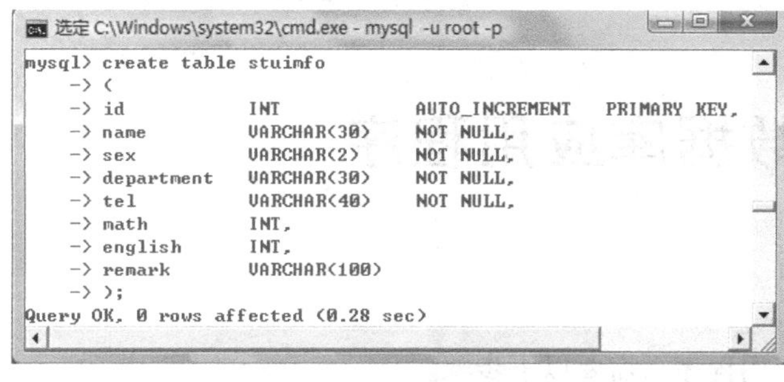

图 12-18 创建数据库表

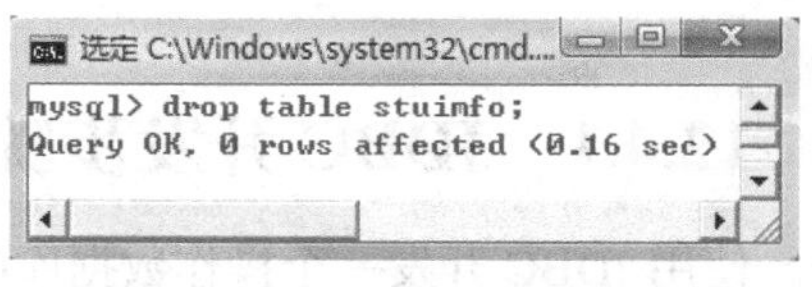

图 12-19 删除数据表

7. 查看表结构

命令格式：

```
desc 表名称;
```

查看 stuimfo 表结构，如图 12-20 所示。

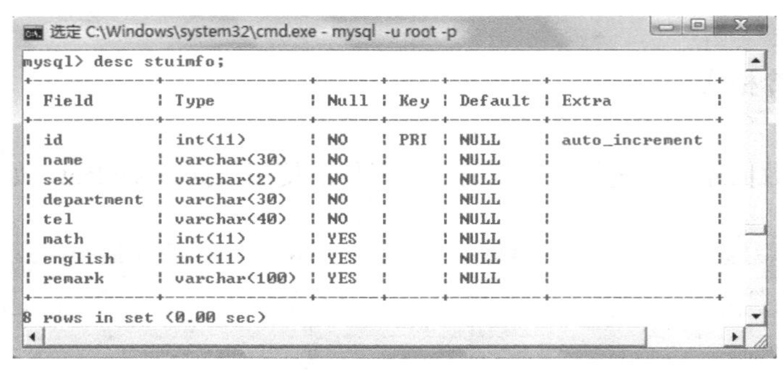

图 12-20　查看表结构

8. 查看数据库信息

在 MySQL 中可以通过 show 命令来查看全部的数据库以及一个数据库下的全部表，命令格式如下。

查看全部数据库信息命令格式：

```
show databases;
```

查看一个数据库的全部表命令格式：

```
show  tables;
```

查看全部数据库信息如图 12-21 所示，查看全部表如图 12-22 所示。

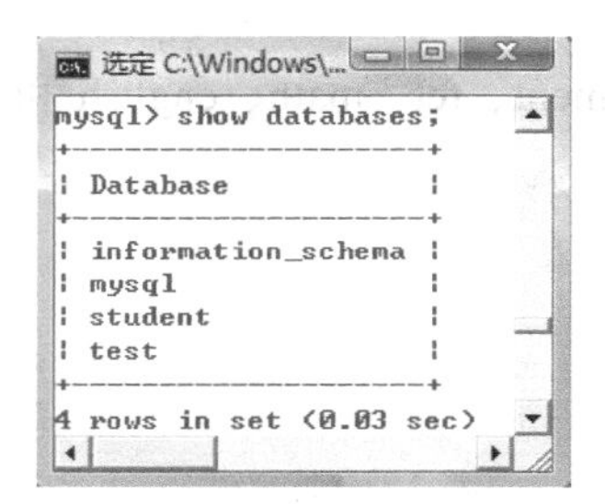

图 12-21　查看全部数据库

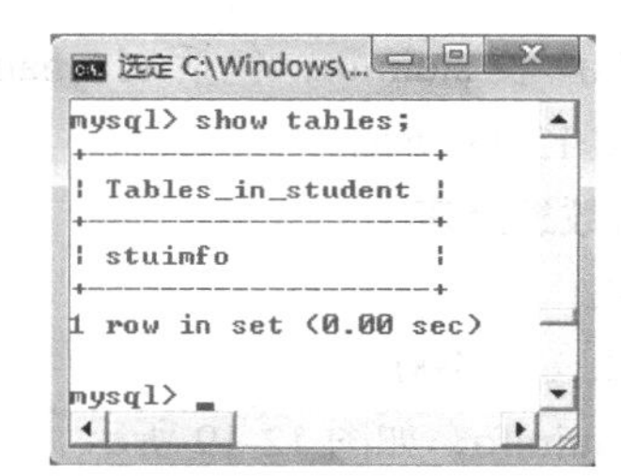

图 12-22　查看全部表

12.4　数据库应用程序

12.4.1　JDBC 开发步骤

使用 JDBC 开发一个操作数据库的应用程序，需要以下步骤。

（1）创建数据库。

本章后续各个数据库应用操作，以在 MySQL 中已建立一个 student 数据库为前提。

（2）编写数据库应用程序，程序结构如下：

① 加载数据库驱动程序。

② 创建 Connection 对象（连接数据库）。

③ 创建 Statement 对象或 PreparedStatement 对象。

④ 调用 Statement 对象或 PreparedStatement 对象的方法，发送 SQL 语句访问数据库，如果是

查询操作，则将查询结果存储在 ResultSet 对象中。

⑤ 对 ResultSet 对象解析，获取操作结果并作相应处理。

⑥ 关闭数据库连接。

注意：数据库应用程序结构。

对于同一个数据库的不同操作，数据库应用程序中，第①、②、③、⑥步是相同的，不同的是第④步和第⑤步。对没有返回结果集的应用，第⑤步可不做。

12.4.2　配置 MySQL 数据库驱动程序

在确保电脑上的 Java 环境和 MySQL 数据库都已经安装配置好后，要进行 MySQL 数据库编程，还必须下载和配置 MySQL 数据库的驱动程序。JDBC 驱动程序负责特定的数据库与 JDBC 接口之间的数据转换，它是一个中间层，把 Java 方法调用翻译成特定数据库的 API 调用，然后用来操作数据库。MySQL 数据库的驱动程序可以到 MySQL 的官方网站 http://dev.mysql.com/downloads/connector/j/下载，这里下载的版本为 mysql-connector-java-5.1.21-bin.jar，并放到 C:\ Program Files\Java\jdk1.6.0_10\lib 目录下。然后把 MySQL 数据库的驱动程序配置到本机的环境 Classpath 属性中，如图 12-23 所示，设置变量值为：C:\Program Files\Java\ jdk1.6.0_10\lib\mysql-connector-java-5.1.21-bin.jar。MySQL 数据库的驱动程序路径是 org.gjt.mm.mysql. Driver，下面就可以利用 class 类进行驱动程序的加载，如例 12.1 所示。

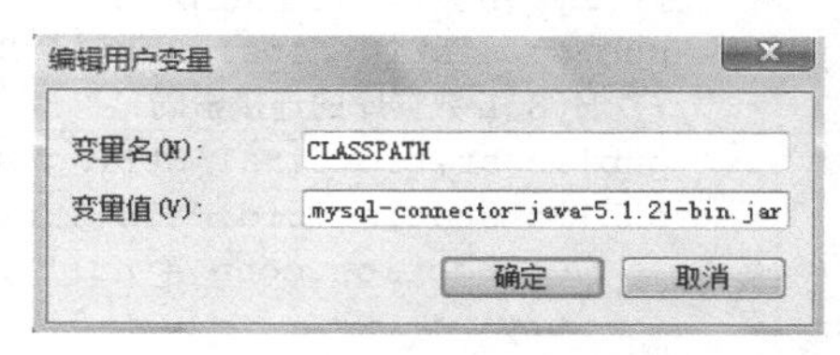

图 12-23　配置 MySQL 数据库驱动程序

【例 12.1】 加载驱动程序，测试数据库驱动程序是否配置成功。

```
//DriverDemo.java
public class DriverDemo{
    // 定义 MySQL 的数据库驱动程序
    public static final String DBDRIVER = "org.gjt.mm.mysql.Driver" ;
    public static void main(String args[]){
        try{
            Class.forName(DBDRIVER);    // 加载驱动程序
        }catch(ClassNotFoundException e){
            e.printStackTrace();
        }
    }
}
```

程序分析说明：

如果以上程序正常运行，则证明数据库驱动程序已经配置成功，若没有配置成功出现以下结果：

```
java.lang.ClassNotFoundException: org.gjt.mm.mysql.Driver
        at java.net.URLClassLoader$1.run(URLClassLoader.java:200)
        at java.security.AccessController.doPrivileged(Native Method)
        at java.net.URLClassLoader.findClass(URLClassLoader.java:188)
        at java.lang.ClassLoader.loadClass(ClassLoader.java:307)
        at sun.misc.Launcher$AppClassLoader.loadClass(Launcher.java:301)
        at java.lang.ClassLoader.loadClass(ClassLoader.java:252)
        at java.lang.ClassLoader.loadClassInternal(ClassLoader.java:320)
        at java.lang.Class.forName0(Native Method)
        at java.lang.Class.forName(Class.java:169)
        at ConnectionDemo01.main(ConnectionDemo01.java:6)
```

出现以上错误，那么肯定是 Classpath 属性配置有问题，或者 MySQL 数据库没有启动。

12.4.3 连接数据库

如果驱动程序加载成功，进一步使用 DriverManager 连接数据库，如例 12.2 所示。

【例 12.2】连接数据库。

```
//ConnectionDemo.java
import java.sql.Connection ;
import java.sql.DriverManager ;
import java.sql.SQLException ;
public class ConnectionDemo{
    // 定义 MySQL 的数据库驱动程序
    public static final String DBDRIVER = "org.gjt.mm.mysql.Driver" ;
    // 定义 MySQL 数据库的连接地址，连接数据库 student
    public static final String DBURL = "jdbc:mysql://localhost:3306/student" ;
    // MySQL 数据库的连接用户名
    public static final String DBUSER = "root" ;
    // MySQL 数据库的连接密码
    public static final String DBPASS = "root" ;
    public static void main(String args[]){
        Connection conn = null ;
        try{
            Class.forName(DBDRIVER);    // 加载驱动程序
        }catch(ClassNotFoundException e){
            e.printStackTrace();
        }
        try{ //创建 Connection 对象连接数据库
            conn = DriverManager.getConnection(DBURL,DBUSER,DBPASS);
        }catch(SQLException e){
            e.printStackTrace();
        }
        System.out.println(conn);  // 如果此时可以打印，表示连接正常
        try{
            conn.close();           // 数据库关闭
        }catch(SQLException e){
            e.printStackTrace();
        }
    }
}
```

程序运行结果：

```
com.mysql.jdbc.JDBC4Connection@3e86d0
```

程序分析说明：

程序运行的结果不为空，说明数据库 student 已经连接成功。执行完，数据库关闭。

12.4.4 建立数据表

通过 Statement 接口执行 Create 的 SQL 语句，建立数据表，如例 12.3 所示。

【例 12.3】建立数据表。

```
//CreateTableDemo.java
import java.sql.Connection ;
import java.sql.DriverManager ;
import java.sql.SQLException ;
```

```
import java.sql.Statement;
public class CreateTableDemo{
    // 定义 MySQL 的数据库驱动程序
    public static final String DBDRIVER = "org.gjt.mm.mysql.Driver" ;
    // 定义 MySQL 数据库的连接地址，连接数据库 student
    public static final String DBURL = "jdbc:mysql://localhost:3306/student" ;
    // MySQL 数据库的连接用户名
    public static final String DBUSER = "root" ;
    // MySQL 数据库的连接密码
    public static final String DBPASS = "root" ;
    public static void main(String args[]){
        Connection conn = null ;
        Statement stmt = null;
        try{
            Class.forName(DBDRIVER);    //步骤①：加载驱动程序
        }catch(ClassNotFoundException e){
            e.printStackTrace();
        }
        try{ //步骤②：创建 Connection 对象连接数据库
            conn = DriverManager.getConnection(DBURL,DBUSER,DBPASS);
            //步骤③：创建 Statement 对象
            stmt = conn.createStatement();
            //步骤④：调用 Statement 对象的方法，发送 SQL 语句访问数据库
            stmt.executeUpdate("CREATE TABLE stuimfo(id CHAR(30),name CHAR(20),
                        sex CHAR(2),department CHAR(20),tel CHAR(40),
                        math INTEGER,english INTEGER,remark CHAR(100))");
        }catch(SQLException e){
            e.printStackTrace();
        }
        try{  //步骤⑤：关闭数据库
            stmt.close();           //操作关闭
            conn.close();           //数据库关闭
        }catch(SQLException e){
            e.printStackTrace();
        }
    }
}
```

程序运行结果如图 12-24 所示。

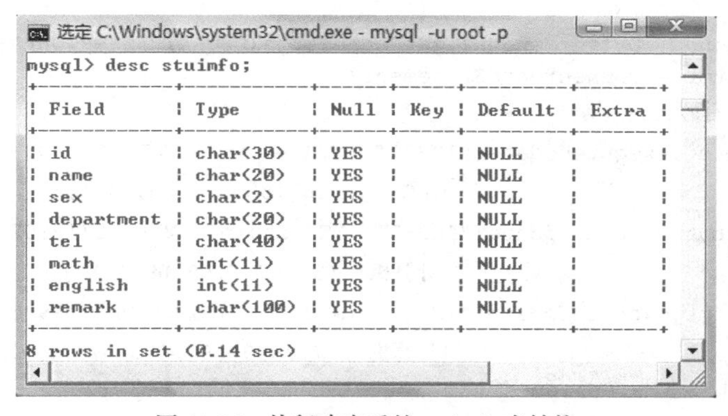
```
mysql> desc stuimfo;
+------------+-----------+------+-----+---------+-------+
| Field      | Type      | Null | Key | Default | Extra |
+------------+-----------+------+-----+---------+-------+
| id         | char(30)  | YES  |     | NULL    |       |
| name       | char(20)  | YES  |     | NULL    |       |
| sex        | char(2)   | YES  |     | NULL    |       |
| department | char(20)  | YES  |     | NULL    |       |
| tel        | char(40)  | YES  |     | NULL    |       |
| math       | int(11)   | YES  |     | NULL    |       |
| english    | int(11)   | YES  |     | NULL    |       |
| remark     | char(100) | YES  |     | NULL    |       |
+------------+-----------+------+-----+---------+-------+
8 rows in set (0.14 sec)
```

图 12-24　执行建表后的 stuimfo 表结构

程序分析说明：

例 12.3 连接 student 数据库，建立了一个年级成绩信息表，表名是 stuimfo，包含 id（学号）、name（姓名）、sex（性别）、department（系）、tel（联系电话）、math（数学成绩）、english（英语成绩）和 remark（备注）8 个字段。运行例 12.3 前，要先将 student 数据库中的 stuimfo 表删除。

例 12.3 包含了编写 JDBC 数据库应用程序的 5 个步骤，以下的插入数据、修改数据、删除数据也同样包含这个 5 个步骤，它们之间的不同之处仅在于第 4 步执行的 SQL 语句不同，查询数据会增加第 5 步对查询结果的操作。

注意：stmt.executeUpdate（sql）。

JDBC 在编译时并不对将要执行的 SQL 语句作任何检查，只是将其作为一个 String 类对象，直到驱动程序执行 SQL 查询语句时才知道其是否正确。对于错误的 SQL 查询语句，在执行时将会产生 SQLException。

12.4.5 插入数据

通过 Statement 执行 Insert 操作，向数据库中增加一条新的记录，如例 12.4 所示。

【例 12.4】插入数据。

```
//InsertDemo.java
import java.sql.Connection ;
import java.sql.DriverManager ;
import java.sql.SQLException ;
import java.sql.Statement;
public class InsertDemo{
    public static final String DBDRIVER = "org.gjt.mm.mysql.Driver" ;
    public static final String DBURL = "jdbc:mysql://localhost:3306/student" ;
    public static final String DBUSER = "root" ;
    public static final String DBPASS = "root" ;
    public static void main(String args[]){
        Connection conn = null;
        Statement stmt = null;
        try{
            Class.forName(DBDRIVER);
        }catch(ClassNotFoundException e){
            e.printStackTrace();
        }
        try{
            conn = DriverManager.getConnection(DBURL,DBUSER,DBPASS);
            stmt = conn.createStatement();
            //插入三条记录
            stmt.executeUpdate("INSERT INTO stuimfo VALUES('9901','王一','男',
                                    '计算机','667788',76,88,'')");
            stmt.executeUpdate("INSERT INTO stuimfo VALUES('9902','李明','男',
                                    '计算机','556677',55,68,'')");
            stmt.executeUpdate("INSERT INTO stuimfo VALUES('9903','周利','女',
                                    '计算机','778899',90,45,'')");
        }catch(SQLException e){
            e.printStackTrace();
        }
```

```
            try{
                stmt.close();
                conn.close();
            }catch(SQLException e){
                e.printStackTrace();
            }
        }
    }
```

程序运行结果如图 12-25 所示。

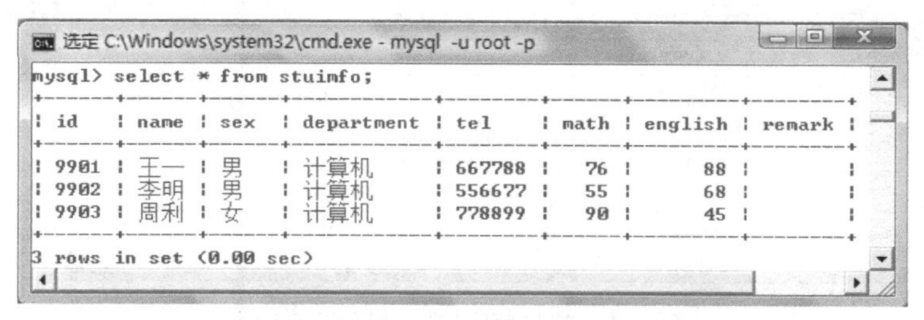

mysql> select * from stuimfo;

id	name	sex	department	tel	math	english	remark
9901	王一	男	计算机	667788	76	88	
9902	李明	男	计算机	556677	55	68	
9903	周利	女	计算机	778899	90	45	

3 rows in set (0.00 sec)

图 12-25　执行插入数据后的 stuimfo 表内容

程序分析说明：

例 12.4 连接 student 数据库，向 stuimfo 空表中插入了 3 条学生信息的记录。

12.4.6　修改数据

通过 Statement 执行 Update 修改数据操作，如例 12.5 所示。

【例 12.5】修改数据。

```
//UpdateDemo.java
import java.sql.Connection ;
import java.sql.DriverManager ;
import java.sql.SQLException ;
import java.sql.Statement;
public class UpdateDemo{
    public static final String DBDRIVER = "org.gjt.mm.mysql.Driver" ;
    public static final String DBURL = "jdbc:mysql://localhost:3306/student" ;
    public static final String DBUSER = "root" ;
    public static final String DBPASS = "root" ;
    public static void main(String args[]){
        Connection conn = null ;
        Statement stmt = null;
        try{
            Class.forName(DBDRIVER);
        }catch(ClassNotFoundException e){
            e.printStackTrace();
        }
        try{
            conn = DriverManager.getConnection(DBURL,DBUSER,DBPASS);
            stmt = conn.createStatement();
            //修改数据
            stmt.executeUpdate("UPDATE  stuimfo  SET  math=80  WHERE  id='9901'  ");
        }catch(SQLException e){
            e.printStackTrace();
        }
        try{
```

```
            stmt.close();
            conn.close();
        }catch(SQLException e){
            e.printStackTrace();
        }
    }
}
```

程序运行结果如图 12-26 所示。

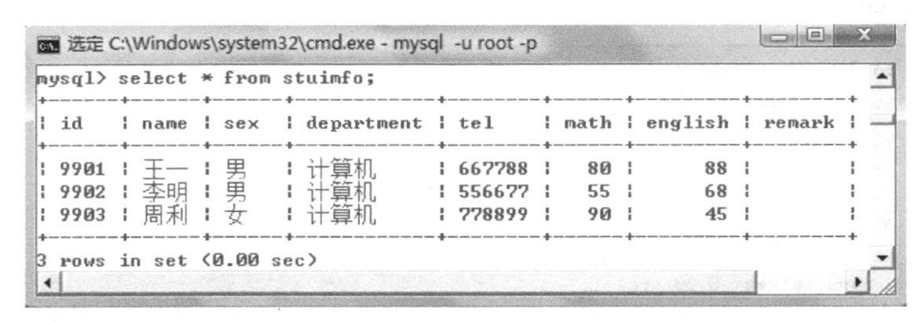
选定 C:\Windows\system32\cmd.exe - mysql -u root -p

mysql> select * from stuimfo;

id	name	sex	department	tel	math	english	remark
9901	王一	男	计算机	667788	80	88	
9902	李明	男	计算机	556677	55	68	
9903	周利	女	计算机	778899	90	45	

3 rows in set (0.00 sec)

图 12-26　执行修改后的 stuimfo 表内容

程序分析说明：

例 12.5 连接 student 数据库，修改 stuimfo 表中编号为 9901 的学生的数学成绩为 80。

12.4.7　删除数据

通过 Statement 执行 Delete 操作，如例 12.6 所示。

【例 12.6】删除数据。

```
//DeleteDemo.java
import java.sql.Connection ;
import java.sql.DriverManager ;
import java.sql.SQLException ;
import java.sql.Statement;
public class DeleteDemo{
    public static final String DBDRIVER = "org.gjt.mm.mysql.Driver" ;
    public static final String DBURL = "jdbc:mysql://localhost:3306/student" ;
    public static final String DBUSER = "root" ;
    public static final String DBPASS = "root" ;
    public static void main(String args[]){
        Connection conn = null ;
        Statement stmt = null;
        try{
            Class.forName(DBDRIVER);
        }catch(ClassNotFoundException e){
            e.printStackTrace();
        }
        try{
            conn = DriverManager.getConnection(DBURL,DBUSER,DBPASS);
            stmt = conn.createStatement();
            //删除数据
            stmt.executeUpdate("DELETE FROM stuimfo WHERE math=55 ");
        }catch(SQLException e){
            e.printStackTrace();
        }
        try{
```

```
            stmt.close();
            conn.close();
        }catch(SQLException e){
            e.printStackTrace();
        }
    }
}
```

程序运行结果如图 12-27 所示。

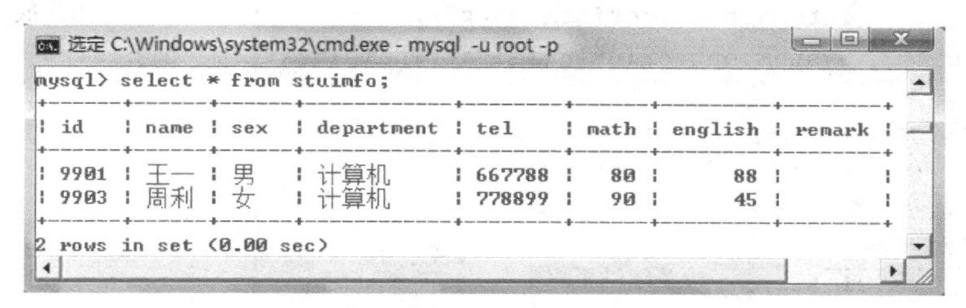

图 12-27　执行删除数据后的 stuimfo 表内容

程序分析说明：

例 12.6 连接 student 数据库，删除 stuimfo 表中数学成绩为 55 的学生的信息。

12.4.8　查询数据

对于表中记录进行修改、插入和删除的数据库操作，分别对应的 SQL 语句 UPDATE、INSERT 和 DELETE，都是使用 Statement 中的 executeUpdate()方法。而对于数据库的查询操作，使用 Statement 接口定义的 executeQuery()方法进行查询，此方法返回一个 ResultSet 结果集对象，其中存放了查询的结果，如例 12.7 所示。

【例 12.7】查询数据。

```
//QueryDemo1.java
import java.sql.Connection ;
import java.sql.DriverManager ;
import java.sql.SQLException ;
import java.sql.Statement;
import java.sql.ResultSet;
public class QueryDemo1{
    public static final String DBDRIVER = "org.gjt.mm.mysql.Driver" ;
    public static final String DBURL = "jdbc:mysql://localhost:3306/student" ;
    public static final String DBUSER = "root" ;
    public static final String DBPASS = "root" ;
    public static void main(String args[]){
        Connection conn = null ;
        Statement stmt = null;
        ResultSet rs = null;
        try{
            Class.forName(DBDRIVER);
        }catch(ClassNotFoundException e){
            e.printStackTrace();
        }
        try{
            conn = DriverManager.getConnection(DBURL,DBUSER,DBPASS);
            stmt = conn.createStatement();
            //执行 Statement 对象的方法进行查询，建立 ResultSet 的对象存储查询结果
```

```
            String query = "SELECT * FROM stuimfo"; //SQL 语句串
            rs = stmt.executeQuery(query);
            //检索 ResultSet 对象获得查询结果并显示
            System.out.println("学号"+"\t 姓名"+ "\t 数学");
            while(rs.next()){
                String id=rs.getString("id").trim();          //可换成 r.getString(1)
                String name=rs.getString("name").trim();      //可换成 r.getString(2)
                int math=rs.getInt("math");                   //可换成 r.getInt(6)
                System.out.println(id+"\t"+name+ "\t"+math);
        }
        }catch(SQLException e){
            e.printStackTrace();
        }
        try{
            rs.close();  //关闭结果集
            stmt.close();
            conn.close();
        }catch(SQLException e){
            e.printStackTrace();
        }
    }
}
```

程序运行结果：

```
学号    姓名    数学
9901    王一    80
9903    周利    90
```

程序分析说明：

例 12.7 使用了 Statement 中的 executeQuery()方法查询出 student 表中所有的记录信息，并且按照指定格式屏幕输出。

从结果集中获得当前行中指定字段的值，可以通过 ResultSet 接口定义的一系列 getXXX 的方法，不仅可以通过列的名称执行，如：rs.getString("id")、rs.getInt("math")，也可以等价地用列的位置执行，如 rs.getString(1)、rs.getInt(6)，列位置从左至右编号，从序号 1 开始。

当数据库操作完毕，任何一个连接不需要时，应调用 close()方法将各对象关闭。关闭的顺序先 rs，再 stmt，最后为 conn。在关闭 Statement 对象时候，如果其上还有结果集，该结果集也将被关闭。

一个 Statement 对象在同一时间只能打开一个结果集，对第二个结果集的打开隐含着对第一个结果集的关闭，如例 12.8 所示。

【例 12.8】 一个 Statement 对象打开两个结果集，发生异常。

```
//QueryDemo2.java
import java.sql.Connection ;
import java.sql.DriverManager ;
import java.sql.SQLException ;
import java.sql.Statement;
import java.sql.ResultSet;
public class QueryDemo2{
    public static final String DBDRIVER = "org.gjt.mm.mysql.Driver" ;
    public static final String DBURL = "jdbc:mysql://localhost:3306/student" ;
    public static final String DBUSER = "root" ;
    public static final String DBPASS = "root" ;
```

```
    public static void main(String args[]){
        Connection conn = null ;
        Statement stmt = null;
        ResultSet rs1 = null;
        ResultSet rs2 = null;
        try{
            Class.forName(DBDRIVER);
        }catch(ClassNotFoundException e){
            e.printStackTrace();
        }
        try{
            conn = DriverManager.getConnection(DBURL,DBUSER,DBPASS);
            stmt = conn.createStatement();
            String query1 = "SELECT id FROM stuimfo";          //SQL 语句串 1
            String query2 = "SELECT name FROM stuimfo";        //SQL 语句串 2
            rs1 = stmt.executeQuery(query1);                   //执行 SQL 语句串 1
            rs2 = stmt.executeQuery(query2);                   //执行 SQL 语句串 2
            while(rs1.next()){
                System.out.println(rs1.getString(1));
            }
        }catch(SQLException e){
            e.printStackTrace();
        }
        try{
            rs1.close();
            rs2.close();
            stmt.close();
            conn.close();
        }catch(SQLException e){
            e.printStackTrace();
        }
    }
}
```

程序运行结果：

```
java.sql.SQLException: Operation not allowed after ResultSet closed
        at com.mysql.jdbc.SQLError.createSQLException(SQLError.java:1074)
        at com.mysql.jdbc.SQLError.createSQLException(SQLError.java:988)
        at com.mysql.jdbc.SQLError.createSQLException(SQLError.java:974)
        at com.mysql.jdbc.SQLError.createSQLException(SQLError.java:919)
        at com.mysql.jdbc.ResultSetImpl.checkClosed(ResultSetImpl.java:803)
        at com.mysql.jdbc.ResultSetImpl.next(ResultSetImpl.java:6985)
        at QueryDemo3.main(QueryDemo3.java:29)
```

程序分析说明：

一个 Statement 对象打开两个结果集，结果发生异常。那么，如果想对多个结果集同时操作，怎么办？

如果想对多个结果集同时操作，必须创建出多个 Statement 对象，在每个 Statement 对象上执行 SQL 查询语句以获得相应的结果集。

如果 SQL 语句是带参数的，对于具体的内容需要采用了“?”占位符形式出现，则必须使用 PreparedStatement 对象来执行带参数的 SQL 语句，如例 12.9 所示。

【例 12.9】带参数的 SQL 查询。

```
//QueryDemo3.java
import java.sql.Connection ;
```

```
import java.sql.DriverManager ;
import java.sql.SQLException ;
import java.sql.PreparedStatement;
import java.sql.ResultSet;
public class QueryDemo3{
    public static final String DBDRIVER = "org.gjt.mm.mysql.Driver" ;
    public static final String DBURL = "jdbc:mysql://localhost:3306/student" ;
    public static final String DBUSER = "root" ;
    public static final String DBPASS = "root" ;
    public static void main(String args[]){
        Connection conn = null ;
        PreparedStatement pstmt = null;
        ResultSet rs = null;
        try{
            Class.forName(DBDRIVER);
        }catch(ClassNotFoundException e){
            e.printStackTrace();
        }
        try{
            conn = DriverManager.getConnection(DBURL,DBUSER,DBPASS);
            //设置带参数的 SQL 语句串
            String query = "SELECT * FROM stuimfo where sex = ?";
            // 创建 PreparedStatement 对象
            pstmt = conn.prepareStatement(query);
            // 参数赋值(参数的顺序是从 1 开始的)
            pstmt.setString(1,"男");
            //执行 PreparedStatement 对象查询，建立 ResultSet 的对象存储查询结果
            rs = pstmt.executeQuery();
            //检索 ResultSet 对象获得查询结果并显示
            System.out.println("学号"+"\t 姓名"+"\t 性别"+ "\t 数学");
            while(rs.next()){
                String id=rs.getString("id").trim();
                String name=rs.getString("name").trim();
                String sex = rs.getString("sex");
                int math=rs.getInt("math");
                System.out.println(id+"\t"+name+ "\t"+sex+ "\t"+math);
            }
        }catch(SQLException e){
            e.printStackTrace();
        }
        try{
            rs.close();      //关闭结果集
            pstmt.close();
            conn.close();
        }catch(SQLException e){
            e.printStackTrace();
        }
    }
}
```

程序运行结果：

```
学号   姓名   性别   数学
9901   王一   男     76
9902   李明   男     55
```

程序分析说明：

例 12.9 中 SQL 语句“SELECT * FROM stuimfo where sex = ?”中带有“?”，则需用 PreparedStatement 来执行 SQL 语句，setString 方法指定参数的内容，定义 sex 为“男”，然后 executeQuery()方法查询出 stuimfo 表中所有的男同学的数学成绩信息，并且按照指定格式在屏幕上输出。

例 12.9 中 SQL 语句为带参数的查询操作，PreparedStatement 同样可以执行带参数的修改数据、删除数据等数据库操作，此处不一一举例。

小 结

本章主要介绍了 Java 中的 JDBC 技术以及如何用 JDBC 对数据库进行连接和操作等内容。用户可调用 JDBC API 中的 DriverManager、Connection、Statement、ResultSet 类连接和操纵数据库。其中，DriverManager 是用来管理数据库驱动；Connection 用来建立数据的连接；Statement 可执行不带参数的 SQL 语句的操作，PreparedStatement 可执行带参数的 SQL 语句操作。ResultSet 是 SQL 语言执行后的结果集。

习 题

12-1 填空题

（1）在 Java 中对数据库的访问主要是通过________进行的，它可做 3 件事：________、________和________。

（2）JDBC 提供了 3 种方法用于向数据库发送 SQL 语句，分别为________、________和________。

（3）________包含执行一个 SQL 查询的结果，可通过指定________或________来获取当前行的某个字段的数据。

12-2 选择题

（1）Java 中，JDBC 是指（　　）。

A. Java 程序与数据库连接的一种机制

B. Java 程序与浏览器交互的一种机制

C. Java 类库名称

D. Java 类编译程序

（2）在利用 JDBC 连接数据库时，为建立实际的网络连接，不必传递的参数是（　　）。

A. URL　　B. 数据库用户名　　C. 密码　　D. 数据库驱动程序

（3）对本章中的 student 表，执行下列代码段后数据库将发生（　　）变化。

```
Class.forName ("org.gjt.mm.mysql.Driver ");
Connection conn = DriverManager.getConnection(
                "jdbc:mysql://localhost:3306/student ", " root ", " root ");
Statement stmt = conn.createStatement();
String sql ="UPDATE student SET remark='需要补考学生' WHERE math<=60 or english<60";
stmt.executeUpdate(sql);
```

A. 把 student 表中数学成绩小于 60 的学生的备注都设为需要补考学生

B. 把 student 表中数学和英语同时成绩小于 60 的学生的备注都设为需要补考学生

C. 把 student 表中数学或者英语成绩小于 60 的学生的备注都设为需要补考学生

D. 把 student 表中英语成绩小于 60 的学生的备注都设为需要补考学生

（4）对本章中的 student 表，执行下列代码段后得到的输出结果是（　　）。

```
Class.forName ("org.gjt.mm.mysql.Driver ");
Connection conn = DriverManager.getConnection("jdbc:mysql://localhost:3306/student ",
 " root " , " root " );
Statement stmt = conn.createStatement();
ResultSet rs;
String query ="SELECT id FROM student WHERE math>80 AND sex='女';
rs = stmt.executeQuery(query);
while(rs.next()){
    String id=rs.getString(1).trim();
    System.out.println("\n\t"+id);
}
```

A. 查询出所有数学成绩高于 80 分的女同学的联系方式

B. 查询出所有数学成绩高于 80 分的女同学的姓名

C. 查询出所有数学成绩高于 80 分的女同学的学号

D. 查询出所有数学成绩高于 80 分的女同学的所有信息

12-3 简答题

（1）Statement 接口的作用是什么？

（2）executeQuery()方法的作用是什么？

（3）executeUpdate()方法的作用是什么？

12-4 上机题

（1）上机调试程序，运行结果并分析理解程序：

```
import java.sql.DriverManager;
import java.sql.Connection;
import java.sql.Statement;
import java.sql.SQLException;
import java.sql.ResultSet;
public class Exercise_12_1 {
    public static final String DBDRIVER = "org.gjt.mm.mysql.Driver" ;
    public static final String DBURL = "jdbc:mysql://localhost:3306/store" ;
    public static final String DBUSER = "root" ;
    public static final String DBPASS = "root" ;
    public static void main(String args[]){
        Connection conn = null ;
        Statement stmt = null;
        ResultSet rs = null;
        try{
            Class.forName(DBDRIVER);
        }catch(ClassNotFoundException e){
            e.printStackTrace();
        }
        try{
            conn = DriverManager.getConnection(DBURL,DBUSER,DBPASS);
            stmt = conn.createStatement();
            stmt.executeUpdate("CREATE TABLE goods(id CHAR(30),
```

```
                  name CHAR(20),num INTEGER,price FLOAT(8))");
        stmt.executeUpdate("INSERT INTO goods VALUES('1','尺子',3,2.00)");
        stmt.executeUpdate("INSERT INTO goods VALUES('2','文具盒',15,18.8)");
        stmt.executeUpdate("INSERT INTO goods VALUES('3','钢笔',24,7.8)");
        stmt.executeUpdate("UPDATE goods SET price=10.00 WHERE id='3' ");
        stmt.executeUpdate("DELETE FROM goods WHERE num<=5 ");
        String query = "SELECT * FROM goods";
        rs = stmt.executeQuery(query);
        System.out.println("编号"+"\t 名称"+ "\t 数量"+ "\t 价格");
        while(rs.next()){
            String id=rs.getString("id").trim();
            String name=rs.getString("name").trim();
            int num=rs.getInt("num");
            long price=rs.getLong("price");
            System.out.println(id+"\t"+name+ "\t"+num+"\t"+price);
        }
    }catch(SQLException e){
        e.printStackTrace();
    }
    try{
        rs.close();
        stmt.close();
        conn.close();
    }catch(SQLException e){
        e.printStackTrace();
    }
  }
}
```

（2）首先建立一个某单位的员工工资数据库，在此基础上通过编程实现以下功能：

① 在数据库中建立一个员工信息表，表名为员工，其结构为：编号、姓名、性别、年龄、职称、工资、是否党员。

② 在表中输入若干数据记录（“职称”可分为高中低三级，其他数据自己设计）。

③ 删除年龄超过 60 岁的员工记录。

④ 将职称为高级且为党员的员工的工资设为 3000 元。

⑤ 将在表中查询到的所有记录显示到屏幕上。

附录 A JDK 开发工具

JDK（Java Developer's Kit，Java 开发者工具包），也称 J2SDK（Java 2 Software Development Kit），是 Oracle 公司提供的一个开源、免费的 Java 开发工具。JDK 包含了 Java 程序的编译、解释执行工具以及 Java 运行环境（即 JRE）。作为基本开发工具，JDK 也是其他 Java 开发工具的基础，也就是说，在安装其他开发工具和集成开发环境以前，必须首先安装 JDK。

A.1 JDK 的安装

1. 获得 JDK

如果需要获得最新版本的 JDK，可以到 Oracle 公司的官方网站上进行下载，网址：http://www.oracle.com/ technetwork/ java/javase/downloads/index.html，如图 A-1 所示。假设下载"JDK 6 Update 10"。

图 A-1 Java 下载首页

2. 安装 JDK

安装程序 jdk-6u10-windows-i586-p.exe 是一个可执行程序，双击安装即可，在安装过程中可以选择安装路径以及安装的组件等。此处以 Windows 系统为例介绍 JDK 的安装。

（1）双击已下载的 JDK 安装文件，执行安装程序，进入安装界面，如图 A-2 所示。

（2）单击“接受”按钮后，进入设置安装路径界面，如图 A-3 所示。

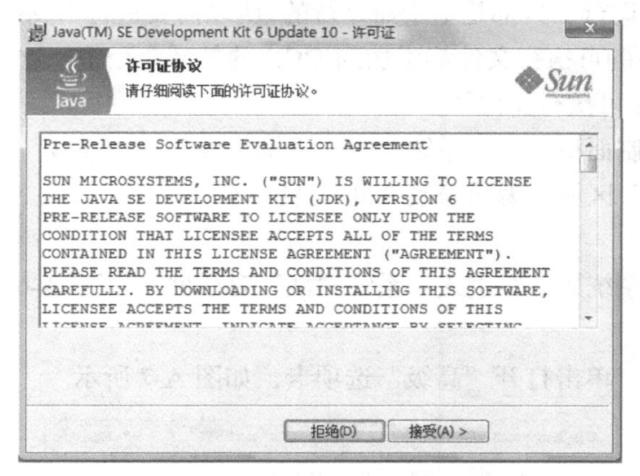

图 A-2　阅读安装协议

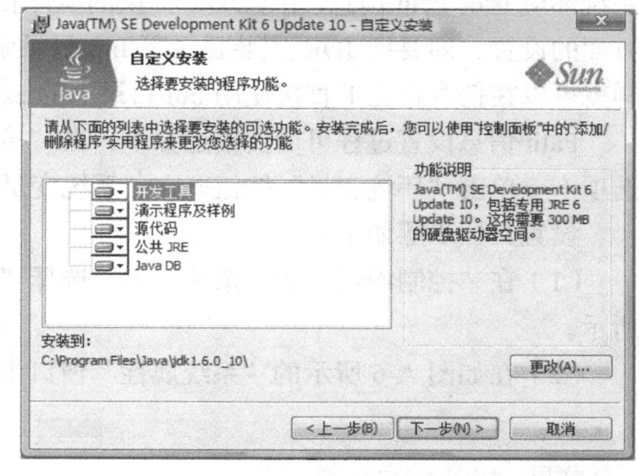

图 A-3　设置 JDK 安装路径

（3）单击“下一步”按钮后，系统将自动进行 JDK 的安装。在安装完 JDK 后，安装程序将自动进入 JRE 的安装界面，安装程序将自动安装 JRE，过程中无须处理。最终安装完成后，显示如图 A-4 所示的界面。

假设安装路径为 C:\Program files\Java，在 Java 文件夹内，有 2 个子文件夹：jdk1.6.0_10 和 jre6。其中，前者是 JDK 的各种程序及类库等所在的文件夹；后者是 Java 运行环境（Java Runtime Environment，JRE）。

子文件夹 jdk1.6.0_10 自身所包含的文件和子文件夹内容如图 A-5 所示。后面将要介绍的 JDK 的配置问题都是针对该子文件夹而言的，因此一定要准确描述它的路径，即：C:\Program files\Java\ jdk1.6.0_10。一个比较好的方法是在如图 A-5 所示界面的“地址栏”中将该路径复制下来。

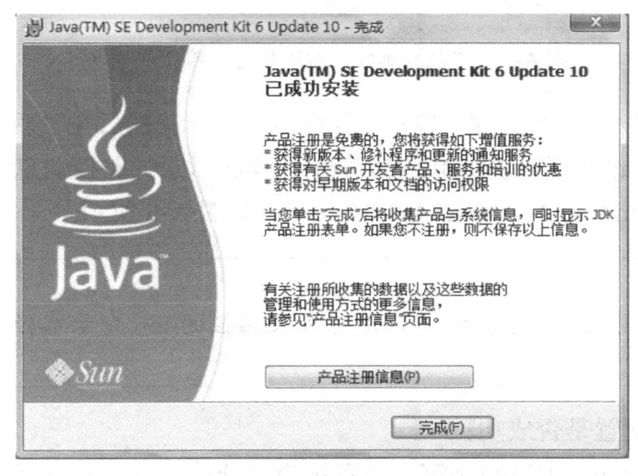

图 A-4　完成界面

图 A-5　子文件夹“jdk1.6.0_10”所包含的内容

A.2 JDK 的配置

JDK 安装完成以后，一般需要进行简单的配置，主要是在 Windows 操作系统中配置 Java 的系统环境变量 Path 信息。由于 JDK 提供的编译和运行工具都是基于命令行的，所以需要进行 DOS 方面的设置，即要把 JDK 安装目录下 bin 目录中的可执行文件都添加到 DOS 的外部命令中，这样就可以在任意路径下直接使用 bin 目录下的.exe 可执行文件了。

Path 信息设置过程可简要描述如下：在“控制面板”→“系统”→“系统属性”→“高级”选项卡→单击“环境变量”按钮→在“系统变量”区域，编辑修改 Path 变量。

设置具体步骤如下：

（1）在“控制面板”的“系统”中，选择“系统属性”进入“系统属性”对话框，如图 A-6 所示。

（2）在如图 A-6 所示的“系统属性”窗口中，单击打开“高级”选项卡，如图 A-7 所示。

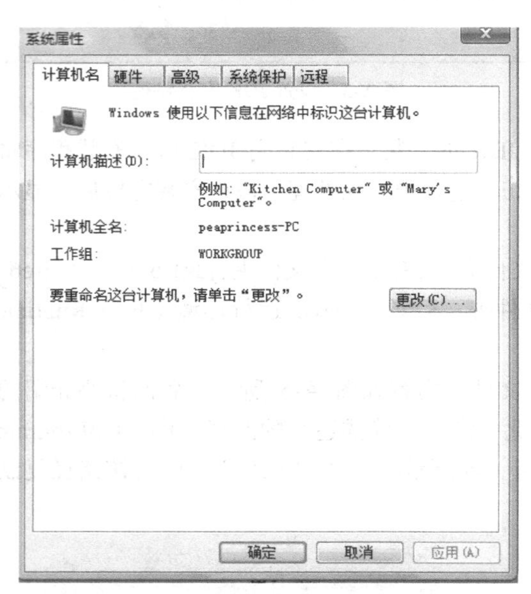

图 A-6 “系统属性”对话框

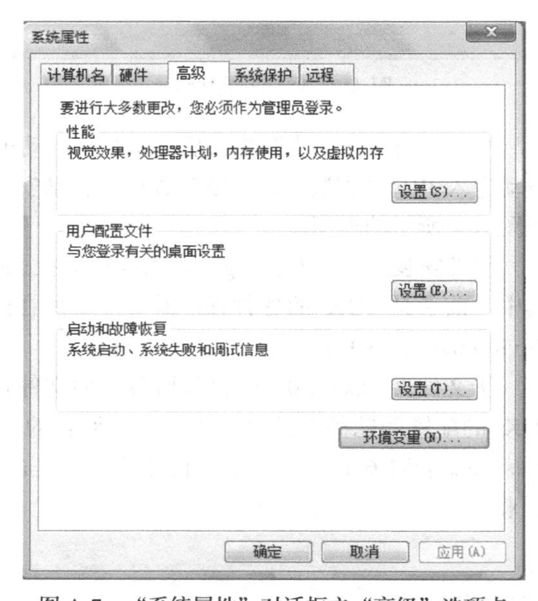

图 A-7 “系统属性”对话框之“高级”选项卡

（3）在图 A-7 中单击“环境变量”按钮，进入“环境变量”窗口，如图 A-8 所示。然后在“系统变量”区域按照如下方法配置系统环境变量 Path 信息，把 JDK 安装路径中 bin 目录的路径信息添加到 Path 变量值中，添加的值为“;C:\Program files\Java\ jdk1.6.0_10\bin”，如图 A-9 所示。

注意：不要将 Path 原有的变量值删除。

设置 Path 值时，不要将 Path 原有的变量值删除，只是添加一个 JDK 安装路径的 bin 目录路径信息。

配置完成以后，可以使用如下方法来测试配置是否成功：

（1）选择“开始”→“运行”命令，输入 cmd 后按 Enter 键，或者选择“开始”→“所有程序”→“附件”→“命令提示符”命令。

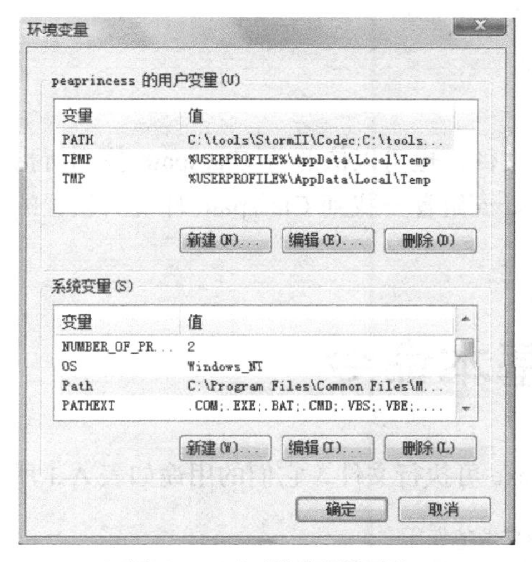

图 A-8　“环境变量”窗口

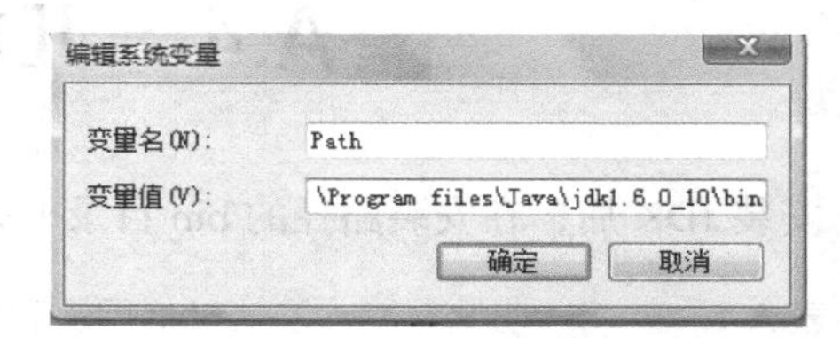

图 A-9　设置 Path 路径

（2）在“命令提示符”窗口中输入 javac，按 Enter 键执行。

① 如果输出的内容是使用说明，则说明配置成功，如图 A-10 所示。

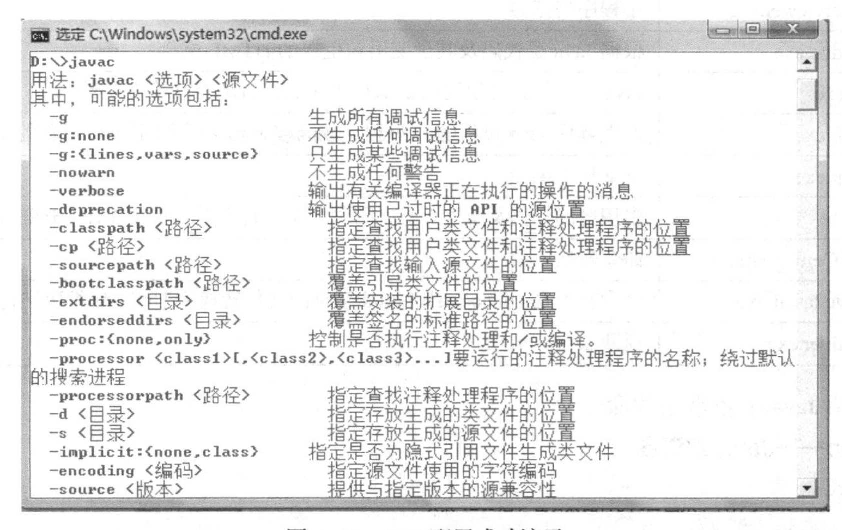

图 A-10　JDK 配置成功演示

② 如果输出的内容是“'javac'不是内部或外部命令，也不是可执行的程序或批处理文件。”，则说明配置错误，需要重新进行配置。

常见的配置错误主要有两个：一是路径错误；二是分号分隔符错误（如错误地将分号打成了冒号或使用了全角的分号）。

A.3　Classpath 环境属性的配置

在默认的情况下，一个 Java 程序编译完成之后，只能在其所在的目录中解释此程序。如果在不同的路径下也想继续访问.class 文件的话，则只能依靠 Classpath 环境属性的支持了，设置方法如下：

```
SET CLASSPATH=路径
```

如将 d:\testjava 作为 Classpath：

```
SET CLASSPATH=d:\testjava
```

设置完成之后，即使当前的路径中不包含.class 文件，也可以依照着 Classpath 找到所指定路径中的.class 文件，也就是现在的程序运行过程为：Java 解释→找到 Classpath 环境所设置的路径→解释.class 文件。

A.4 JDK 基本命令

安装 JDK 后，在安装路径的 bin 目录下有许多.exe 可执行文件，它们的用途如表 A-1 所示。

表 A-1 bin 目录下的可执行文件的作用

序号	可执行文件名称	作用
1	javac.exe	Java 编译器，将 Java 源代码转换成字节码
2	java.exe	Java 解释器，直接从类文件执行 Java 应用程序代码
3	appletviewer.exe	小程序浏览器
4	javadoc.exe	根据 Java 源代码及其说明语句生成的 HTML 文档
5	jdb.exe	Java 调试器，可以逐行地执行程序、设置断点和检查变量
6	javah.exe	产生调用 Java 过程的 C 过程，或能被 Java 程序调用的 C 过程的头文件
7	javap.exe	Java 反汇编器
8	jar.exe	多用途的存档及压缩工具，可将多个文件合并为单个 JAR 归档文件
9	htmlConverter.exe	命令转换工具
10	native2ascii.exe	将含有不是 Unicode 或 Latinl 字符的文件转换为 Unicode 编码字符文件
11	serialver.exe	返回 serialverUID

下面介绍 Java 中较常用的命令。

1. javac——Java 编译器

命令格式：

```
javac <选项> <源文件>
```

该命令将 Java 源文件进行编译，并生成字节码文件，即将.java 文件翻译成.class 类文件，每个类都将产生一个类文件。

如果仅输入 javac 而没有其他内容，系统会给出命令提示，并列出命令选项列表，如图 A-10 所示。利用该方法可以查看命令格式及选项，其他命令也是如此。

以下为 Javac 的几个命令选项：

-cp 指定查找用户类文件的位置（路径）。

-d 指定存放生成的类文件的位置。

2. java——Java 解释器

命令格式：

```
java <选项> 类文件 <命令行参数>
```

该命令用于解释执行 Java 字节码，即启动 Java 虚拟机解释并执行.class 文件。

在调用 Java 解释器时，只需要指定一个类文件，解释器将自动装载程序中需要用到的其他类文件。除 Java 系统类之外，这些类文件一般应放在当前目录中，或通过命令选项-cp 指定类文件的查找路径。

注意：类文件要求。

类文件可能有很多，但在 Java 命令中指定的类文件必须包含 main 方法的主类。

3. appletviewer——Java applet 程序解释器

命令格式：

```
appletviewer  <选项> urls
```

该命令的作用是下载并执行 HTML 文档中包含的 applet 程序。该命令可使 applet 小程序脱离 Web 浏览器环境，便于调试和运行。

4. jar——Java 归档命令

命令格式：

```
jar {ctxui}[vfm0Me] [jar-file] [manifest-file] [entry-point] [-C dir] file
```

选项包括：

-c　创建新的归档文件。

-t　列出归档目录。

-x　解压缩已归档的指定（或所有）文件。

-u　更新现有的归档文件。

-v　在标准输出中生成详细输出。

-f　指定归档文件名。

-m　包含指定清单文件中的清单信息。

-e　为捆绑到可执行 jar 文件的独立应用程序。

　指定应用程序入口点。

-0　仅存储；不使用任何 ZIP 压缩。

-M　不创建条目的清单文件。

-i　为指定的 jar 文件生成索引信息。

-C　更改为指定的目录并包含其中的文件。

如果一个文件名是一个目录，它将被递归处理。清单[manifest]文件名和存档文件名都需要被指定，按 m 和 f 标志指定的相同顺序。

jar 工具可将 applet 或 appliccation 程序的所有文件（包括类文件、图像文件和声音文件等）存入一个归档文件中，其目的是将 applet 和 application 打包（成单个归档文件），其好处是文件管理方便。

例 1：将两个类文件归档到一个名为 classes.jar 的归档文件中。

```
jar cvf classes.jar Foo.class Bar.class
```

例 2：使用现有的清单文件 mymanifest 并将 foo/目录中的所有文件归档到 classes.jar 中。

```
jar cvfm classes.jar mymanifest -C foo/.
```

5. javap——Java 类文件解析器

命令格式：

```
Javap  <选项> 类文件
```

该命令解析一个类文件，解析结果包括：该类是由哪个源程序编译产生，类中有哪些 public 域和方法等。

附录 B Eclipse 集成开发环境

在实际的开发过程中，使用集成开发工具可以大大提高开发效率，从而保证项目的进度。Eclipse 是一款非常优秀的开源集成开发环境（简称 IDE），基于 Java 的可扩展开发平台。除了可作为 Java 的集成开发环境外，它还可作为编写其他语言（如 C++和 Ruby）的集成开发环境。Eclipse 凭借其灵活的扩展能力、优良的性能与插件技术，受到了越来越多开发者的喜爱。在本附录中，将简要介绍对 Eclipse 开发工具的使用。

B.1 Eclipse 的安装

1. 获得 Eclipse

目前最新的版本是 Eclipse Classic 3.7.2，下载地址为 http://www.eclipse.org/downloads/，如图 B-1 所示。

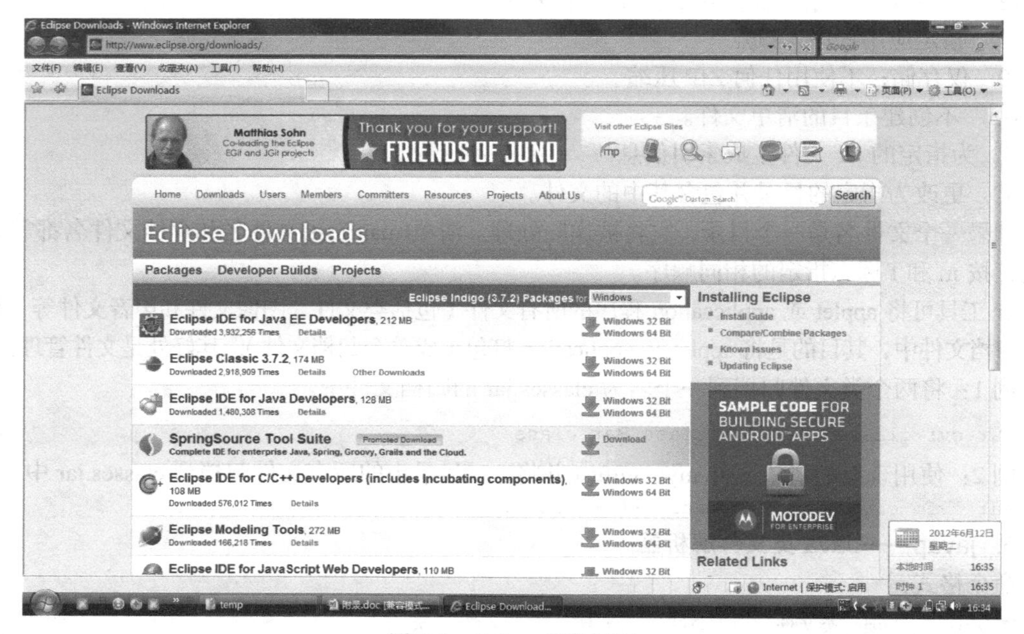

图 B-1 Eclipse 下载界面

单击 Eclipse Classic 3.7.2 的 Windows 32bit 或 Windows 64bit 进入下载页面，下载面向 Windows

系列操作系统的最新版本 Eclipse-SDK 资源包（Eclipse-SDK-3.7.2-Win32.zip）。该资源包括了适合于 Windows 平台的 Eclipse 开发环境、Java 开发环境、Plug-in 开发环境、所有源代码和文档。如需下载面向其他平台（如 Linux、Solaris、AIX）的 Eclipse-SDK 或插件可单击 Eclipse Indigo（3.7.2）Packages for 下拉列选，进入其他页面下载。

2. 安装 Eclipse

下载 Eclipse-SDK（eclipse-SDK-3.7.2-win32.zip）后，将其解压。Eclipse 是一个绿色软件，无须安装即可执行。进入解压后的 Eclipse 目录，双击 eclipse.exe 文件即可运行 Eclipse 集成开发环境。如需中文版的 Eclipse 集成开发环境，可在 Eclipse 官方网站下载中文语言包（NLpack1-eclipse-SDK-3.7.2-win32.zip）。解压后，分别将其 features、plugins 目录下的文件复制到 Eclipse 安装目录下的 features、plugins 目录中。复制完成后，重新启动 Eclipse 即可。

B.2　初识 Eclipse

双击 eclipse.exe，运行 Eclipse 集成开发环境，如图 B-2 所示。在第一次运行时，Eclipse 会要求选择工作空间（Workspace），用于存储工作内容（这里选择 D:\workspace 作为工作空间）。

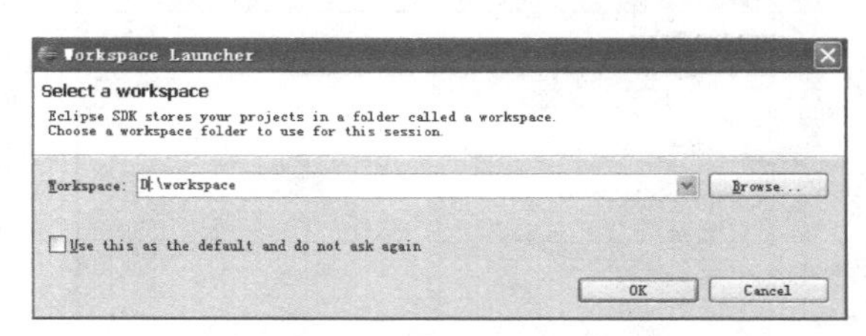

图 B-2　选择项目工作空间

选择工作空间后，Eclipse 打开工作台窗口。工作台窗口提供了一个或多个透视图。透视图包含编辑器和视图（例如导航器），可同时打开多个工作台窗口，如图 B-3 所示。开始时，在打开的第一个工作台窗口中，将显示 Java 透视图，其中只有欢迎视图可视。单击欢迎视图中标记为工作台的箭头，以使透视图中的其他视图变得可视。

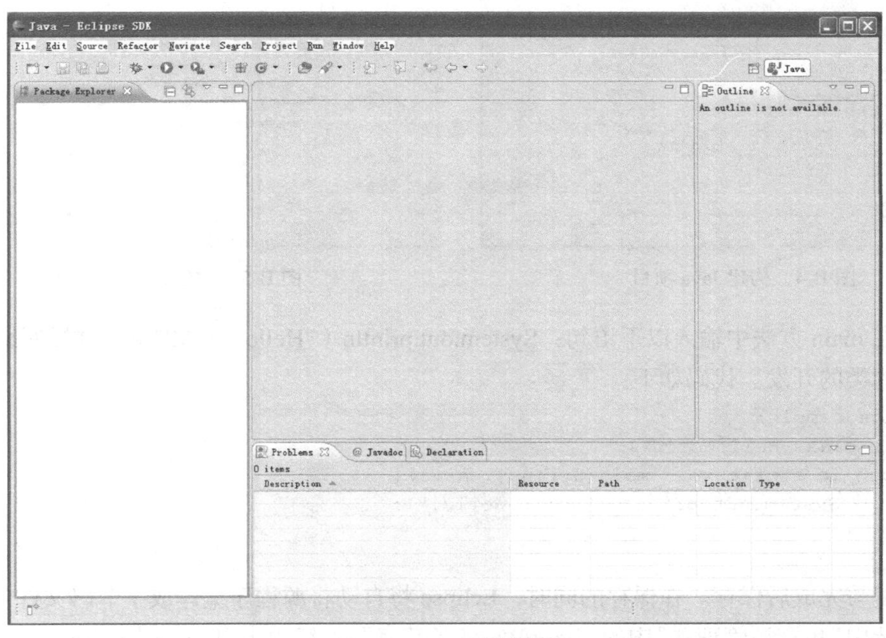

图 B-3　Java 开发视图

在窗口的右上角会出现一个快捷方式栏，它允许用户打开新透视图，并可在已打开的各透视图之间进行切换。活动透视图的名称显示在窗口的标题中，并且将突出显示它在快捷方式栏中的项。工作台窗口的标题栏指示哪一个透视图是活动的。在此示例中，资源透视图正在使用中。导航器、任务和大纲视图随编辑器一起打开。

B.3 用 Eclipse 编写程序

接下来，先来体验一下用 Eclipse 开发 Java 程序。

（1）选择菜单“文件”→“新建”→“项目”来新建一个 Java 项目，并将项目命名为 EclipseDemo，如图 B-4 所示。

（2）选中“包资源管理器”中的“src”，右击新建类，出现图 B-5。在如图 B-5 所示的输入框中输入类名（如：HelloWorld），在 Package 输入框内输入 sample，选中 public static void main(String[] args) 复选框，单击 Finish 按钮，系统将自动产生程序代码。

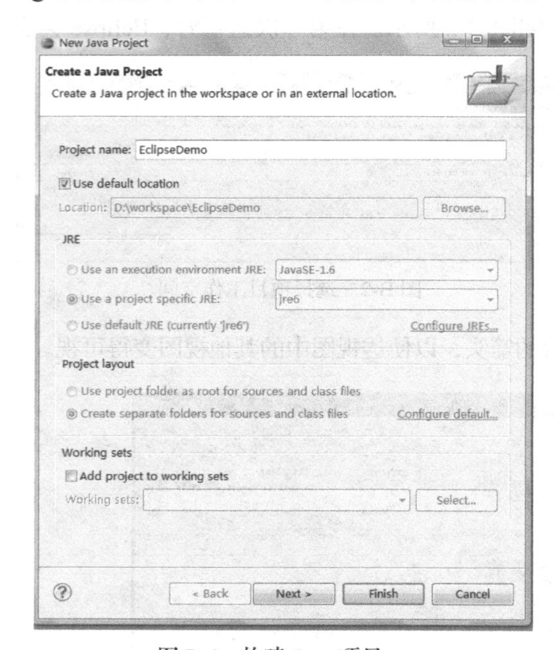

图 B-4 构建 Java 项目

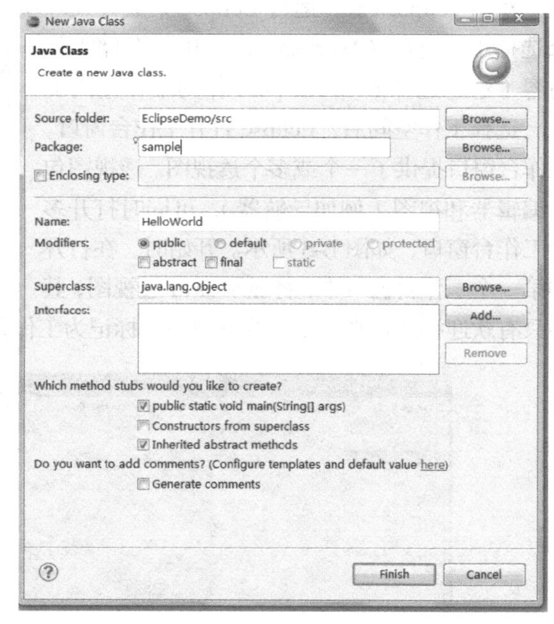

图 B-5 构建 Java 类

（3）在 main 方法中输入以下语句：System.out.println ("Hello World!");，这样便编写完成了一个简单的类的开发。代码如下：

```
package sample;
public class HelloWorld {
    public static void main(String[] args){
        System.out.println("Hello,World!");
    }
}
```

（4）编写完成后保存。在保存的同时，Eclipse 将自动将源程序编译成字节码文件。

（5）选中“包资源管理器”中的“HelloWorld 类节点”，右键单击“Run as”→“Java Application”。

系统将自动执行该程序，并在控制台上输出 Hellow World!字符串信息，如图 B-6 所示。

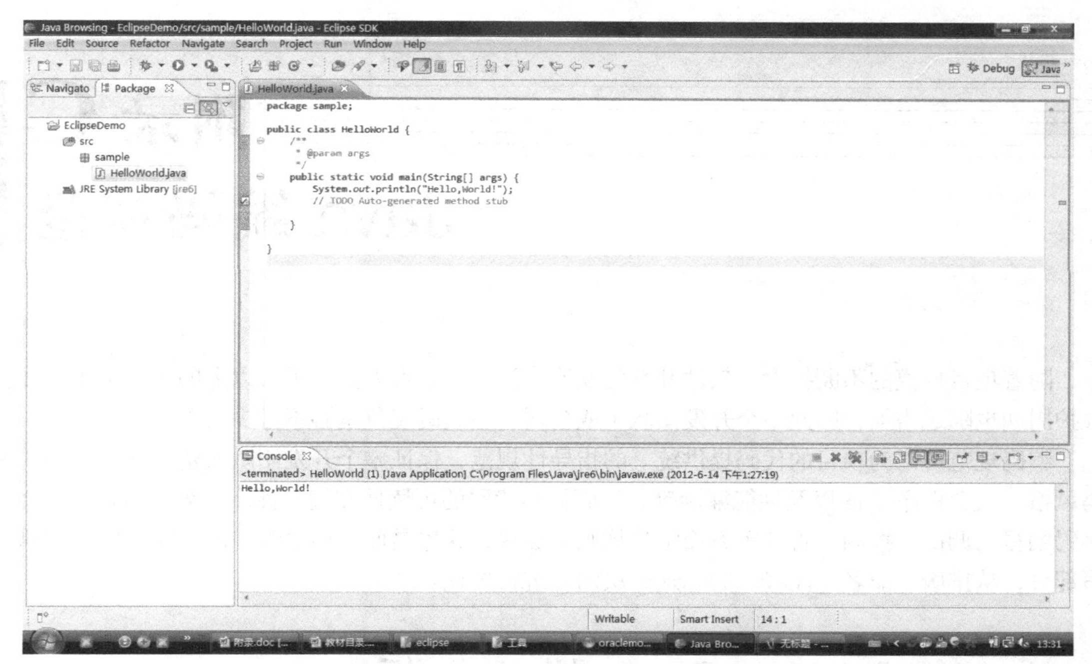

图 B-6　Java 代码运行结果

通过以上几个简单的步骤，即完成了 Java 源程序的编写、编译和执行过程。

附录 C Java 编码规范

随着项目规模的不断扩大，软件开发已发展成为十人、百人甚至千人以上的团队工作，开发维护周期也随之增加，因此一个开发团队（或公司）中编码规范是必不可少的。

编码规范可以为项目的代码提供统一的指导性规范，保证整个开发团队或整个项目统一的编码风格，减少程序 Bug 以及性能漏洞等，从而提高代码的可读性和健壮性。一般，编码规范会在代码编写、调试、控制、管理等方面定义规则或建议，这里是面向初学者，因此主要针对代码编写部分，从排版、命名、注释、编码这四块内容进行描述。

C.1 排　　版

Java 编码排版规范：

（1）为了方便程序阅读，程序块采用缩进风格编写，每层嵌套缩进 4 个空格，不建议使用 Tab 缩进。使用空格键而非 Tab 是为了使程序可以更好地适应不同操作系统与开发系统。如：

```
class Demo{
    void function(){
        int i, sum;
        for(i = sum = 0; i < j; i++)
            sum += I;
    }
}
```

（2）分界符（如花括号）应独占一行，与引用它们的语句左对齐；或者左分界符和应用它们的语句同行，右分界符独占一行，且与引用它的语句左对齐，如上例。

（3）一行只写一条语句。若语句、表达式或参数较长可分成多行，长表达式应在低优先级操作符处划分新行，该操作符放在新行之首，新行要进行适当的缩进，以保证排版整齐，方便程序阅读。如：

```
String str = "There are words like Freedom \r\n"
           + "Sweet and wonderful to say \r\n"
           + "On my heart strings freedom sings \r\n All day every day";
```

（4）表达式中若操作符对应的操作数在两个或两个以上，操作符前后各增加一个空格，但关系密切的立即操作符（如 . ）后不应增加空格。

（5）尽量将方法的逻辑层次控制在 5 层以内。

（6）类中的成员属性和成员方法不要穿插放置，不同访问权限的成员属性或方法也不要穿插放置。

```
class Demo{
    void function(){
        int i, sum;
        for(i = sum = 0; i < j; i++)
            sum += I;
    }
}
```

（7）修饰符按照指定的顺序书写，一般是：[访问权限][static][final]。如：

```
public static final double PI = 3.1416;
public static void func(String[])
```

C.2 命　　名

命名的方式如下：

（1）标识符命名可以做到见词达意，采用驼峰命名法。即类名和接口名首字母大写，其他属性、方法名首字母小写，若标志符由若干单词组成，从第二个单词开始，单词的首字母大写，其余字母小写。如类名 LogConfig 和 DataEngine，属性名 numOfStudent 和 studentID。

（2）类体中存取成员属性的方法采用 setter 和 getter 方法，如：

```
public String setName();
public String getName();
```

动作方法采用动词和动宾结构。如：

```
public void split(String);
public void addActionListener(Listener);
```

（3）常量名使用全大写的英文描述，英文单词之间用下划线分隔，如：DEFAULT_COLOR。

（4）常用组件类的命名以组件名（组件的功能）加上组件类型名组成。如 JFrame 类的子类命名以 Frame 结尾（例：DrawFrame）。

（5）通过对方法、变量、类、接口等正确的命名以及合理的代码组织结构，使代码成为自注释的，即通过上述方法增加代码的可读性，减少不必要的注释。

（6）若函数名、变量名较长（如超过 15 个字符），可采用行内约定的缩写习惯缩写标识符，如 information 可缩写为 info，connection 可缩写为 conn，button 可缩写为 btn。

（7）若是集合意义的变量命名，可采用其复数形式，如 items。

C.3 注　　释

注释要遵循以下规范：

（1）源代码要保证一定量的注释。注释的内容要清晰、明了、表达准确、避免歧义。

（2）类和接口的注释放在类或接口之前，即关键词 class 或 interface 之前，关键词 import 之后。类体中成员属性和成员方法的注释写在对应程序之前。

（3）方法的注释中应该包括该方法功能的简短描述（一般在一句话内）、详细描述、输入参数、输出参数、返回值、异常等。

（4）对于覆盖了父类的方法必须进行@Override 声明，表明该方法是覆盖了父类的方法。

（5）方法内的单行注释使用“//”。调试程序时可使用“/*…*/”注释大段代码。

（6）对关键变量的定义、分支语句或复杂代码等必须配有注释，因为这些语句往往是实现某功能的关键，对于维护人员来说，这些注释可以帮助更高效的理解程序算法。

（7）保证注释与代码的一致性，修改代码时应同时修改相应的注释，不再有用的注释及时删除。

C.4 编　　码

编码要注意以下几个方面：

（1）表达式中注意运算符的优先级，为防止开发或阅读程序时产生误解，可使用括号明确各操作符的执行顺序。如 !a || a & b 可写为 （!a）|| （a&b）。

（2）程序中避免不易理解的数字，如：

```
if(flag == 0)
    // …
```

可读性较差，数字可以用常量或枚举来替代。上段代码可修改为：

```
private final static int FULL = 1;
private final static int EMPTY = 0;
if(state == EMPTY)
    //…
```

（3）在布尔值表达式的一些语句中，应注意减少冗余代码。如应避免使用如下的语句“表达式==true”或“表达式==false”，具体看下面的例子。

```
if(flag == true)
    //…
```

可改为：

```
if(flag)
    //…
```

又如使用 if 语句给布尔类型变量赋值的代码也应该避免，例如：

```
if(a && b)
    flag = true;
else
    flag = false;
```

可改为：

```
flag = a && b;
```

（4）数组声明时建议使用形式 type[] arr;，而非 type arr[];。

（5）一个源文件中不要定义过多的类（内部类除外）。

（6）在数据库操作、IO 操作中是使用 close()方法进行数据库链接或访问对象的关闭，这个 close()方法的调用应放在 try-catch-finally 的 finally 代码块中。如：

```
try{
    //…
}catch(IOException e){
    //…
}finally{
    try{
```

```
            in.close();
        }catch(IOException e){
            //…
        }
    }
```

（7）异常捕获尽量不要只用 catch(Exception e)，应该把异常细分处理。

（8）若多段代码重复做同一件事情或大致相同的事情，可考虑在方法划分上是否存在问题。

（9）不必要时应避免使用难懂的技巧性很高的语句。原因是高技巧语句不代表程序高效，而且在团队合作中，项目不是一个人的工程，也不是一次性的任务，因此代码可读性非常重要。

（10）尽量使用 foreach 形式的 for 循环语句，做到代码简洁且高效。

（11）接口中定义的常量不要写修饰符 public、static、final，方法不要写修饰符 public。

（12）尽量使用 JDK 提供的方法，而非自己实现类似功能的方法，如：数组复制使用方法 System.arraycopy()，因为这样更高效、更可靠。

（13）若需要大量字符串的“相加”操作，可使用 StringBuilder 或 StringBuffer，若不需要考虑线程安全的问题使用前者，否则使用后者。

（14）在进行 IO 操作时使用有 buffer 功能的类，如 BufferedReader，这样可以提高程序的性能。

参考文献

[1] Quentin Charatan，Aaron Kans 著，王玉彬，刘家兰译. Java 大学教程（第 2 版）[M]. 北京：清华大学出版社，2008.

[2] Bruce Eckel 著，陈昊鹏译. Java 编程思想（第 4 版）[M]. 北京：机械工业出版社，2006.

[3] Cay S. Horstmann，Cray Cornell 著. 叶乃文，邝劲筠，杜永萍译. Java 核心技术（卷 1）：基础知识（第 8 版）[M]. 北京：机械工业出版社，2008.

[4] 朱喜福. Java 程序设计（第 2 版）[M]. 北京：人民邮电出版社，2007.

[5] 朱喜福，马涛，魏绍谦. Java 程序设计——实例与习题解析[M]. 北京：人民邮电出版社，2004.

[6] 孙卫琴. Java 面向对象编程[M]. 北京：电子工业出版社，2012.

[7] 邱加永. Java 程序设计标准教程[M]. 北京：人民邮电出版社，2010.

[8] 李兴华. Java 开发实战经典[M]. 北京：清华大学出版社，2009.